山东省“十二五”环境保护战略研究与实践

山东省环境规划研究院　编

中国环境出版集团·北京

图书在版编目（CIP）数据

山东省“十二五”环境保护战略研究与实践/山东省环境规划研究院编. —北京：中国环境出版集团，2018.7

ISBN 978-7-5111-3575-9

Ⅰ. ①山… Ⅱ. ①山… Ⅲ. ①区域环境—环境保护战略—研究—山东—2011—2015 Ⅳ. ①X321.52

中国版本图书馆 CIP 数据核字（2018）第 056685 号

出 版 人 武德凯
策划编辑 葛 莉
责任编辑 宾银平 董蓓蓓
责任校对 任 丽
封面设计 彭 杉

出版发行 中国环境出版集团
（100062 北京市东城区广渠门内大街 16 号）
网 址：http://www.cesp.com.cn
电子邮箱：bjgl@cesp.com.cn
联系电话：010-67112765（编辑管理部）
010-67113412（第二分社）
发行热线：010-67125803，010-67113405（传真）
印 刷 北京中献拓方科技发展有限公司
经 销 各地新华书店
版 次 2018 年 7 月第 1 版
印 次 2018 年 7 月第 1 次印刷
开 本 787×1092 1/16
印 张 18.5
字 数 380 千字
定 价 75.00 元

《山东省“十二五”环境保护战略研究与实践》

编 委 会

主　编：谢　刚

副主编：彭岩波　张亚峰　史会剑　管　旭　韦亚南

编　委：韩子叻　王　倩　胡欣欣　李　玄　王占金

序　言

“十二五”时期，是山东省深入贯彻落实科学发展观，加快转变经济发展方式，推进资源节约型、环境友好型社会建设，提高生态文明水平，实现经济文化强省宏伟目标的重要战略机遇期。“十二五”期间，山东省围绕“改善环境质量、确保环境安全、服务科学发展”三条主线，科学务实、积极作为，全省生态环境保护工作取得积极进展。但是，我们必须清醒地认识到，全省环境保护的形势依然十分严峻。开展山东省“十二五”环境保护战略研究是山东省落实生态文明纳入“五位一体”战略布局，探索环境保护新道路，破解资源环境约束的必然要求。

山东省“十二五”环境保护战略研究工作得到了各方的高度重视和大力支持。在山东省环境保护厅的直接领导下，联合高校、科研院所开展相关研究，最终形成《山东省“十二五”环境保护战略研究与实践》。本书收录了山东省 2011—2015 年发布的环境保护综合规划、专项环境保护规划、环境政策研究等多项研究成果。本书作为山东省“十二五”环境保护战略研究阶段性成果，内容全面翔实，对全省环境保护工作有一定的指导作用。

《山东省环境保护“十二五”规划》（以下简称《规划》）是省政府“十二五”重点专项规划之一，山东省作为全国环境保护“十二五”规划编制试点省，采取“开门编规划的方式”，吸引国内高水平的科研院所、高校参与到规划编制队伍中来，使规划编制过程成为集中民智、凝聚共识、共同决策的过程。《规划》在深入分析和科学把握“十二五”环保工作面临的新形势、新任务，继承和发扬“十一五”环保工作取得的宝贵经验的基础上，紧扣科学发展主题和加快转变经济发展方式主线，着眼于保障改善民生和加快生态文明建设，重点完成十大任务，强化五大体系，是指导山东省“十二五”时期环保工作的纲领性文件，是环境保护参与宏观决策，与相关部门在经济、社会发展和环境保护领域达成共识、形成合力的有效手段。

《山东省 2013—2020 年大气污染防治规划》深入分析和科学把握山东省大气污染防治工作的新形势、新任务，用 8 年时间，分三个阶段，逐步实现规划目标。该规划在控制思路上采用分区控制理念，并建立了严格的评估考核体系，相信对全国大气污染防治工作具有借鉴意义。

《山东省“十二五”环境保护战略研究与实践》一书的出版工作得到了省环保厅规划财务处、大气污染防治处（区域协调处）、流域生态环境管理处等处室的大力支持，在此表示诚挚的感谢。

编　者

2018 年 4 月

目　录

第 1 章

山东省环境保护“十二五”规划

1.1 回顾与展望

1.1.1 “十一五”环境保护工作进展

省委、省政府坚定不移地贯彻落实党中央、国务院关于加强环境保护工作的决策部署，始终把环境保护作为推动经济、社会发展的关键环节，围绕总量减排、主要水气环境质量改善和污染源达标排放三个目标，坚持抓重点、抓关键、抓落实，环境保护从认识到实践都发生了深刻变化，“十一五”规划确定的各项指标全面完成，取得了显著成效。根据中国社科院发布的《环境竞争力发展报告2005—2009》，我省环境竞争力位居全国首位。

总量减排任务全面完成。截至2010年，经环境保护部核查认定，我省“十一五”以来化学需氧量（COD）和二氧化硫（SO_2）排放量削减率分别达到19.4%和23.2%，降幅分别居全国第三位和第四位，国家下达的减排目标累计完成率分别为130%和116%，全面完成了“十一五”减排各项目标任务。

水环境改善实现重要突破。在全省经济保持两位数增长速度的情况下，2010年河流主要污染物化学需氧量（COD）和氨氮浓度比2005年分别下降65.0%和75.6%，省控59条重点污染河流全部恢复鱼类生长，全省地表水水质总体恢复到了1985年的水平。实现了淮河流域治污考核“五连冠”和海河流域治污考核“三连冠”。

奥运会、全运会空气质量保障工作圆满成功。圆满完成奥运会、全运会环境质量保障任务，全运会空气质量达到了近年来历史同期最好水平。全省燃煤机组脱硫设施配套率达到95%，高于全国平均水平20个百分点。解决了秸秆焚烧带来的空气污染和交通安全问题，秸秆综合利用率达75%以上，居全国前列。

环境安全防控体系初见成效。围绕预防、预警和应急三大环节，建立完善了风险评估、隐患排查、事故预警和应急处置四项工作机制，在企业废水排放口、城市污水厂进水口、风险企业下游临近断面、跨省、市、县界河流断面设置环境风险预警点位852个，实施分级预警监测，妥善处理处置各类突发环境事件72起，初步形成全防全控的环境安全防控体系。开展了重点行业环境风险及化学品安全隐患排查和涉铅企业专项检查，基本摸清了排放重金属等剧毒物质的环境风险源底数。

生态省建设取得阶段性成果。顺利完成生态省建设第二阶段目标。全省已建成国家环保模范城市20个，国家级生态示范区24个，国家生态市1个，国家级生态工业示范园区3个，全国环境优美乡镇181个，各类自然保护区79个，生态功能保护区20个，创建省级绿色社区212家、绿色学校457所。大力推进农村环境综合整治，开展“以奖促治”环境综合整治项目103个、“以奖代补”生态示范建设项目 31 个。

环境监管水平进一步提升。建成了国家、省、市、县四级联网的环境自动监控系统，共设置 1 738 个环境自动监控站点，安装自动监测设备 5 100 台（套），实现了对重点污染源排污情况和主要水气环境质量的实时监控。积极推进规划环评工作，提高环境准入门槛，强化流域、区域限批措施。组织开展环保专项行动 13 次，对 402 件突出环境问题进行了挂牌督办。强化部门协作，省环保厅与省检察院、公安厅联合下发了《关于严肃查处环境污染犯罪的通知》和《关于办理危害环境犯罪案件座谈会纪要》，与省监察厅联合制定约谈制度。在国内率先建立并实行了"超标即应急"零容忍工作机制和"快速溯源法"工作程序。全面开展了污染源普查和数据更新工作。

规制、市场、科技、宣传等综合推进措施日益加强。出台了《山东省造纸工业污染物排放标准》等 25 项分阶段逐步加严的流域性、行业性地方法规和标准，取消了高污染行业的"排污特权"。启动市场机制，助推污水处理和电厂脱硫。建立了"政、产、学、研、金"有机结合的技术创新体系，突破了一批重大环境瓶颈问题。建立了环保舆情监测体系，及时解决了群众反映强烈的热点环境问题。成功举办了 4 届绿博会，累计引进环保外资 6.96 亿美元。

1.1.2 "十二五"面临的机遇和挑战

1.1.2.1 机遇

"十二五"时期是我省深入贯彻落实科学发展观，加快转变经济发展方式，推进资源节约型、环境友好型社会建设，提高生态文明水平，实现经济文化强省宏伟目标的重要战略机遇期。环境保护作为"转方式、调结构"的必然要求和重要手段，已经进入我省经济社会建设的主干线、主战场和大舞台。党中央提出以科学发展为主题，以加快转变经济发展方式为主线，以建设"两型"社会为重要着力点，为环保部门参与宏观决策提供重要机遇。环保部与我省签署环境保护战略合作框架协议，支持我省建设半岛蓝色经济区和黄河三角洲高效生态经济区，支持我省建设成为"让江河湖泊休养生息的示范省"和"探索中国环境保护新道路的先行区"，支持我省推进环境安全防控体系建设、环保产业的发展和生态建设，并从农村环境连片整治、湖泊生态保护试点、环保能力建设、水专项研究、重金属污染防治等方面给予我省大力支持。省委将"建设生态文明山东，增强可持续发展能力"作为"十二五"的重点工作之一，着力从战略层面推进环境保护。党委领导、政府负责、人大政协监督、部门齐抓共管、全社会共同努力的环保工作大格局趋于完善。以"治、用、保"流域污染综合治理策略为代表的科学治污体系逐步形成。务实高效的环境监管体系和快速预警、及时反应的安全防控体系初步建立。地方法规标准、经济政策、环保科技、行政监管和环境文化等综合保障体系加快构建。人民群众对环境质量改善充满了新期待，支持环境保护的社会氛围更加浓厚。这些都为做好“十二五”时期环境保护工作，走生产发展、生活富裕、生态良好的文明发展之路，实现富民强省新跨越提供了强大动力和根本保证。

1.1.2.2　挑战

“十一五”以来，我省环保工作取得了一系列重大进展，但是，我们必须清醒地认识到，“十二五”时期我省仍将处于工业化中后期阶段，重化工业所占比重依然较大，全省以煤为主的能源结构不会发生较大变化，经济结构战略性调整和发展方式的根本转变仍需较长时间，经济长期快速发展与环境承载力之间的矛盾依然十分尖锐。城镇化进程进一步加快，人口、产业将持续向城市聚集，社会公众日益增长的环境需求与环境现状之间有很大差距。全省总量减排、环境质量改善和环境安全防范面临的形势十分严峻。

一是总量减排压力巨大。在原有化学需氧量和二氧化硫两项指标基础上，“十二五”新增了氨氮和氮氧化物减排新指标，减排领域也由先前的工业和生活污染源扩展到农业源和机动车等新领域，增加了总量减排难度。具体表现在：减排基数大，2010 年全省化学需氧量（COD）、二氧化硫（SO_2）、氮氧化物（NO_x）排放量分别为 201 万 t、188 万 t 和 174 万 t，均居全国第一位，氨氮排放量为 17.6 万 t，居全国第二位。增量因素多，2009 年全省煤炭消费量占全国的 10%，万元 GDP 能耗是 1.07 t，低于全国平均水平；“十二五”期间，全省煤炭消费量将在高位上攀升，到 2015 年全省需新增煤炭消费量 1.08 亿 t，煤炭每增加 1 000 万 t，SO_2 会增加 2.1 万 t，NO_x 会增加 1.9 万 t，减排难度相应增加一个百分点。此外，工业化、城市化进一步推进，消费水平不断升级，也带来大量污染新增。结构性污染严重，火电、黑色金属（炼钢、炼铁）、非金属矿物（水泥、建材）、化学化工、石油加工这五大行业的工业增加值只占全部行业的 28.5%，但是煤炭消费量占 92.7%，SO_2 排放量占 87.9%，NO_x 排放量占 92.9%。造纸、化工、农副食品加工、纺织、饮料和食品制造业六大废水行业工业增加值占全部增加值的 31.8%，COD 排放量占 71.8%，氨氮排放量占 75.8%。工程减排潜力不大，“十一五”工程减排量占总减排量近 90%，结构减排仅占总减排量的 10%左右，在主要减排工程基本建成的情况下，“十二五”工程减排潜力不大。在全省 GDP 年均增长 9%、万元 GDP 能耗继续下降 17%的前提下，要实现主要污染物总量减排目标，全省需要削减化学需氧量 30.0 万 t，氨氮 4.2 万 t，二氧化硫 45.3 万 t，氮氧化物 58.7 万 t，总量减排面临巨大压力。同时，黄河三角洲高效生态经济区、蓝色经济区等重点区域带动战略的实施对总量减排和区域环境承载能力提出了更高的要求。二是生态环境质量改善压力进一步加大。全省 59 条重点河流 86 个监测断面中，仍有 37.5%的断面为劣Ⅴ类水质，达标边缘断面约 10%。南水北调沿线有

7个支流测点COD和氨氮达不到目标要求。更为突出的是，无论干线还是支流测点，总氮、总磷等指标都与规划要求，与调水工程成为“清水廊道”的要求还有很大差距。全省空气二级（良好）天数仅为55.2%，扬尘污染、工业废气及异味、汽车尾气等问题亟待解决。农村生活垃圾、新农村建设过程中连片村庄的生活污水、农业废弃物和畜禽养殖污染、农药化肥的不合理使用等问题日趋突出。工业向农村转移，进一步加剧农业和农村环境污染。三是环境安全防控形势严峻。突发性环境事件呈增多趋势，重金属、持久性有机污染物、放射性物质、危险废物和危险化学品等长期积累的环境问题将集中显现，维护群众环境权益，防范重大环境污染事件、保障环境安全的任务更加艰巨。四是环境保护基础工作依然薄弱。近年来，我省环境保护自身基础能力建设得到一定程度加强，但工作基础依然薄弱。“硬件”方面，办公用房和业务用房建设严重滞后，造成部分设备无处存放的现象；“软件”方面，环保人才队伍建设滞后于环境管理工作要求，专业技术人才配备、人才结构不合理、部分岗位不到位、培训机制尚未建立、人才管理方式滞后。此外，环境管理方法、企业环保诚信、公众环境意识等方面提升较为缓慢，环境保护综合能力仍不能适应环保事业发展要求。五是应对气候变化等全球环境问题的挑战严峻。我省以煤为主的能源结构不会发生根本性变化，能源消耗量增长幅度较大，降低单位产值碳排放量，履行国际承诺任务紧迫且艰巨。

我省的省情决定了，只有深入贯彻落实科学发展观，坚持把环境保护作为加快转变经济发展方式的重要着力点，以资源环境承载能力为基础，实施全国最严格的环境管理制度，大力发展循环经济，倡导生态文明，才能优化经济发展、保障和改善民生，促进经济社会与环境保护的高度融合与协调。

1.2 指导思想、原则和总体目标

1.2.1 指导思想

深入贯彻落实科学发展观，坚持把环境保护作为转变经济发展方式的重要着力点，以改善生态环境优化经济增长，以污染物减排倒逼“转方式、调结构”，围绕改善环境质量、确保环境安全、服务科学发展，着力加强法律法规、经济政策、环保科技、行政监管和环境文化五大体系建设，巩固和完善社会各界广泛参与的环保工作大格局，努力为建设环境秀美的经济文化强省做出积极贡献。

1.2.2 基本原则

1.2.2.1 坚持把环境保护作为转变经济发展方式重要着力点

坚持生态优先，把建设资源节约型、环境友好型社会作为重要着力点，通过发展生态经济，以绿色发展带动经济转型，破解日趋强化的资源环境约束；大力推进生态文明建设，以环境承载力优化区域布局，以污染减排倒逼“转方式、调结构”，以生态建设再造环境优势，促进经济社会与环境相统筹，人与自然相和谐。

1.2.2.2 坚持把保障和改善民生放在环保工作首位

坚持以人为本，把提升人民生活质量作为环境保护的根本出发点和落脚点，将喝上干净的水、呼吸上清洁的空气、吃上放心的食物等民生问题摆在更加突出的战略位置。统筹城市和农村环境保护，加快推进环境基础设施、环境服务领域基本公共服务均等化，实现环境改善成果共享，增进民生福祉。

1.2.2.3 坚持巩固和完善环保工作大格局

以总量减排、重点流域区域治污考核和生态省建设等重点工作为抓手，进一步完善党委领导、政府负责、人大政协监督、部门齐抓共管、社会广泛参与的工作大格局，发挥社会主义集中力量办大事的政治优势，不断提高环保部门参与宏观决策的能力以及服务科学发展的水平，群策群力共同推进环境保护工作。

1.2.2.4 坚持综合运用规制、市场、科技、行政、文化多种力量推进环保事业

完善地方法规和标准体系，理顺经济政策、启动市场机制，强化科技支撑，破解制约“两高”行业、重点区域科学发展以及城市化进程、新农村建设面临的环境瓶颈，构建务实高效的环境监管和安全防控体系、加强宣传和舆论监督，形成综合推进、多措并举的环保工作长效机制，不断拓展环保事业的广度和深度，力争在全国率先实现环境保护的历史性转变。

1.2.3 总体目标

到2015年，完成国家下达的主要污染物排放总量减排指标，城乡环境质量明显改善，环境安全得到有效保障，基础、人才、保障三大工程建设取得明显进展，法律法规、经济政策、环保科技、行政监管和环境文化五大体系基本形成，社会各界广泛参与的环保工作大格局更加巩固。

1.2.4 规划指标

（1）完成国家下达的主要污染物排放总量减排指标

在全省GDP年均增长9%，单位GDP能耗比2010年降低17%的前提下，化学需氧量排放量比2010年下降12.0%（其中工业加生活减少12.9%）；氨氮排放量比2010

年下降 13.3%（其中工业加生活减少 13.5%）；二氧化硫排放量比 2010 年下降 14.9%；氮氧化物排放量比 2010 年下降 16.1%。

（2）环境质量明显改善

全省重点污染河流控制断面平均浓度比 2010 年改善 20%以上，力争省控重点河流全部消除劣Ⅴ类。2013 年通水前，南水北调输水干线水质达到地表水Ⅲ类标准，入干线的支流水质达到国家相应水质要求；水质达标的城镇饮用水水源地比例不低于 90%；近岸海域水质达到规划功能要求，一、二类海水所占比例达到 80%以上；全省 17 城市空气主要污染物年平均浓度比 2010 年改善 20%以上。

（3）环境安全得到有效保障

因违法排污造成的突发环境事件高发态势得到有效遏制；辐射水平在正常波动范围内。

1.3 主要任务

1.3.1 以总量减排为抓手，倒逼“转方式、调结构”

合理调整能源布局和供给结构，大力发展新能源和可再生能源，进一步降低煤炭在一次能源消费中的比例。严格控制煤炭新增量，“十二五”期间全省煤炭新增量不超过 8 200 万 t。新建涉煤项目实行煤炭等量替代，火电、水泥、钢铁行业的总量指标全省统一调配使用。严格控制新增煤电机组规模，“十二五”期间新增煤电机组不超过 1 039 万 kW。坚决遏制高排放行业过快增长，重点排污行业实行行业总量控制。现有钢铁、水泥和石化等行业要压产、降煤，或增产、不增煤，造纸、印染、酿造、食品等行业要增产、节水。

提高资源节约水平，鼓励资源综合利用，逐步推行和实施单位增加值或单位产品污染物产生量评价制度，不断降低单位产品污染物产生强度，实现节能降耗和污染减排的协同控制。到 2015 年，全省万元 GDP 能耗在 2010 年基础上下降 17%。大力发展循环经济，用高新技术和先进适用技术改造提升传统产业，推进生态工业园区建设，推动工业园区和工业集中区生态化改造。推进绿色采购、绿色贸易，促进绿色消费，努力形成资源节约、环境友好的产业结构、生产方式和消费模式。

加大结构调整力度，腾出总量空间。加大电力、钢铁、焦化、建材、有色、石化、造纸、印染、酿造等重点排污行业落后工艺、技术、设备和产品的淘汰力度。淘汰运行满 20 年且单机容量 10 万 kW 及以下的常规火电机组，服役期满单机容量 20 万 kW 以下的各类机组以及供电标准煤耗高出 2010 年全省平均水平 10%或全国平均水平 15%的各类燃煤机组。推动淄博、济宁、滨州、聊城（信发集团）等小火电集中地区“上大压小”电源建设。对不符合产业政策，且长期污染严重的企业予以关停。对没有完成淘汰落后产能任务的地区，暂停其新增主要污染物排放总量的建设项目环评审批。“十二五”期间，全省关停小火电 216 万 kW，淘汰 90 m^{2}以下烧结机，淘汰全部立窑水泥生产线，关停 700 余家黏土砖瓦窑及一批落后生产线。

拓宽工程减排领域，深挖减排潜力。重点抓好电力、钢铁、造纸、纺织印染、化工等重点行业主要污染物排放总量削减工作。进一步挖掘工程减排潜力，继续实施工业企业深度治理、城镇污水处理厂新（扩、改）建、再生水利用和人工湿地水质净化等水污染物减排工程。推进畜禽养殖业和种植业污染治理。加大冶金、建材、有色、石化、焦化、燃煤锅炉、交通运输等非电行业脱硫工作力度。重点抓好电力、钢铁、建材、化工、石油炼化等行业脱硝工程建设。

拓展管理减排途径，确保减排实效。全面推行清洁生产，不断加大清洁生产审核力度，积极鼓励、引导企业自愿开展清洁生产审核，依法强化“双超”（指产生和排放超过国家污染物排放标准或者污染物排放总量超过国家或地方人民政府核定的控制指标）、“双有”（指使用有毒、有害原料进行生产或者在生产中排放有毒、有害物质）企业强制性清洁生产审核及评估验收，把清洁生产审核作为环保审批、环保验收、核算污染物减排量、安排环保项目的重要因素。到 2015 年，全省重点企业全部完成第一轮清洁生产审核及评估验收。全面开展排污许可证制度的规范化和系统化建设，所有企业必须持证排污。落实修订后的四个流域性污染物综合排放标准的新要求，制定并实施钢铁、建材、有色、化工等行业污染物排放标准。进一步加强监管，提高污染治理设施的运行效率，确保减排工程发挥实效。重点加强火电行业脱硫设施管理，实施脱硫烟气旁路烟道铅封和循环流化床炉内脱硫工艺“三自动”等管理减排措施。严格执行老旧机动车淘汰制度，加快淘汰“黄标车”；全面供应国Ⅳ油品，大力推广新能源公交车、出租车，减少机动车氮氧化物排放量。

1.3.2 全面构建“治、用、保”流域治污体系，实现全省水生态环境持续改善

进一步加大工业点源治理力度。按照《山东省南水北调沿线水污染物综合排放标准》等四项标准修改单要求，以造纸、纺织印染、化工、制革、农副产品加工、食品加工和饮料制造等行业为重点，开展新一轮限期治理工作。抓好城市污水处理厂升级改造、管网敷设、除磷脱氮、污泥处理设施建设，到 2015 年，新（扩）建污水处理厂 180 座，新增处理能力 300 万 t/d 以上；改造升级污水处理厂 14 座，改造处理能力 60 万 t/d 以上；配套管网建设 9 002 km，城市建成区彻底解决污水直排问题，全省城市污水处理厂运转负荷率平均达到 80%以上，城市和县城污水集中处理率达到 90%。新建 90 座污泥处置设施，新增污泥处置能力 2 500 t/d 以上，污水处理

厂污泥基本得到无害化处置。加大渔业、畜禽养殖和航运污染治理力度。到2015年，南水北调东线及省辖淮河流域，农田测土平衡施肥覆盖面积达到100%，规模化畜禽养殖场粪便无害化处理率达到90%。实施南四湖、东平湖湖区功能区划制度和养殖总量控制制度，取消人工投饵料鱼类网箱、围网等养殖方式。强化规模化畜禽养殖污染治理，鼓励养殖小区、养殖专业户和散养户污染物统一收集和治理，全省80%以上的规模化畜禽养殖小区配套完善固体废物和污水贮存处理设施。关停38家水产养殖场。

促进再生水资源循环利用。提高工业企业再生水循环利用水平，规模以上工业用水重复利用率达到80%。大力提高城市污水再生利用能力，加快城市污水处理厂中水回用工程建设，城市回用水利用率达到15%以上。结合截蓄导用工程建设，以枣庄、济宁、泰安、菏泽等市为试点开展区域再生水循环利用试点。

以南水北调沿线为重点，全面落实湖泊生态保护试点方案规定的各项任务，加大退耕还湿、退渔还湖力度，建设人工湿地水质净化工程，全面推进环湖沿河沿海大生态带建设，到2013年通水前，南水北调山东段干线控制点位达标率100%。加强面源污染防治，全面实施农田测土配方施肥，减少农药、化肥等造成的面源污染。实施面源总量控制试点示范，研究建立面源污染减排核证体系。

加强城镇集中式饮用水水源地保护工作，制定实施超标和环境风险大的饮用水水源地综合整治方案。严厉查处影响饮用水水源水质安全的环境违法行为。加强水源保护区外汇水区有毒有害物质的管控，严格管理与控制第一类污染物的产生和排放。加强水质监测，对城镇集中式饮用水水源地每年进行一次水质全分析监测。到2015年，城镇集中式饮用水水源地水质达标率不低于90%。逐步推进地下水污染防治。开展地下水污染状况普查，在地下水污染问题突出的工业危险废物堆存、垃圾填埋、矿山开采、石油化工行业生产等地区，筛选典型污染场地，开展地下水污染修复试点，到2015年，平原区和岩溶区等部分人为污染地区地下水水质在保持稳定的基础上，地下水水质逐步得到改善，城镇集中式地下水饮用水水源水质明显改善。

1.3.3 突出重点，实现大气污染防治新突破

把握可吸入颗粒物、二氧化硫和氮氧化物治理三个关键，突出工业废气及异味治理、扬尘污染防治、汽车尾气排放控制三个重点，健全法律法规，理顺工作机制，努力实现我省大气污染防治新突破，空气能见度大幅提升，空气质量改善走在全国前列。到2015年，全省17城市空气主要污染物年平均浓度比2010年改善20%以上。

继续加强二氧化硫污染控制。新建燃煤机组全部配套建设脱硫设施，脱硫效率达到95%以上。未脱硫的现役燃煤机组应加快淘汰或安装脱硫设施，不能稳定达标排放的已投运脱硫设施应进行更新改造，综合脱硫效率提高到90%以上。现有火电

机组已建脱硫设施，凡设置脱硫烟气旁路烟道的，实施旁路烟气挡板铅封，脱硫效率提高到80%～90%。燃煤电厂应配置分布式计算机控制系统（DCS）和工况在线监测与分析系统。钢铁行业全面实施烧结机烟气脱硫，新建烧结机应配套安装脱硫设施。现役钢铁烧结机及年产量100万t以上的球团设备全部配套建设脱硫设施，综合脱硫效率达到 80%以上。石油炼制行业加热炉和锅炉全部配套烟气脱硫设施，综合脱硫效率达到 70%以上。焦化行业炼焦炉荒煤气全部实行脱硫，H_2S 脱除效率达到95%以上。规模在35 t以上、二氧化硫排放超标的燃煤锅炉全部安装烟气脱硫设施，建设低氮燃烧示范工程。循环流化床锅炉脱硫设施全部安装在线监控设备。

实施氮氧化物污染控制。新建燃煤机组全部配套建设脱硝设施，脱硝效率达到80%以上。现役单机 20 万 kW（不含）以下机组，全部安装低氮燃烧器，脱硝效率达35%；现役单机20万kW以上机组，全部建设脱硝设施，脱硝效率达70%。钢铁行业全面实施烧结机、球团设备烟气脱硫，建设脱硫脱硝一体化示范工程。水泥行业日产规模大于 2 000 t 熟料的生产线进行低氮燃烧技术改造，配套烟气脱硝设施。新建大中型燃煤锅炉全部安装脱硝设施，35 t/h 以上燃煤锅炉全部安装低氮燃烧器，脱硝效率不低于30%。

加大颗粒物污染防治力度。全面强化工业烟（粉）尘污染防治，原、辅材料堆料扬尘控制。完善现有重点污染源监控系统，必须配套建设防风抑尘网、设立密闭堆场、安装自动喷淋装置。烟尘排放浓度超过 30 mg/m^3 的火电厂，必须进行除尘设施改造。未采用静电除尘器的钢铁行业现役烧结（球团）设备全部改造为袋式或静电等高效除尘器。推广使用干熄焦、转炉干法除尘技术，加强工艺过程除尘设施配置。20 t以上的燃煤蒸汽锅炉应安装静电除尘器或布袋除尘器，鼓励20 t以下中小型燃煤工业蒸汽锅炉使用低灰优质煤或清洁能源。城市基础设施建设，旧城（村）拆迁、改造，物料运输、周转等产生扬尘的环节采取抑尘、降尘措施。推广城市街道保洁湿式清扫方式。城市及近郊交通干线2 km可视范围内，不得从事采石、破碎、加工、碎石堆放等可能产生扬尘污染的作业。拓宽秸秆综合利用渠道，严格控制秸秆焚烧。

有效控制工业异味。加强有毒废气环境管理，开展有毒废气监测。加强石化行业生产过程排放控制，推进燃料油和有机溶剂输配及储存过程的监测监管，减少泄漏。鼓励溶剂和涂料使用类企业使用水性、低毒或低挥发性的有机溶剂，建设有机废气回收利用与治理设施。减少精细化工行业有机废气产生点位，完善有机废气收集系统。禁止露天和在居民区内进行喷漆、喷塑、喷砂、制作玻璃钢和机动车摩擦片等排放有毒有害气体的生产作业。所有加油（气）站、储油（气）库安装密闭措施和油气回收装置。

强化机动车污染防治。按国家要求，实施国家第Ⅳ阶段机动车污染物排放标准。

全面提升车用燃油品质，鼓励使用新型清洁燃料。到2015年，全部机动车使用国Ⅳ油品。实施机动车环保标志管理，加速高排放的老旧汽车、“黄标车”和低速载货车淘汰进程。开展在用机动车环保定期检验工作。机动车环保检验不合格的，不得通过公安交通管理部门的年度审验，不得通过交通行政管理部门的定期审验。全省机动车年审排气污染物同步检测率达到100%。倡导绿色交通模式，优先发展公共交通，发展新能源和清洁能源车辆，在城市公交系统推广清洁代用燃料汽车。加强非道路移动源和船舶污染控制。

加强城市噪声监管，建设宁静社区、宁静城市。建立二氧化碳等主要温室气体省级排放清单。开展低碳经济试点，推进低碳政府机关示范、低碳技术创新、低碳产品认证和低碳社区建设。

1.3.4 典型示范，把土壤污染防治摆上重要位置

深化土壤污染状况调查成果，客观评估土壤环境质量状况，开展土壤环境功能区划，明确分区控制原则和措施。建立土壤污染、工业场地和农产品产地土壤环境质量动态数据库并及时更新。

加强监测、评估，强化土壤污染的环境监管。在土壤污染调查的基础上，优化土壤环境监测点位，建立土壤污染监测体系，对粮食、蔬菜基地等重要敏感区和浓度高值区进行加密监测、跟踪监测和风险评估，建立优先修复污染土壤清单。根据监测评估结果，划分特定农产品的禁止生产区域，在禁止生产区调整农业种植结构和进行土壤污染修复，确保农产品质量安全。加强城市和工矿企业场地污染环境监管，开展企业搬迁遗留场地和城市改造场地污染评估，将建设场地环境风险评价内容纳入建设项目环境影响评价，禁止未经评估和无害化治理的污染场地进行土地流转和二次开发。对土壤污染严重影响人体健康的区域，要实施居民搬迁，并防止污染扩散。

加大土壤污染修复技术的研发力度，增强土壤污染防治科技支撑能力。开展重点河流、湖库、河流入海口和滩涂底泥重金属污染状况调查，通过布点监测，全面、系统、准确地掌握底泥重金属污染状况，制定实施治理和修复方案。开展污染场地治理和修复试点工作，积极解决历史遗留问题。在污灌历史较长或工矿企业周边重金属污染较重的场地开展土壤重金属污染修复示范工程。全面完成济南裕兴化工厂铬渣污染场地修复工程、加快推动青岛红星化工厂土壤修复工作的开展。加强石油污染和农田农药污染防治工作力度。

1.3.5 海陆统筹，加强海洋及港航污染防治

加强海洋污染防治和生态保护。坚持陆海统筹，削减陆源入海污染负荷，强化

直接排海点源控制和管理。完成近岸海域功能区划调整。制定实施流域-河口-近岸海域相协调的污染防治规划。重点解决漳卫新河和小清河河口、莱州湾、丁字湾、沙子口湾、胶州湾受陆源污染影响较大的河口和海湾的污染问题。依据功能区划，强化海洋及海岸工程、海洋资源开发利用活动的环境监管，防止海洋污染。加强赤潮、绿潮监测、监视和预警能力建设，建立赤潮、绿潮灾害防治技术支撑体系。综合整治河流入海口生态环境，重点修复滨州滨海湿地、东营黄海三角洲湿地、潍坊滨海湿地、小清河河口湿地、烟台河口滨海湿地等生态严重退化、生态功能受损的区域。合理布局全省海洋自然保护区，提高现有海洋保护区管护能力。全面推进海洋特别保护区建设，重点加强海岛生态系统和海洋自然资源集中利用区域的保护。建立一批海洋濒危珍稀野生动植物种群繁育基地和渔业增殖放流区域，保护海洋生物多样性。优化水产养殖布局，改进养殖方式，降低海水水产养殖污染物的排放强度，减少对海域的污染。重点解决滨州、东营、莱州、招远和长岛海域近海和滩涂养殖污染问题。

加强港口、航运污染防治。以南水北调沿线和海洋航运、港口及码头污染防治为重点，实施船舶、港口污染防治系统工程。在青岛、烟台、济宁等港口建设船舶油污水、压载水、生活污水、固体废物和散装化学品洗舱水排放跟踪监控信息系统及相应污染物接收处理设施，接收处理率达到100%。以南水北调沿线事故应急为重点，建设应急指挥系统和应急处置系统，配备应急反应基地、应急清污船和溢油应急处置设备。在各危险品码头配备港口应急反应设备。

1.3.6 分类指导，全面加强生态和农村环境保护

依据全省主体功能区规划，制定实施环境功能区划。按照环境功能定位，制定分区环境管理要求和政策，构建分类指导、分区控制的空间格局。

加强自然保护区网络建设，抢救性建设一批自然保护区，增强自然保护区资源监测、管理、科研、宣教、管护等能力，提高全省自然保护区管理水平。加强生物多样性监管和外来入侵生物防控，保护野生动植物资源。积极防治外来物种入侵，探索外来入侵物种防治新途径。切实保护好农业野生植物资源，优先支持建设与粮食安全和农业可持续发展有重要影响、处于濒危状态、亟须保护的重点野生植物原生境保护区和主要野生植物资源异位保存圃，有效遏制生物多样性持续下降趋势。到2015年，新建（含晋升）29个省级及以上自然保护区（晋升11个，新建18个），其中国家级4个、省级25个，新增面积12.67万hm^2，全省自然保护区总面积137万hm^2，约占全省国土的8.7%。全省70%的典型生态系统、80%的国家和省重点保护物种得到有效保护。深入开展省、市、县（市、区）、乡（镇）、村、生态工业园六级生态系列创建工作。健全管理体系，分区分类指导推动生态示范区创建活动。

加强对资源开发及其造成的生态破坏的环境监管，规范矿山开采、旅游开发等建设活动。加强对水土流失、破损山体、矿区地面塌陷、海（咸）水入侵、荒山及沙荒地等生态脆弱区和退化区的生态修复和保护。加大地质遗迹和地质地貌景观保护力度。加快五大生态防护林带建设，推进东营黄河滩区土壤风沙尘和鲁西南地区土壤风蚀尘控制工作，加快省会城市群生态屏障建设进度。

切实加强农村环境保护。加大农村“以奖促治”支持力度，全面启动“连片整治”工作，以县级为单元，到2013年设立20个农村环境连片整治示范区。开展农村饮用水水源水质状况调查、监测和评估，对农村集中式饮用水水源科学划定保护区，落实饮用水水源保护区排污口拆除、截污及隔离设施建设、标志设置等措施；对农村分散式饮用水水源地，实施截污及隔离设施建设、标志设置等保护措施；定期对农村饮用水水源地进行监测，排查影响饮用水水源地安全的各类隐患，切实保障农村饮用水水源安全。加快农村环境基础设施建设，提高农村污水和垃圾处理水平。将城镇周边村庄纳入城镇污水统一处理系统，集中连片的村庄建设集中污水处理设施，居住分散的村庄建设小型人工湿地、氧化塘等；以“村收集、镇运输、县（市）处理”模式为主，建设一批符合农村实际的垃圾收集处置设施，并建立长效运营管理机制。到2015年，全省力争实现百分之百的重点（乡）镇建立垃圾收集、转运和处置体系，百分之百的乡镇实现生活污水妥善处理。加大农村工业污染治理力度，对历史遗留、无责任主体的农村工矿污染进行治理。到2015年，主要污染物排放浓度全部达到地方污染物排放标准要求。提高农业废弃物综合利用水平，通过发展沼气、生产有机肥等方式，有效治理畜禽养殖集中区的污染，支持分散养殖户进行人畜分离，集中处理养殖废弃物，确保畜禽养殖污染治理和废弃物综合利用率达到70%以上。

1.3.7 规范管理，加强固体废物污染防治

强化工业固体废物综合利用和处置的技术开发，拓宽综合利用产品市场，提高工业固体废物综合利用水平。在黑色金属冶炼及压延加工业，煤炭开采和洗选业，有色金属矿采选业等重点行业实施清洁生产审核，对“双超”“双有”和未完成节能任务的企业依法实施强制性清洁生产审核。实施赤泥、白泥、电石渣、脱硫石膏、城市生活污水处理厂污泥、电镀污泥等特殊固废处置的试点工程。继续推进限制进口类可用作原料的进口废物的圈区管理，加大预防和打击废物非法进口的力度。推动实施生产者责任延伸制度，规范并有序发展电子废物处理行业。

切实做好危险废物和医疗废物的安全处置工作。严格危险废物申报登记和变更申报登记制度，建立健全危险废物监控名单，建立重点污染源档案并动态更新。提高危险废物经营单位准入门槛，对企业自行建设和管理的处置设施开展风险评估和

监督管理，促进危险废物利用和处置产业化、专业化和规模化发展，减少危险废物填埋量。严格执行危险废物转移联单制度，杜绝危险废物非法转移行为的发生。加强危险废物处理处置过程监管，以产生废矿物油和铅酸电池的机动车维修企业为重点，坚决取缔污染严重的废弃铅酸电池非法利用设施，进一步规范实验室危险废物等非工业源危险废物的管理。以危险废物处置等行业为重点，全面加强二噁英污染防治。推进铬渣等历史堆存和遗留危险废物安全处置，确保新增铬渣无害化处置。建设危险废物回收和信息交换体系，逐步建成全省危险废物网上申报登记、收集转运、处置的信息交换平台和监控网络。加快山东省工业固体废物处置中心、鲁南危险废物处置中心的建设进度。加快全省17城市医疗废物处理处置设施的评估和改造。加大有毒有害化学品淘汰力度。淘汰和限制使用列入《蒙特利尔议定书》和《关于持久性有机污染物的斯德哥尔摩公约》等国际公约要求的相关物质。

实行城市垃圾分类回收，提高资源化利用水平。建立餐厨废弃物产出量等信息资料库，制订资源化利用和无害化处理推进方案，实现对餐厨废弃物的全过程监督管理。加快城镇垃圾处理场建设，到2012年，实现一县至少一座垃圾无害化处理场，垃圾无害化处理率达到96%。

严格化学品环境监管，对重点企业环境风险管理措施实施备案制度，完善危险化学品储存和运输过程中的环境管理制度。

1.3.8 建立完善环境安全防控体系，有效保障环境安全

以重金属、危险废物、涉核行业等风险源管理为重点，建立完善全防全控的环境监管和安全防控体系，有效保障全省环境安全。

开展重点风险源和环境敏感点调查。摸清环境风险的高发区和敏感行业。调查排放重金属、危险废物、持久性有机污染物和生产使用危险化学品的企业，建立环境风险源分类档案和信息数据库，实行分类管理、动态更新。

建立新建项目环境风险评估制度。所有新、扩、改建设项目全部进行环境风险评价，提出并落实预警监测措施、应急处置措施和应急预案。在规划环评和建设项目环评审批中明确防范环境风险的要求，研究制定企业环境风险防范、应急设施建设标准和规范，确保环境风险防范设施建设与主体工程建设同时设计、同时施工、同时运行。

落实环境隐患定期排查制度，各级环保部门对辖区内所有已建项目，每年进行一次环境风险源排查，及时更新环境风险源动态管理档案。对重点风险源、重要和敏感区域定期专项检查，对于高风险企业要挂牌督办，限期整改或搬迁，不具备整改条件的，坚决关停。科学设置监测预警点位，落实分级定期监测、剧毒物质超标报告和突发环境事件报告制度。提高快速预警和反应能力。开展警示宣传教育，提

高环境风险源单位和社会公众的环境安全意识。实施重金属重点防控区排放总量控制试点，加强对全省 713 家涉重金属企业的监管。重点防控区重点重金属污染物排放量比 2007 年降低 15%，非重点防控区重点重金属污染物排放总量不超过 2007 年水平。

建设完成山东海阳和华能山东石岛湾两座核电厂的外围辐射环境监测监控系统，在核电厂外围和 6 个主要城市建设 21 个辐射环境连续监测子站，配套数据处理专用传输系统，提高核事故预警能力。提高核与辐射安全监管水平，实现辐射安全现场监督检查工作制度化、日常化和规范化。加强辐射应急响应能力建设和应急物资的储备，强化对应急人员的培训和应急演练。加强重点放射性密封源的监督管理，初步构建全省放射源在线视频监控网络。抓好放射性物质交通运输的安全监管、放射性废物收贮和废物库安全管理，废旧放射源安全收贮率达到 100%，实现对放射源全寿期无缝隙监管。加强对电力、通信、广播电视等行业的辐射环境监管，防治电磁辐射污染。

1.3.9 实施基础、人才、保障工程，提高全省环境管理能力和水平

夯实环境监管基础。全面推进环境监管能力建设标准化，建设先进的环境监测预警体系和完备的环境执法监督体系，完善全省主要污染物总量减排监测体系，制定专题规划，重点提升水气环境质量监测、污染源监督监测、安全预警与应急监测、生态监测、农村监测六大监测能力，以及环境监察执法、核与辐射安全监管、固体废物监管三大监管能力；强化省、市、县三级环境应急能力建设，确保各级具备辖区内特征污染物可检能力。到 2015 年，全省三级环境监测、监察、应急机构标准化建设达标率分别至少达到 100%、90%和 80%；统筹城乡，围绕农村典型环境问题，试点先行，加强流动监测能力和农村环境监察执法能力，提高农村地区环境监测、监察覆盖率。加快环境信息能力建设，逐步建立基于物联网传感技术的环境信息平台，提高我省环境管理信息化、数字化、自动化水平；建立山东省环境教育基地，为环境保护宣传教育和培训提供良好的平台。

加强环保队伍建设。紧抓培养人才、引进人才、用好人才三个环节，充实人员数量，按照岗位需求引进相关人才，新增人员专业符合性不低于 95%；建立并完善环保领导干部、环境管理人员、环保专业技术人员、环保上岗人员、企业（社会）环保人员培训体系，提升现有环保队伍整体水平。采取岗位技能培训、一年一度实兵演练的方式，全面提升监察、监测、应急、环评四支队伍的实战能力。重点选拔和培养一批适应不同层次环境管理需要的优秀党政领导与管理人才、环境执法监管人才和在国际国内具有一定影响力的各领域领军人才与专家，重视高等院校、科研院所和企业涉及环保领域的外围队伍建设，建设一支数量充足、素质优良、结构合

理的环境保护人才队伍。

强化环境管理支撑。完善监测预警、执法监督、环境应急的运行保障渠道和机制，按照运行经费定额标准，强化环境监测、监察执法、预警与应急、信息、“三级五大网络”等运行经费，建立环境监管仪器设备动态更新机制。加强环境监测、监察、核与辐射监管、信息和宣教等机构业务用房建设，保障业务用房维修改造的经费，提高达标水平。建立健全环境监测质量管理制度。

1.3.10 开展环境瓶颈问题解析与突破，积极推动环境科技与产业发展

开展经济社会发展重大环境瓶颈因素解析与突破。针对制约火电、钢铁、化工、造纸、电镀等重点行业可持续发展的环境瓶颈，从废水深度治理与资源化利用、废气高效节能治理、固体废物高效利用等方面进行科研攻关，制定政策法规、标准和技术等破解环境瓶颈的综合方案，积极探索代价小、效益好、排放低、可持续的发展模式；针对制约山东半岛蓝色经济区、黄河三角洲高效生态经济区等重点区域发展的环境瓶颈，从生态保护管理模式、生态修复关键技术、生态环境承载力提升等方面进行科研攻关，依据资源环境承载能力、开发强度和发展潜力，制定不同区域的环境管理目标和政策，构建分类指导、分区管理的配置更加科学、合理的环境空间格局，针对城市化进程、新农村建设过程中面临的环境瓶颈，从城市空气质量控制、废弃物减量化资源化、厂矿污染土壤修复、供水安全防范、农村生产生活废物处置及资源化利用等方面进行科研攻关与工程示范，通过不断提升环境基础设施建设水平，提高生态环境承载能力，努力实现城乡基本环境公共服务均等化、环境基础设施一体化，逐步实现能源结构、生产方式及生活消费低碳化，为区域经济发展腾出环境空间。

紧紧围绕“十二五”环境保护对科技的重大需求，以机制创新和技术创新为动力，以产业创新为核心，坚持“开放、融合、服务、共赢”的原则，加快山东省环保技术服务中心建设，优化配置科技资源，产学研联合进行科技攻关，突破重点领域核心技术，组织实施环保科技示范工程项目，建设一批低碳型科技产业示范基地，培育一批“低（零）排放型”环保科技示范企业，完善政、产、学、研、金融机构创新联盟合作模式。充分发挥全省环保产业研发资金的引导作用，提升全省环保产业的核心竞争力，提高环保产业的整体发展水平，服务经济增长和社会就业。充分发挥绿博会市场平台的作用，促进供需双方和国内外信息和技术交流与合作，为全省环境质量改善提供技术和物质支撑。

1.4 重点项目和投资

“十二五”期间，全省共设置十大类工程40类项目，共计4 000余个，总投资1 356亿元。

（1）总量减排项目

主要包括结构减排、工程减排及管理减排项目，共计2 933个（投资项目在流域综合治理和大气污染防治部分予以体现）。

（2）流域综合治理项目

主要包括工业废水治理和循环利用、城镇环境基础设施建设、人工湿地水质净化工程及饮用水水源地保护项目，共计1 595个，投资623亿元。

（3）大气污染防治项目

主要包括工业废气及异味污染治理、扬尘污染控制和机动车尾气污染控制项目，共计1 329个，投资227亿元。

（4）土壤污染防治项目

主要包括土壤环境监管基础能力建设、土壤污染修复与治理、有机食品基地建设项目，共计32个，投资20亿元。

（5）海洋及港航污染防治项目

主要包括港航污染防治、海洋生态修复与保护和海洋及港航环境事故应急处置项目，共计174个，投资138亿元。

（6）生态建设和农村环境保护项目

主要包括农村饮用水水源地保护、农村环境基础设施建设、农村废弃物综合利用、农村工业、养殖业污染治理及自然保护区和生态功能保护区建设项目，共计185个，投资126亿元。

（7）固体废物污染防治项目

主要包括危废处置工程、固体废物综合利用、生活垃圾处置工程、持久性有机污染物处置工程项目，共计259个，投资116亿元。

（8）环境安全防控体系建设项目

主要包括环境安全防护、事故预警能力建设项目、重金属污染防治及核与辐射安全监管项目工程，共计136个，投资19亿元。

（9）能力和队伍建设项目

主要包括环境监测预警体系、环境执法监督体系、环境监管人才队伍建设和环境管理基础能力建设项目，共计41个，投资47亿元。

（10）环境科技与研发项目

主要包括环境瓶颈问题解析与突破、先进技术成果推广示范及环境标准体系建设项目，共计 261 个，投资 40 亿元。

1.5 综合保障

1.5.1 巩固和完善环保工作大格局

以总量减排、重点流域区域治污考核和生态省建设等重点工作为抓手，积极发挥环保部门参谋协调作用，巩固和完善党委领导、人大政协监督、政府负责、部门齐抓共管、全社会共同努力的环保工作大格局。完善符合我省省情的地方政府环境绩效评估激励约束机制，将污染物总量减排、环境质量改善、环境风险防范、集中式饮用水水源地保护、区域大气联防联控目标的完成纳入领导干部政绩考核体系，考核结果作为地方政府领导干部综合评价的重要内容。继续实施生态省建设市长目标责任考核办法。建立重金属等严重危害群众健康的重大环境事件和污染事故的问责制和责任追究制。

1.5.2 健全法律法规体系

修订《山东省水污染防治条例》，出台《山东省扬尘污染防治管理办法》《山东省机动车排气污染防治条例》和《山东省实施〈中华人民共和国大气污染防治法〉条例》等法规。完善地方环境标准体系，继续完善和实施分阶段逐步加严的地方排放标准，使排放标准和环境质量标准有机衔接。探索制定符合山东实际的清洁生产地方标准，建立健全符合山东实际的污染防治最佳可行技术指南、工程技术规范，环保标志产品标准、环境友好型产品标准等覆盖生产、流通、消费全过程的标准体系，引导绿色生产、绿色流通和绿色消费。

1.5.3 理顺环境政策体系

发挥价格杠杆作用，进一步理顺资源价格体系，出台中水价格，提高污水处理费标准，用于污泥处理。对“两高一资”企业、资源能源消耗大的行业，推行差别电价、水价政策。进一步扩大排污费征收面，合理提高收费标准，开展城市施工工地扬尘排污收费试点，加大排污收费稽查力度。开展区域（流域）、行业排污权交易试点。进一步加大政府的环保投入，并向公益性项目倾斜。建立完善规模化退耕还湿的推进机制和生态补偿政策，修订“以奖促治”“以奖代补”政策。完善绿色信贷政策，建立绿色信贷责任追究制度。开展环境污染损害鉴定评估，探索建立环境污染责任保险制度。探索建立环境与健康风险管理制度。完善鼓励社会绿色消费、政府绿色采购的有关政策。加快市政公用事业改革，推进污染防治设施专业化、市场化运营步伐，积极探索开展在线监控设施运营管理的TO模式（转让-经营模式）改革。

1.5.4 健全环境科技体系

深化环境科技体制改革，优化整合环境科技资源，推动资源共享和供需对接。以环保产业研发基地为平台，以企业为主体、市场为导向，促进环境服务业发展。结合国家污染防治重大专项的实施，开展再生水利用的生物安全和化学安全、湿地植物综合利用、农村固体废物综合利用、湖泊污染治理技术等前瞻性、基础性和关键性技术研究，加大先进实用治污技术推广力度。积极开展国家级和省级环保重点实验室和工程技术中心建设。开展支撑环境管理和科学决策的应用性研究，建立经济、能源、环境诊断与联动系统。积极引进资金、智力、项目，开展人员交流与培训。做好ODS（消耗臭氧层物质）淘汰、POPs（持久性有机污染物）控制等环保国际履约工作。

1.5.5 完善行政监管体系

夯实监测、监察、环评和应急四大基础，努力提高环境监管和安全防控水平。积极推进山东半岛蓝色经济区、黄河三角洲高效生态经济区、胶东半岛高端制造业生产基地、日照钢铁精品基地、省会城市群经济圈建设的战略环评，以及重点行业、重点企业集团、工业集中区规划环评工作，充分发挥环境保护参与宏观调控的作用。严格执行“先算、后审、再批”的环评审批程序和建设项目环评审批原则，严肃查处建设项目环境违法行为。以环境质量改善为导向，继续完善“区域限批”“流域限批”“行业限批”“企业限批”等措施。严格落实“四个办法”（《全省重点企业监管办法》《全省城市污水处理厂水质监管办法》《全省主要河流水质监测办法》《全省17个设区城市建成区空气质量监管办法》），强化环境违法行为处罚后的督查力度。深入开展整治违法排污企业保障群众健康环保专项行动。完善环境信访、媒体曝光与环保执法监督联动机制，依法严肃查处破坏污染源自动监控设施的行为，严厉打击利用罐车非法倾倒有毒有害污染物质等环境违法行为，及时解决群众反映的突出环境问题。

1.5.6 建立健全环境文化体系

加强环境宣传教育，建设全民生态环境教育基地，倡导生态文明。充分发挥环境NGO（非政府组织）的积极作用，积极开展环保公益活动，走环境保护群众路线，建立环保统一战线。完善环境信息公开和新闻发布会制度，及时公布环境质量状况、污染减排等情况，推行阳光政务和企业环境报告书制度，保障社会公众的环境知情权、参与权和监督权。完善环保舆情监测体系，实施全方位动态监控，做到正确甄别筛选，科学分析研判，确保及时处理反映属实的突出问题，并积极做好正确的舆论方向引导，积极化解舆论危机。

1.6 规划实施与考核

地方人民政府是规划实施的责任主体，要把规划目标、任务、措施和重点工程纳入本地区国民经济和社会发展总体规划，把规划执行情况作为地方政府领导干部综合考核评价的重要内容。省直各有关部门要各司其职，密切配合，完善体制机制，加大资金投入，推进规划实施。要在2013年年底和2015年年底，分别对规划执行情况进行中期评估和终期考核，评估和考核结果向省政府报告，向社会公布，并作为对地方人民政府政绩考核的重要内容。

附录

《山东省环境保护“十二五”规划》编制说明

《山东省环境保护“十二五”规划》（以下简称《规划》）是省政府“十二五”重点专项规划之一，是环境保护参与宏观决策，与相关部门在经济、社会发展和环境保护领域达成共识、形成合力的有效手段，是指导全省“十二五”时期环保工作的纲领性文件。现就《规划》有关情况作如下说明。

一、《规划》编制过程

（一）准备及前期研究阶段

成立了规划编制领导小组、领导小组办公室和专家咨询委员会。2009年8月，按照环保部、省委省政府关于规划工作的部署，省环保厅组织开展了《规划》的前期研究工作，通过面向全社会公开招标，选定14家单位，进行了6大领域10个前期课题的研究工作。

（二）总体思路形成阶段

在前期研究的基础上，初步形成了“十二五”环境保护总体思路，并于2010年1月在北京征求了专家咨询委员会意见，根据意见修改完善后形成第二稿；2010年4月各处室按照目标、策略、项目形成专项规划思路，并与总体思路对接，形成第三稿；2010年6月在东部十省市环保“十二五”规划编制工作座谈会上，周建副部长充分肯定了我省规划总体思路；2010年6月底张波厅长在17市分三个片区召开座谈会，总体思路在征求17市意见后形成第四稿。

（三）规划编制及论证阶段

2010年2月，第一次厅党组会部署了13项专项规划编制工作；同年4月，省厅召开电视电话会议，部署17市“十二五”规划编制工作，并于5月召开了全省规划技术培训会；规划初稿形成后，2010年8月与省财政厅进行对接；2010年9月，在杭州会上就主要污染物总量目标与国家初步对接后，形成第二稿；2010年8—12月，先后4次与全省国民经济与社会发展“十二五”纲要进行对接，形成第三稿；2011年1月，17市拟纳入规划的项目通过专家评审，建立了“十二五”规划项目库；2011

年3月，在与国家规划（征求意见稿）对接后，形成《规划》第四稿；2011年7月，在征求各市和省直有关部门意见后，形成《规划》第五稿；2011年7月，向人大城环委汇报后，根据人大意见进一步修改完善，形成《规划》论证稿；2011年9月，《规划》论证稿通过了由环保部和省内有关部门组成的论证委员会的评审。根据论证会提出的意见和建议，对规划进行了修改，再次与省直有关部门衔接，定稿后履行报批程序。

二、《规划》主要内容

《规划》分六大部分：一是回顾与展望，二是指导思想、原则和总体目标，三是主要任务，四是重点项目与投资，五是综合保障，六是规划实施与考核。现就主要内容作如下说明：

（一）回顾与展望

1．“十一五”规划完成情况与经验

省委、省政府坚定不移地贯彻落实党中央、国务院关于加强环境保护工作的决策部署，始终把环境保护作为推动经济、社会发展的关键环节，围绕总量减排、主要水气环境质量改善和污染源达标排放三个目标，坚持抓重点、抓关键、抓落实，环境保护从认识到实践都发生了深刻变化，“十一五”规划确定的各项指标全面完成，取得了显著成效。根据中国社科院发布的《环境竞争力发展报告2005—2009》，我省环境竞争力位居全国首位。

总量减排任务全面完成。经环境保护部核查认定，我省“十一五”以来化学需氧量和二氧化硫排放量削减率分别达到19.4%和23.2%，降幅分别居全国第三位和第四位，国家下达的减排目标累计完成率分别为130%和116%，超额完成了“十一五”减排目标任务。环境质量持续改善。2010年河流主要污染物化学需氧量和氨氮浓度比2005年分别下降65.0%和75.6%，省控59条重点污染河流全部恢复鱼类生长，全省地表水水质总体恢复到了1985年的水平。实现了淮河流域治污考核“五连冠”和海河流域治污考核“三连冠”。圆满完成奥运会、全运会环境质量保障任务。环境安全防控体系初见成效。围绕预防、预警、应急三大环节，建立完善了环境风险评估、隐患排查、事故预警和应急处置机制，初步形成全防全控的环境安全防控体系。生态省建设取得阶段性成果。顺利完成生态省建设第二阶段目标。全省已建成国家环保模范城市18个，国家级生态示范区24个，国家生态市1个，全国环境优美乡镇181个，创建省级绿色社区212家、绿色学校457所。环境监管水平进一步提升。建成了国家、省、市、县四级联网的环境自动监控系统，实现了对重点污染源排污情

况和主要水气环境质量的实时监控。组织开展环保专项行动13次，对402件突出环境问题进行了挂牌督办。强化部门协作，下发了《关于严肃查处环境污染犯罪的通知》。制定了突出环境问题所在区域政府主要负责人约谈制度。规制、市场、科技、宣传等综合推进措施日益加强。出台了分阶段逐步加严的流域性、行业性地方法规和标准，取消了高污染行业的“排污特权”。建立了“政、产、学、研、金”有机结合的技术创新体系。建立了信访和舆情监测系统，及时解决了群众反映强烈的热点环境问题。

回顾“十一五”，全省环保系统勇于实践、积极探索，积累了大量宝贵经验，为与时俱进地推进环保事业发展提供了重要启示。一是坚持把环境保护作为加快转变经济发展方式的重要着力点，充分发挥其先导、倒逼和优化作用，以环境保护优化经济增长，在发展中解决环境问题。二是充分发挥社会主义制度的政治优势，着力构建党委领导、政府负责、人大政协监督、部门齐抓共管、全社会共同努力的环保工作大格局。三是善于发挥规制、市场、科技、行政、文化五种力量的作用，打好“组合拳”，形成综合推进、多措并举的强大工作合力。四是坚持从山东实际出发，系统推进污染治理、循环利用、生态修复和保护并举的“治、用、保”技术策略，构建科学的治污体系。五是坚持解放思想、谦虚谨慎、团结务实、敢打硬仗的工作作风，从实际出发合理确定工作目标和重点任务，积极主动、深入扎实开展环保工作。

2.“十二五”环境形势

经济社会发展的资源环境代价过大与承载能力不足之间的矛盾突出。2010 年，我省的三产结构比例为 9.1∶54.3∶36.6，与同为经济大省的江苏、浙江、广东等省相比，第二产业比重分别高出 1.1、2.4 和 3.9 个百分点，第三产业比重分别低 4.0、6.5 和 8.0 个百分点。“十一五”以来，我省节能降耗工作取得明显成效，2010 年万元 GDP 能耗和万元工业增加值用水量分别为 1.07 t 标准煤和 15.3 m^3，与 2005 年相比下降了 22%和 45%。但万元 GDP 能耗仍然是江苏、浙江、广东三省的 1.41 倍、1.45 倍、1.57 倍。万元工业增加值用水量高于三省 1.5 倍以上。一般而言，第二产业的平均能耗为第三产业的 4 倍左右，加之我省第二产业中传统高耗能产业产能庞大，机制纸占全国产量的 18.2%、焦炭占 8.9%、化肥占 14.3%、水泥占 9.9%、生铁占 9.9%、氧化铝占 28.8%、电力占 9.9%，十大高耗能产业的能源消费总量占第二产业能耗的比重高达 79.1%，虽然主要产品单耗逐步下降，但产业结构偏重带来的资源能源消耗过大和污染物排放偏高的问题依然严重，经济发展的资源环境代价依然较大。

依据《山东省国民经济与社会发展第十二个五年规划纲要》，到 2015 年，三产比例由 2010 年的 9.1∶54.3∶36.6 调整至 7∶48∶45，全省经济总量（GDP）将比 2010 年增加 50%以上（年均增长 9%）。在以煤为主的能源结构不发生根本变化的前提下，虽然第二产业增长率将由“十一五”期间的年均15%降至6%，万元GDP能耗继续下降17%，到2015年全省煤炭需求量仍将达到4.83亿t，新增约1.08亿t。二氧化硫和氮氧化物排放量将分别新增17.2万t和30.6万t。在万元GDP取水量下降10%的前提下，工业化进程的加快将导致工业用水量新增15.7亿t，由于城市化新增668万城镇人口将带来2.9亿t生活需水量，到2015年，全省用水需求量仍将超出水资源总量（228亿t）约25亿t，废水排放量约增加12.7亿t，化学需氧量和氨氮排放量分别增加21.8万t和2.8万t。若“十二五”GDP增速超过9%一个百分点，煤炭消耗则会增加2 000多万t，减排难度将增加两个百分点，减排形势相当严峻。此外，我省工业大气主要污染物排放强度明显高于江苏、浙江、广东等省，结构性污染特征明显，“十二五”期间仅依靠工程减排和管理减排措施，全省二氧化硫和氮氧化物只能削减8.9%和5.0%，与国家下达的14.9%和16.1%减排目标差距较大，能源和产业结构调整将成为完成“十二五”大气污染物减排任务的关键，结构减排工作面临较大压力。同时，山东半岛蓝色经济区、黄河三角洲高效生态经济区等重点区域带动战略的实施又对总量减排和区域环境承载能力提出了更高的要求。

人民群众日益增长的环境需求与环境质量改善相对滞后之间的矛盾突出。根据国家统计局对我省全面建设小康社会进程的监测结果，到2010年，全省的小康实现程度为70%～80%，资源环境指标实现程度落后于全面小康实现程度5～15个百分点。空气环境质量方面，在加密优化17市空气监测点位后，全省城市环境空气良好天数仅为201天，一年中有164天环境空气质量达不到维护人体健康的二级标准要求。水环境质量方面，虽然到2010年年底，全省59条主要河流全线恢复了鱼类生存，实现了水生态的重要转折，但是仍有37.5%的省控断面水质为劣V类，其中海河、小清河流域52个国、省控断面中有75%的断面水质为劣V类。

随着生活水平不断提升，人民群众的环境需求和环境意识日益提高，环境问题已成为公众最为关注的社会问题之一，2006—2008年，环境保护首次连续3年位列热点问题的前3名。人民群众普遍认同环境保护的重要性、必要性、紧迫感，82.9%的公众认为政府和社会必须重视环境问题，67.8%的公众认为自然环境已经到了必须特别加强保护的地步，41.8%的人认为所居住地区的环境污染状况比较严重或非常严重。据统计，“十一五”我省受理反映环境质量问题的环境信访数量达到14.4万件，人民群众日益增长的环境需求对我省环境质量的改善提出了更迫切、更高的要求。

和谐社会建设的需求与严峻的环境安全形势之间的矛盾突出。全省化学原料及化学制品制造行业共有企业5 244家，大量危险化学品及新化学品的生产、运输、使用，特别是选址的不合理带来了严重的环境安全事故隐患；全省共有713家涉重金属污染企业，危险废物贮存量达725 t，电子垃圾堆放量达到14.04万t，个别企业非法排污、部分危险废物和超半数的电子垃圾得不到及时有效处置，部分地区水体底泥、场地和土壤中重金属污染物不断累积，增加了环境风险的发生概率；全省共有 1 002 家放射源应用单位、4 743 枚放射源，废旧放射源的安全收贮和放射性废物的运输与处置，增加了环境安全隐患。“十二五”期间，海阳、石岛湾核电厂的开工建设，给我省核与辐射环境安全形势带来严峻挑战。生物技术的利用、持久性有机物的排放和实验室废弃物的增加等新型环境问题逐渐显现，环境安全形势严峻。

环境安全作为国家安全的重要组成部分，直接关系到人民群众的身体健康、经济社会可持续发展和社会和谐稳定。据不完全统计，“十一五”期间全省境内发生了 20 余次重大突发环境事件，其中由于交通事故、生产事故、非法排污等引起的突发环境污染事件分别占 40%、15%和 45%。随着人民群众环境意识逐步提高，环境污染事故的社会关注度也越来越高，因水和大气污染引发的公民和企业之间、区域之间、流域之间的环境纠纷，已经成为滋生社会矛盾冲突的土壤，有可能成为引发群体性和极端个人事件的“导火索”，影响了社会稳定。2005 年松花江水污染事件、2007 年无锡太湖水污染事件、2009 年临沂亿鑫水污染事件等重大环境污染事故都造成巨大的社会影响和经济损失，建设和谐社会的总体要求与严峻的环境安全形势之间的矛盾日渐突出。

我省的省情决定了，只有深入贯彻落实科学发展观，坚持把环境保护作为加快转变经济发展方式的重要着力点，以资源环境承载能力为基础，围绕改善环境质量、确保环境安全、服务科学发展“三条主线”，实施全国最严格的环境管理制度，大力发展循环经济，倡导生态文明，才能优化经济发展、保障和改善民生，促进经济社会与环境保护的高度融合与协调。

（二）总体思路与目标

1. 总体思路

“十二五”我省环保工作总体思路是：深入贯彻落实科学发展观，努力把环境保护与转方式、调结构、惠民生有机结合起来，围绕改善环境质量、确保环境安全、服务科学发展三条主线，综合运用规制、市场、科技、行政、文化五种力量，着力构建社会各界广泛参与的环保工作大格局，为把山东建设成为环境秀美的经济文化强省而不懈奋斗。

“十二五”我省环境保护工作必须继承和发扬“十一五”环保工作取得的宝贵经验，继续探索实施做好环保工作的“政治三策”和“技术三策”。其中：

“政治三策”，第一策是坚定科学发展理念，坚持把环境保护作为加快转变经济发展方式的重要着力点，使环境保护进入经济社会发展的主战场和大舞台，提升环保战略地位。第二策是充分发挥社会主义制度的政治优势，着力构建党委领导、政府负责、人大政协监督、部门齐抓共管、全社会共同努力的环保工作大格局，群策群力共同推进环保工作。第三策是调动规制、市场、科技、行政和文化五种力量，打好环保工作的“组合拳”，建立长效机制，推动环境保护事业蓬勃发展。

“技术三策”，第一策是污染治理，通过实施结构调整、清洁生产、末端治理等全过程污染控制，逐步使排污单位达到环境容量能够基本接纳的治污水平；第二策是循环利用，以循环经济理念为指导，因地制宜地构建企业和区域再生资源循环利用体系，减少资源消耗和废弃物排放；第三策是生态修复和保护，通过纠正生态破坏行为，修复受损生态环境，保护重要区域生态功能。

围绕改善环境质量、确保环境安全、服务科学发展三条主线，“十二五”期间，我省环境保护工作突出五大重点。其中：

围绕“改善环境质量”，一是以工业废气、城市扬尘、汽车尾气为重点，突出抓好大气污染防治，实现城市空气质量明显改善；二是推广“治、用、保”流域治污体系，巩固提高治水成果，到2012年消除达标边缘断面，到2015年消除劣Ⅴ类水体，确保南水北调干线水质达标。

围绕“确保环境安全”，以重金属、危险废物、涉核行业为重点，着力构建全防全控的环境监管与安全防控体系，有效保障全省环境安全。

围绕“服务科学发展”，一是开展重大环境瓶颈问题解析与突破，服务转方式调结构；二是用好未来10年战略机遇期，依托两大平台，发展壮大环保产业，促进经济增长和社会就业。

2. 规划目标与指标

《规划》围绕“改善环境质量、确保环境安全、服务科学发展”三条主线，提出了坚持把环境保护作为加快转变经济发展方式的重要着力点，充分发挥社会主义制度优势、构建环保工作大格局，发挥规制、政策、科技、监管和文化五种力量打好“组合拳”，推动“环境质量明显改善，环境安全得到有效保障”总体目标的实现。具体为：“到2015年，完成国家下达的主要污染物排放总量减排指标，城乡环境质量明显改善，环境安全得到有效保障，基础、人才、保障三大工程建设取得明显进展，法律法规、经济政策、环保科技、行政监管和环境文化五大体系基本形成，社会各界广泛参与的环保工作大格局更加巩固。”

考虑到经济技术可行性和指标统计、考核的延续性，提出了主要污染物减排、水气环境质量改善和环境安全保障3类指标，其中新增了氨氮和氮氧化物总量控制指标。

（三）主要任务

“十二五”期间，围绕“三条主线”，我省环境保护工作应当全面落实十大重点任务。一是通过流域污染防治、大气污染防治、土壤污染防治、海洋及港航污染防治、生态和农村环境保护等五大任务“改善环境质量”；二是通过环境安全防控体系建设、固体废物污染防治、环保能力和队伍建设等三大任务“确保环境安全”；三是通过总量减排、发展环保科技和产业等两大任务“服务科学发展”。

1．改善环境质量

一是改善流域水环境质量。推广南水北调沿线治污经验，全面构建“治、用、保”流域治污体系，开展环湖沿河沿海大生态带建设，促进再生水资源循环利用，力争省控59条河流的86个监测断面全部消除劣Ⅴ类水体。二是改善大气环境质量。把握可吸入颗粒物、二氧化硫和氮氧化物治理三个关键，突出工业废气及异味治理、扬尘污染防治、汽车尾气排放控制三个重点，理顺工作机制，加强执法检查，努力实现我省大气污染防治新突破，空气能见度大幅提升，到2015年，全省17城市空气主要污染物年平均浓度比2010年改善20%以上。三是改善土壤环境质量。把土壤污染防治摆上重要位置，遵循“以人为本，摸清底数，典型示范，务实推进”的工作思路，以重金属污染土壤为重点，开展土壤污染防治。四是改善近岸海域及主要港口环境质量。发挥环保部门综合协调作用，进一步健全部门合作机制，以应急处置、船舶及码头污染防治为重点，共同推进海洋及港航污染防治工作。五是改善生态和农村环境。规范各类保护区管理，积极开展生态示范建设，务实推进生态省建设；以县级为单元，围绕农村饮用水水源保护、环境基础设施建设、废弃物综合利用、工业及养殖业污染治理、生态修复等五大重点，分类指导，典型示范，全面加强农村环境保护工作。2015年力争全省实现“两个百分之百”，即百分之百的重点乡镇建立垃圾收集、转运和处置体系，百分之百的乡镇实现生活污水妥善处理。

2．确保环境安全

一是构建全省环境安全防控体系。以重金属、危险废物、涉核行业等风险源管理为重点，建立完善全防全控的环境监管和安全防控体系，有效保障全省环境安全。二是降低危险废物环境风险。完善法律法规和经济政策，以危险废物为重点，规范固体废物管理，运用市场机制，大力推进固体废物综合利用的专业化和市场化。三是加强环保基础能力建设。以监察、监测、应急和环评为重点，大力加强环境基础能力建设；加强环保机构和队伍建设，开展学习型、廉洁型和环境友好型机关创建活动，努力建设一支人民群众最信任、最拥护、最喜爱的环保队伍。

3．服务科学发展

一是以总量减排为抓手，倒逼“转方式、调结构”。把总量减排指标作为倒逼机制，抓好调结构、控新增、减存量三个方面，采取污染减排八项举措，痛下决心，狠下功夫，坚决打好转方式、调结构这场硬仗，确保完成“十二五”总量减排任务。二是推动环境科技和产业发展，服务科学发展。完善地方环境标准体系，针对重点行业和重点区域发展、城市化进程、新农村建设中存在的环境瓶颈问题组织解析与突破；牢牢把握未来十年难得的战略机遇期，依托“一个资金，两大平台”，发展壮大山东环保产业，促进经济增长和社会就业。

（四）环保投资与重点项目

1.“十一五”环保投入现状

我省不断加大环保投入，环保投资总量一直位居全国前列，对解决突出环境问题，提升环境竞争力发挥了重要作用。“十一五”山东省环保投资总额预计为 1 989.8 亿元，年均增长 19.5%，环保投入占同期 GDP 总量的 1.32%。环保投入水平（占同期 GDP 的比重）位于全国前列，略低于国家以及北京、江苏、浙江等省市。

附表 1-1 2006—2010 年山东省环保投资情况（中国环境统计年鉴） 单位：亿元

年份	城市环境基础设施建设投资	工业污染源污染治理投资	建设项目“三同时”环保投资	合 计
2006	160.5	59.7	37.9	258.1
2007	174	67.3	79.5	320.8
2008	223.8	84.4	124	432.2
2009	296	51.6	111.9	459.5
2010				519.2*
合计				1 989.8

* 2010 年环保投资数据尚未正式公布，519.2 亿元为估算数据。

“十一五”期间，我省地方财政一般预算收入和支出快速增长，年均增长率分别达到 20.3%和 23%，公共财政对环保的支持力度逐年增高，环保支出占财政总支出的比重由 1.3%升至 2.7%（平均 2%），5 年环保支出累计 297 亿元，带动社会环保投入约 1 693 亿元，即政府每投入 1 元可带动全社会投入 5.7 元。

附表 1-2 2006—2010 年山东省地方财政支持等情况（山东统计年鉴） 单位：亿元

项目	2006 年	2007 年	2008 年	2009 年	2010 年	合计
地方财政一般预算收入	1 356	1 675	1 957	2 199	2 749	9 937
地方财政支出	1 833	2 262	2 705	3 268	4 144.5	14 212
环境保护支出	20.76	29.2	59.1	76.2	111.8	297

2.“十二五”环保投入测算

“十二五”期间，全国环保投入预计达到 3.1 万亿元，较“十一五”增加一倍，约占同期 GDP 总量的 1.5%。国家下达给我省的“十一五”化学需氧量和二氧化硫减排指标是全国平均水平的 1.49 倍和 2 倍。“十二五”期间，我省总量减排指标仍是全国平均水平的 1.6 倍，加之南水北调东线工程即将通水，山东半岛蓝色经济区和黄河三角洲高效生态经济区等重大战略深入推进，完成“十二五”确定的环境保护各项任务，环保投入不能低于全国1.5%的平均投入水平。

根据《山东省国民经济与社会发展第十二个五年规划纲要（征求意见稿）》，“十二五”期间，全省地方财政收入年均增长13%（“十一五”规划增长14%，实际增长20.3%），五年财政收入为20 132亿元，按同一增长率推算五年地方财政支出为30 350亿元，预计环保支出为607亿元（按“十一五”环保支出占财政支出平均比重的2%推算）。考虑多渠道、多元化社会投融资体制的逐步完善，按1元政府投入带动社会投入5.7元推算，全省环保投入预计为4 066亿元，约占同期GDP总量的1.6%。

因此，“十二五”期间，我省环保投入占同期GDP的比重将有望达到1.5%～1.6%。

3．省级环保专项资金测算

“十五”期间省级环保专项资金为10.36亿元，“十一五”期间为32.7亿元，同比增长215%，且专项资金占环保支出的比重为11%。“十二五”若仍按11%的比例计算，未来五年省级环保专项资金将达到67亿元左右，同比增长104%。

4．环保重点工程投资

为保证规划任务的全面落实，按照目标、任务、项目环环相扣、紧密衔接的原则，“十二五”期间，全省共设置总量减排、流域综合治理、大气污染防治、土壤污染防治、海洋及港航污染防治、生态建设和农村环境保护、固体废物污染防治、环境安全防控体系建设、能力和队伍建设、环境科技与研发等十大类重点工程40类项目，共计4 007个，总投资约为1 345亿元，约占环保总投资的33%。

（五）综合保障

环境保护是一项复杂的系统工程，涉及面广、综合性强，传统的、单一的环保部门单兵作战模式是行不通的，必须积极争取党委、政府的高度重视和大力支持，充分发挥各部门的优势，动员全社会的力量共同关注、积极参与环保工作，才能形成推动环境保护的强大政治优势。“十二五”期间，应继续完善环保工作大格局，建立法律法规体系、经济政策体系、环保科技体系、行政监管体系和环境文化体系，打好“组合拳”。

一是巩固和完善环保工作大格局。以总量减排、重点流域治污考核和生态省建设等重点工作为抓手，充分发挥环保部门参谋协调作用，巩固和完善党委领导、政府负责、人大政协监督、部门齐抓共管、全社会共同参与的环保工作大格局。二是完善环保法规、标准。出台《山东省扬尘污染防治管理办法》《山东省机动车排气污染防治条例》等法规；完善分阶段逐步加严的地方污染物排放标准体系；逐步建立符合山东实际的清洁生产标准、污染防治最佳可行技术指南、工程技术规范，环保标志产品标准、环境友好型产品标准等覆盖生产、流通、消费全过程的标准体系。三是理顺环境经济政策。理顺再生资源价格、税收、金融等政策体系，促进工业、农业和城市废弃物循环利用的专业化和市场化；探索完善规模化退耕还湿的推进机制和生态补偿政策，促进环湖沿河沿海生态带建设；进一步完善“以奖代补”“以奖促治”和生态补偿政策；积极探索开展在线监控设施运营管理的TO模式改革，稳步推进排污权交易试点工作。四是加强环境科技引领和支撑作用。探索建立“政、产、学、研、金”有机结合的环保科技创新联盟；开展环境瓶颈问题解析与科技攻关，服务转方式、调结构；开展前瞻性、基础性和关键性技术研究，为环境管理提供科技支撑；加强国际合作，积极引进资金、智力、项目，做好人员交流与培训工作。五是提高行政监管水平。深入开展整治违法排污企业保障群众健康环保专项行动；完善环境信访、媒体曝光与环保执法监督联动机制，及时解决群众反映的突出环境问题；夯实监测、监察、应急和环评四大基础，不断提高环境监管和安全防控水平。六是注重发挥环境文化和舆论监督作用。加强环境宣传、倡导生态文明，引导鼓励公众参与环境保护；加强环境信息公开和新闻发布会制度，保障社会公众的环境知情权、参与权和监督权；加强企业环境信息公开、推行企业环境报告书制度；完善环保舆情监测体系，及时处理反映属实的突出问题，做好舆论引导，妥善化解舆论危机。

（六）规划实施与考核

地方人民政府是规划实施的责任主体，要把规划目标、任务、措施和重点工程纳入本地区国民经济和社会发展总体规划，把规划执行情况作为地方政府领导干部综合考核评价的重要内容。省直各有关部门要各司其责，密切配合，完善体制机制，加大资金投入，推进规划实施。要在2013年年底和2015年年底，分别对规划执行情况进行中期评估和终期考核，评估和考核结果向省政府报告，向社会公布，并作为对地方人民政府政绩考核的重要内容。

三、《规划》主要特点

（一）领导高度重视

环境保护部将我省作为全国唯一的省级规划编制试点，并将规划提出的五大重点内容纳入《省部战略协作框架协议》。我省以规划编制作为推动“十二五”环保工作的契机，强化组织领导。省政府成立了以分管省长为组长的规划编制工作领导小组，负责组织协调省直有关部门，并将《规划》的有关内容纳入全省国民经济和社会发展规划中，首次实现环境保护规划与全省国民经济和社会发展规划的进程同步与内容衔接；省厅成立了由张波厅长任主任的规划领导小组办公室，多次与规划编制班子研究讨论《规划》总体思路和有关重大问题，并数次召开党组会、厅务会，专题研究解决方案和对策，拨付前期研究等专门经费，切实保障了规划编制工作的有效开展。

（二）编制方式先进

首次采取了“开放式编规划”的方式，将省委省政府决策咨询部门、省直有关部门、厅内各处室（办）、直属单位、全省 17 市、高等院校、科研机构的高水平专家、社会公众纳入规划编制队伍中来，共同参与、共同编制、共同决策。

一是通过专家咨询委员会咨询、全省 17 市片会座谈和网上意见征集，集思广益，共同参与。邀请了环保部、环境保护部环境规划院、中国环境科学研究院、省委省政府研究室和省内高等院校与科研机构的有关领导专家，组成专家咨询委员会，并得到精心指导。规划领导小组办公室多次向专家咨询委员会进行专题汇报，书面征求意见；在全省 17 市分三个片区组织召开了规划编制座谈会，张波厅长带领规划编制班子认真听取各地基层环保系统对全省“十二五”规划的意见和建议；通过发放调查表和网上调查的方式，广泛征集社会公众对于《规划》编制的有关意见和建议。

二是通过前期研究课题中标单位、规划编制单位的技术支撑和厅内各处室（办）、直属单位的全程参与，群策群力，共同编制。针对《规划》的关键问题和重点领域，设置了 10 项前期研究课题，并首次将前期研究工作面向社会公开招标，在课题的选题、招标、评标等环节均做到公开、透明，在全省选聘出 14 家科研单位与规划编制单位共同开展规划前期研究工作；在充分吸收前期研究成果的基础上，规划编制班子与厅内各处室（办）、直属单位共同提出了《规划》的总体目标和主要任务，由厅内各处室（办）、直属单位按照在其五年工作计划将《规划》的目标、任务和项目进一步细化、分解落实到 13 个专项规划当中。

三是通过规划编制领导小组的组织协调，与发改、财政、建设、水利等省直有关部门充分沟通，凝聚共识，共同决策。《规划》与省委《关于制定山东省国民经济和社会发展第十二个五年规划的建议》的要求保持一致，与我省“建设生态文明山东，增强可持续发展能力”的发展战略保持衔接，充分体现了我省在环境保护领域的总体战略和举措。通过省直有关部门座谈会讨论和规划意见征求，《规划》与全省国民经济和社会发展“十二五”总体规划纲要以及“十二五”能源发展规划、山东半岛蓝色经济区发展规划、全省城镇污水处理与再生水利用设施建设规划等专项规划、区域规划在目标、指标、任务上内容保持了同步对接，突出了《规划》在我省环保领域的综合性和指导性。

（三）内容科学务实

1．夯实规划基础，突出经验传承

“十一五”期间，我省在总量减排、污染防治、生态建设、环境监管、机制体制等诸多方面积累了大量经验。《规划》充分继承了这些符合山东省情、适用于我省环保工作实际的宝贵经验，通过继续构建环保工作大格局，完善科学的治污体系和地方环境标准体系，构建务实高效的环境安全防控体系，推动我省环保工作再上新台阶。

2．突出三条主线，明确奋斗目标

为落实省委《关于制定山东省国民经济和社会发展第十二个五年规划的建议》要求，《规划》在深入分析和科学把握“十二五”环保工作面临的新形势、新任务的基础上，紧扣“十二五”期间科学发展的主题和加快转变经济发展方式的主线，着眼于保障改善民生和加快生态文明建设，把“改善环境质量、确保环境安全、服务科学发展”三条主线作为“十二五”环境保护工作的努力方向和奋斗目标。

3．围绕改善民生，提升幸福指数

《规划》力求将改善和保障民生落到实处，将改善环境质量摆到更加突出的位置，力争在“十二五”期间全省水和空气环境质量改善20%以上。《规划》紧扣环境安全问题，通过构建全防全控的环境监管和安全防控体系，突出抓好重金属、核与辐射、危险废物等重点领域的防控，着力应对山东省在工业化中后期和城镇化快速发展阶段存在的严峻的环境安全形势。始终把环境保护作为转方式、调结构、惠民生的重要着力点。

4．紧密联系实际，强化《规划》实施

按照“目标、策略、项目”三位一体的原则，依据《规划》提出总体目标和主要策略，由厅内各处室（办）、直属单位细化目标、提炼重点项目，所有项目全部达到可行性研究深度，在通过项目专家论证后纳入“十二五”规划项目库，并分别落实到13个专项规划和17市环保规划中，大大提高了《规划》的可操作性和目标可达性。

5．围绕重大瓶颈，强化科技支撑

转变经济发展方式将从根本上突破资源环境对经济社会发展的约束瓶颈，是加强环境保护的必然选择和根本出路。《规划》针对当前制约我省经济社会发展的重大环境瓶颈问题，发挥环保科技的支撑作用，着力攻克一批具有全局性、带动性的节能降耗和治污关键技术，解决制约可持续发展的资源环境瓶颈问题，积极探索代价小、效益好、排放低、可持续的发展模式，服务转方式、调结构。

四、目标可达性分析

（一）主要污染物排放总量指标

1. 化学需氧量排放量比2010年减少12.0%（其中工业＋生活排放量减少12.9%）；氨氮排放量比2010年减少13.3%（其中工业＋生活排放量减少13.5%）

2010年全省化学需氧量和氨氮排放量（工业＋生活）分别为63.2万t和10.1万t。“十二五”期间全省在GDP年均增长9%，城镇化水平达到55%左右的情况下，化学需氧量和氨氮（工业＋生活）预计新增21.8万t和2.8万t。

根据17市减排工程准备情况，“十二五”期间，全省共实施化学需氧量、氨氮减排项目1 661个，新增化学需氧量、氨氮削减能力32.2万t、4.36万t。其中，实施工业点源治理、城镇污水处理、人工湿地建设等工程减排项目，可分别削减化学需氧量、氨氮排放量31.41万t、4.26万t；实施落后产能淘汰等结构减排项目，可分别削减化学需氧量、氨氮排放量0.8万t、0.1万t。若上述减排项目全部落实，则“十二五”期间全省化学需氧量、氨氮（不含农业源）排放量削减率可分别达到16.5%和13.7%。按照国家要求，若农业源按10%目标削减，则“2015年化学需氧量和氨氮排放量分别比2010年减少12.0%和13.3%”的目标可以实现。

2. 二氧化硫排放量比2010年减少14.9%；氮氧化物排放量比2010年减少16.1%

2010年全省二氧化硫和氮氧化物排放量分别为188.1万t和174.0万t，“十二五”期间全省在GDP年均增长9%，单位GDP能耗下降17%，城镇化水平达到55%左右的情况下，预计将新增二氧化硫和氮氧化物排放量17.2万t和30.6万t。

“十二五”期间，全省共实施二氧化硫减排项目1 242个，新增二氧化硫削减能力47.2万t，其中，实施电力行业、石油炼制行业、建材行业、钢铁烧结机、燃煤锅炉脱硫等工程减排项目，可削减二氧化硫13.2万t；实施电力行业管理减排项目，可削减二氧化硫20.8万t；实施淘汰落后产能、火电“以大代小”等结构减排项目，可削减二氧化13.2万t。若上述减排项目全部落实，则“2015年二氧化硫排放量比2010年减少14.9%”的目标可以实现。

“十二五”期间，全省共实施氮氧化物减排项目868个，新增氮氧化物削减能力62.1万t，其中，实施电力行业、水泥行业、钢铁烧结机、燃煤锅炉脱硝等工程减排项目，可削减氮氧化物35.2万t；实施电力行业脱销设施改造、机动车油品替代等管理减排项目，可削减氮氧化物4.1万t；实施淘汰落后产能、火电“以大代小”、淘汰老旧机动车等结构减排项目，可削减氮氧化物22.8万t。若上述减排项目全部落实，则“2015年氮氧化物排放量比2010年减少16.1%”的目标可以实现。

（二）水环境质量指标

1．全省水环境质量比2010年改善20%以上，力争省控重点河流全部消除劣Ⅴ类

“十一五”期间，我省在两位数经济增长的背景下实现水环境质量的明显改善，河流主要污染物化学需氧量和氨氮浓度分别下降65.0%和75.6%，截至2010年，全省重点河流化学需氧量和氨氮浓度分别为30.5 mg/L和2 mg/L，59条省控重点河流86个断面中，有31个为劣Ⅴ类，占36.0%。

（1）南水北调黄河以南段及省辖淮河流域

2010年流域化学需氧量和氨氮平均浓度为24.4 mg/L和0.8 mg/L。到2012年，南水北调黄河以南段干线满足南水北调输水要求，到2015年，省辖淮河流域基本达到功能区划要求。届时，主要污染物化学需氧量和氨氮平均浓度应达到21.3 mg/L和1.1 mg/L，化学需氧量浓度降低约13%，需削减化学需氧量和氨氮排放量6.7万t和1.14万t，《山东省淮河流域污染防治“十二五”规划》所列的510个项目全部发挥效益，可削减化学需氧量和氨氮排放量9.9万t和1.2万t，大于削减目标，流域水质目标可以实现。

（2）半岛流域

2010年流域化学需氧量和氨氮平均浓度为27.2 mg/L和1.0 mg/L，到2015年流域水质需稳定达到水环境功能区划要求，主要污染物化学需氧量和氨氮浓度应不高于26.3 mg/L和1.3 mg/L，化学需氧量浓度降低约3%。实现该目标，“十二五”期间需削减化学需氧量和氨氮排放量1.48万t和0.11万t。《山东省半岛流域污染防治“十二五”规划》所列的194个项目全部发挥效益，可削减化学需氧量和氨氮排放量4.38万t和0.45万t，大于削减目标，流域水质目标可以实现。

（3）省辖海河流域

2010年流域27个例行监测断面化学需氧量和氨氮平均浓度为44.1 mg/L和3.2 mg/L。到2015年，化学需氧量和氨氮浓度若比2010年降低20%，基本消除劣Ⅴ类水体，“十二五”期间需削减化学需氧量和氨氮排放量4.1万t和0.5万t。《山东省海河流域污染防治“十二五”规划》所列的323个项目全部发挥效益，可削减化学需氧量和氨氮排放量4.7万t和0.6万t，大于削减目标，流域水质目标可以实现。

（4）小清河流域

2010年流域22个例行监测断面化学需氧量和氨氮平均浓度为49.9 mg/L和5.5 mg/L，到2015年，化学需氧量和氨氮浓度若比2010年降低20%，基本消除劣Ⅴ类水体，“十二五”期间需削减化学需氧量和氨氮排放量2.92万t和0.8万t。《山东省小清河流域污染防治“十二五”规划》所列的230个项目全部发挥效益，可削

减化学需氧量和氨氮排放量 5.34 万 t 和 1.33 万 t，大于削减目标，流域水质目标可以实现。

到 2015 年，南水北调黄河以南段及省辖淮河流域和半岛流域河流能够达到水环境功能区要求，水质改善幅度分别为 13%和 3%左右；海河流域和小清河流域水质改善幅度均可达到 20%以上，基本消除劣Ⅴ类水体。因此，“全省重点污染河流控制断面平均浓度比 2010 年改善 20%以上”的目标可以实现。

2．2013 年通水前，南水北调输水干线水质达到地表水Ⅲ类标准，入干线的支流水质达到国家相应水质要求

根据南水北调东线调水要求，2012 年年底前，南水北调山东段输水干线 8 个控制点位水质全部达到地表水Ⅲ类标准，入干线的支流水质达到国家相应水质要求。

2010 年，南水北调山东段干线的前百口、二级坝、南阳、岛东、大捐、湖南、湖心、湖北 8 个控制点位高锰酸盐指数和氨氮均能基本达到地表水Ⅲ类标准，但总氮、总磷指标不能达到地表水Ⅲ类标准。入输水干线的 20 个支流中有 9 个尚未达到规划目标要求。《南水北调东线工程治污规划》实施初期影响水质达标的化学需氧量和氨氮等污染问题，已经逐步由主要矛盾降为次要矛盾，由农药化肥、人工投饵渔业养殖、畜禽养殖等面源污染引起的总氮、总磷超标问题已上升为影响水质的主要矛盾。

为保证输水干线稳定达到地表水Ⅲ类标准，解决农业面源、渔业及畜禽养殖、航运污染等问题，我省在完成省政府 2006 年《控制单元治污方案》任务的基础上，制定了《南水北调东线一期工程山东段水质达标补充实施方案（2011—2012 年）》，增加 59 个发挥“治、用、保”综合效能的项目以及相关政策和措施，实现“治、用、保”体系全覆盖，可以确保 2012 年年底前南水北调山东段干线 8 个控制点位水质全部达标，入干线的支流水质达到国家相应水质要求。

3．水质达标的城镇饮用水水源地比例不低于 90%

2010 年，我省城市、城镇饮用水水源地水质情况良好。全省 51 处城市生活饮用水水源地中，26 处地表水水源地年均值无监测项目超标，25 处地下水水源地监测项目年均值超标的有 2 处。其中，枣庄丁庄水源地总硬度和硫酸盐、枣庄十里泉水源地总硬度年均值超标，主要与地质条件有关。全省 271 个城镇集中式饮用水水源地有 22 处水质不达标。全省水质达标的饮用水水源比例约为 92.5%。

根据《全国城市饮用水水源地环境保护规划》的要求，到 2015 年山东省 271 个城镇集中式饮用水水源地保护区审批完成率应达到 100%，全省城镇集中式饮用水水源各级保护区总面积达到 18 616.2 km^2，占全省面积的 11.8%。完成一级保护区内违章建筑物拆除、排污口关闭、人口搬迁、垃圾堆放场及畜禽养殖搬迁等污染防治工作，二级保护区内污染源整治工作后，全省集中式饮用水水源地水质将会得到更加

有效的保障，扣除地质因素造成的水质超标外，水质将继续保持良好，“水质达标的饮用水水源比例不低于 90%”的规划目标可达。

（三）环境空气质量指标

全省 17 城市空气主要污染物年平均浓度比 2010 年改善 20%以上

2010 年，全省 PM_{10} 年均值为 0.152 mg/m^3，超过三级标准，17 市中烟台、威海 2 市达到二级标准，青岛、日照 2 市达到三级标准，其余 13 市均超过三级标准。全省二氧化硫年均浓度为 0.086 mg/m^3，达到三级标准，17 市中青岛、烟台、威海、日照 4 市达到二级标准，济南、东营、潍坊、泰安、德州、聊城、滨州、菏泽 8 市达到三级标准，淄博、枣庄、济宁、莱芜、临沂 5 市超过三级标准。全省二氧化氮年均浓度为 0.047 mg/m^3，达到二级标准，17 市中淄博、烟台、威海、聊城、菏泽 5 市达到一级标准，其余 12 市达到二级标准。

“十二五”期间，全省二氧化硫和氮氧化物等污染物排放总量将分别削减 14.9% 和 16.1%，烟（粉）尘排放量预计下降约 20%。通过选择典型月份（代表空气污染最重的 1 月和污染最轻的 7 月）进行数值模拟，2015 年 1 月和 2010 年 1 月相比，17 市二氧化硫浓度分别降低 7%～40%、平均下降 21%，二氧化氮浓度分别降低 4%～37%、平均下降 19%，PM_{10} 浓度分别降低了 5%～45%、平均下降 22%；2015 年 7 月和 2010 年 7 月相比，17 市二氧化硫浓度分别降低了 3%～30%、平均下降 15%，二氧化氮浓度分别降低了 5%～44%、平均下降 21%，PM_{10} 浓度分别降低了 2%～42%、平均下降 20%。因此“2015 年全省 17 城市空气主要污染物年平均浓度比 2010 年改善 20%以上”的规划目标是可以实现的。

第2章

山东省执行《国家环境保护“十二五”规划》情况终期评估报告

2.1 规划实施总体情况

2.1.1 《规划》背景及其总体要求

《国家环境保护“十二五”规划》（以下简称《规划》）总体要求，到 2015 年，主要污染物排放总量显著减少；城乡饮用水水源地环境安全得到有效保障，水质大幅提高；重金属污染得到有效控制，持久性有机污染物、危险化学品、危险废物等污染防治成效明显；城镇环境基础设施建设和运行水平得到提升；生态环境恶化趋势得到扭转；核与辐射安全监管能力明显增强，核与辐射安全水平进一步提高；环境监管体系得到健全。

《规划》和国家与山东省签订的总量减排、大气污染防治目标责任书，共提出 7 项考核指标。

《“十二五”节能减排综合性工作方案》对山东省主要污染物排放总量控制目标提出了具体要求，见表 2-1。

表 2-1 “十二五”山东省主要污染物排放总量控制目标

指标	2010 年排放量/万 t		2015 年控制量/万 t		2015 年比 2010 年减少/%	
		其中：工业和生活		其中：工业和生活		其中：工业和生活
化学需氧量	201.6	62.7	177.4	54.6	12.0	12.9
氨氮	17.64	10.06	15.29	8.70	13.3	13.5
二氧化硫	188.1		160.1		14.9	7.9
氮氧化物	174.0		146.0		16.1	9.3

2010 年，山东省地表水国控断面劣Ⅴ类水质的比例为 27.2%，淮河、海河水系国控断面水质好于Ⅲ类的比例为 20.7%，按照《规划》要求，2015 年山东省地表水国控断面劣Ⅴ类水质的比例要小于 15%，淮河、海河水系国控断面水质好于Ⅲ类的比例要大于 60%。

《规划》中提出“地级以上城市空气质量达到二级标准以上的比例达到 80%以上”指标，鉴于 2012 年国家修订了《环境空气质量标准》（GB 3095—2012），本次评估要求，各省该指标现状若小于 80%（按新标准评价），可依据大气污染防治目标责任书，考核“到 2015 年细颗粒物（$PM_{2.5}$）浓度比 2013 年改善比例 7%”指标。2013 年，山东省细颗粒物年均浓度为 98 μg/m^3。《大气污染防治目标责任书》要求，到 2015 年，细颗粒物年均浓度比 2013 年下降 7%。

2.1.2 《规划》组织实施的情况及总体成效

“十二五”以来，在省委、省政府和环保部的正确领导下，在各级各部门和社会各界的大力支持下，山东省认真贯彻落实党的十八大和十八届三中、四中全会精神，按照《规划》要求，科学务实，积极作为，狠抓落实，《规划》实施取得明显成效。

充分发挥社会主义制度的政治优势，着力构建党委政府主导、人大政协监督、部门齐抓共管、全社会共同参与良性互动的大环保格局，共同推进环境保护工作。发挥生态环保倒逼作用，围绕改善环境质量、确保环境安全、服务科学发展三条主线，科学实施积极的环保措施，把环境保护作为转方式、调结构的重要着力点，通过转方式、调结构推进经济社会持续健康发展。深化体制机制改革，破除环境管理体制弊端，在全国率先建立了基于空气质量改善的生态补偿制度，实施了环境监测管理体制机制改革、环境监管工作机制改革，保障环境保护工作顺利开展。综合运用规制、市场、科技、行政、文化五种力量的作用，打好组合拳，形成了综合推进、多措并举的强大工作合力。坚持科学的治污策略，遵循污染治理、循环利用、生态保护系统推进的技术策略，形成环环相扣、有机结合的治污体系来解决环境问题。

经评估，“十二五”末我省7项指标值均可达到目标要求。根据国家核定结果，2014年前，全省化学需氧量、氨氮、二氧化硫、氮氧化物减排已分别完成“十二五”减排任务的97.5%、91.2%、103.8%和52.4%；2015年上半年，四项污染物排放量同比下降3.1%、2.8%、3.6%和9.7%，均达到了年度目标进度要求。我省辖淮河、海河流域共47个地表水国控断面，截至2015年12月，共有4个断面水质劣于V类，占比8.5%，满足《规划》目标要求。截至2015年11月，淮河、海河水系国控断面共有29个断面水质好于III类，占比64.4%，满足《规划》目标要求。截至2015年11月，全省细颗粒物（$PM_{2.5}$）浓度比2013年改善25.5%，满足考核目标要求。采用信号灯法对纳入《国家环境保护“十二五”规划终期评估指标》中的重点任务措施完成情况进行分档评估，涉及山东省的49项评估指标中，有46项进展良好（绿灯），3项进展正常但有待加强（黄灯）。

2.1.3 《规划》终期评估的组织安排情况

终期评估由山东省环保厅和省发展改革委联合组织，省经济和信息化委、公安厅、国土资源厅、住房和城乡建设厅、交通运输厅、水利厅、农业厅、海洋与渔业厅、统计局、畜牧局、银监局等省直有关部门（单位）参加。具体评估工作由省环保厅规财处牵头组织，负责协调省直各有关部门和厅内相关业务处室分别开展终期评估工作。省环境规划院承担技术支撑工作，负责整理、汇总分析评估材料，编制终期评估报告。

山东省环保厅会同省发展改革委联合印发了《山东省执行〈国家环境保护“十二五”规划〉终期评估工作方案》。省直有关部门（单位）及厅内相关处室（单位）按照工作方案完成自评估工作，填写定性、定量表格，编制并提交自评估报告。省环境规划院汇总分析评估材料，编制完成《山东省执行〈国家环境保护“十二五”规划〉情况终期评估报告》。

2.2 主要污染物减排完成情况

2.2.1 主要污染物排放总量指标完成情况

2014 年年底，全省化学需氧量、氨氮、二氧化硫、氮氧化物累计减排率分别为 11.7%、12.1%、15.46%、8.43%，已分别完成“十二五”减排任务的 97.5%、91.2%、103.78%和 52.36%。2015 年上半年，全省化学需氧量、氨氮、二氧化硫、氮氧化物排放量分别同比下降 3.1%、2.8%、3.6%、9.7%，均达到了年度目标进度要求（2015 年度减排目标为：全省 COD、氨氮、二氧化硫和氮氧化物排放量分别同比削减 0.5%、1.5%、3.0%和 8.5%）。预计 2015 年年底能够全面完成“十二五”减排任务。

2.2.2 产业结构调整任务的实施成效

坚持淘汰落后产能。“十二五”期间，国家下达我省工业行业淘汰落后产能任务共涉及 462 家企业，省政府与各市政府签订《淘汰落后生产能力目标责任书》，各市及时将任务分解落实到县（市、区）和企业。截至 2014 年年底，共有 1 528 家企业淘汰了落后产能，连续四年超额完成国家任务。累计淘汰水泥产能 6 458.8 万 t（其中熟料 1 418.3 万 t），是国家计划的 129.9%；炼铁产能 1 120.56 万 t，是国家计划的 114.6%；炼钢产能 498 万 t，是国家计划的 134.6%；焦炭产能 441.2 万 t，是国家计划的 142.3%等。涉及的 17 个行业中，除炼钢、炼铁外，焦炭、铁合金、电石、电解铝、铜冶炼、水泥、造纸、酒精、味精、柠檬酸、制革、印染、化纤、铅蓄电池、平板玻璃等 15 个行业均提前一年完成和超额完成国家下达的目标任务。

减少新增污染物排放。控制电力行业煤炭消耗，优化燃煤火电发展，重点鼓励建设 60 万 kW 及以上大容量、高参数火电机组，禁止建设 30 万 kW 及以下纯凝火电机组，逐步淘汰落后小火电机组。大力发展可再生能源，出台了《关于扶持光伏发电加快发展的意见》《关于运用价格政策促进可再生能源和节能环保发电项目健康发展的通知》等一批政策措施。截至 2014 年年底，全省新能源和可再生能源发电装机容量达到 862.3 万 kW，占总装机容量的 10.8%，较 2010 年增加了 5.4 个百分点。不断提高天然气利用水平，重点加大天然气在城镇居民、交通运输等领域应用，大力实施煤改气工程，推进青岛 LNG、泰安 LNG 等项目建设。2014 年，全省天然气消费量达到 95 亿 m^3，“十二五”期间年均增长 20.5%。2014 年，全口径非化石能源利用量约 2 400 万 t 标准煤，“十二五”期间年均增长 19%。全力实施“外电入鲁”战略，省政府与内蒙古自治区政府签订了《能源战略合作补充协议》，锡盟至济南、榆横至潍坊、上海庙至临沂 3 条送电通道开工建设。

推进清洁生产，发展循环经济。编制实施了《山东省清洁生产“十二五”推行规划》，重点抓好钢铁、煤炭、电力、化工、建材、机械、纺织印染、食品加工、造纸 9 个工业行业，农业、建筑、交通、商贸服务四个领域的清洁生产。印发了《山东省清洁生产技术指南》，推广轻工、机械、化工、建材、冶金、电力等重点行业清洁生产先进技术 73 项。鼓励企业开展自愿性清洁生产审核，截至 2014 年年底，全省通过自愿性清洁生产审核单位 3 370 家。重点围绕 5 类重金属污染防治重点防控企业、7 类产能过剩企业以及 21 类重污染行业，对“双超双有”企业实施强制性清洁生产审核，已有 1700 余家企业完成了强制性清洁生产审核。完善发展循环经济政策法规和标准体系，起草了《山东省循环经济条例（草案）》，出台了《关于发展循环经济建设资源节约型社会的意见》《关于推进再制造产业发展的意见》《关于支持循环经济发展的投融资政策措施》《山东省再生资源回收利用管理办法》《山东省餐厨废弃物管理办法》等政策文件、规章，制定了《山东省循环经济发展“十二五”规划》《山东省循环经济试点工作实施方案》《关于建立促进资源节约和循环利用制度体系的工作方案》等。积极实施循环经济试点示范，“十二五”期间共争取国家循环经济试点示范单位 35 家。其中，国家循环经济示范城市 2 个、循环化改造示范园区 6 个、循环经济标准化试点单位 6 个、“城市矿产”示范基地 3 个、餐厨废弃物资源化利用和无害化处理试点城市 6 个、低碳工业园区 2 个、循环经济教育示范基地 3 个、再制造试点单位 7 个。

严格环境准入。坚决落实环评审批总量指标前置，严格执行建设项目“先算、后审、再批”工作程序，对于没有完成减排任务的企业的建设项目、没有总量指标的建设项目环评一律不予受理。对没有完成年度减排目标、重点减排项目不落实的地区实行区域限批。对于已审批的污染减排、淘汰落后产能项目，严把竣工环保验收关，对于未落实环评批复要求的一律不予验收。有序推进环保违规项目清理整顿工作，妥善解决历史遗留问题，印发了《山东省清理整顿环保违规建设项目工作方案》，清理出 7 019 个环保违规建设项目。对列入淘汰类的项目，严格按照要求时限责令取缔；对符合产业政策但达不到环境管理要求的项目，严格限产、停产、停建措施，确保整改到位；对符合产业政策和环境管理要求的项目，依法完善环保手续。

以科学的标准体系引导治污减排。实施了分阶段逐步加严的流域性水污染物排放标准、区域性大气污染物排放标准和重点行业排放标准，最终取消高污染行业排污特权，倒逼污染企业调整结构和优化布局。在制定实施山东省流域性地方标准的基础上，发布了 4 个流域性地方标准修改单，加严了污染物排放控制要求。制定了《山东省区域性大气污染物综合排放标准》等 6 项大气污染物排放标准，第二时段排放限值已开始执行。出台了《山东省钢铁工业污染物排放标准》《山东省火电厂大气污染物排放标准》《山东省建材工业大气污染物排放标准》《山东省锅炉大气污染物排放标准》和《山东省工业炉窑大气污染物排放标准》5 项地方行业标准，对钢铁、火电、建材等行业进行重点防控。

2.2.3 水环境主要污染物削减任务的实施成效

提升城镇污水处理水平。城镇污水处理能力不断提高，"十二五"以来，全省新增城市污水处理能力 376 万 t/d、新增城镇污水管网 11 846 km。截至 2015 年 11 月底，全省共建成城市污水处理厂 299 座，形成污水处理能力 1 310 万 t/d，城市污水管网 22 447 km，城市（县城）污水集中处理率 94.99%，位列全国第一。加强污水处理设施运行和污染物削减评估考核，推进城市污水处理厂监控平台建设，全省 276 座国控污水处理厂中，除 7 座经环保部审核同意免安装外，有 267 座已完成自动监测设备的安装、联网，自动监测设备安装率、联网率均为 96.7%。

推动规模化畜禽养殖污染防治。出台了《山东省畜禽养殖管理办法》，要求畜禽养殖场、养殖小区必须建设污染防治设施。省环保、质检、畜牧等部门联合制定了畜禽养殖业污染物排放地方标准，明确了养殖布局、污物无害化处理与监督管理规范，提出了适合我省实际的 4 种类型、8 种治理模式。实施畜禽粪污无害化处理技术及生态养殖模式示范推广项目，对 1 100 多个规模畜禽养殖场开展了综合治理。

2.2.4 大气主要污染物削减任务的实施成效

持续推进电力行业污染减排。新建燃煤机组全部配套建设了脱硫设施。单机容量 30 万 kW 以上（含）燃煤机组全部加装了脱硝设施，旁路烟道全部拆除。完成脱硫再提高、脱硝改造的火电机组容量分别达到 2 105 万 kW、5 488 万 kW，占全省总装机的 30%、79%。加快推进超低排放，印发了《关于加快推进燃煤机组（锅炉）超低排放的指导意见》，在全国率先出台了绩效审核和奖励办法，全省已有 33 台燃煤机组（装机容量 1 202.5 万 kW）、3 台燃煤锅炉实现超低排放。累计关停燃煤小火电机组 328.5 万 kW，全省发电机组正向大容量、高效率、绿色化转型发展。强化电力行业脱硫脱硝设施运行监管，单机容量 30 万 kW 以上（含）的燃煤机组全部安装了工况在线监测及分析系统，建立了全省燃煤电厂工况在线监测及分析系统报警信息联动查处制度。

加快钢铁、水泥等行业脱硫脱硝步伐，超额完成了国家下达的目标任务。新建燃煤锅炉全部安装了脱硫脱硝设施，已建成符合《山东省钢铁工业污染物排放标准》（DB 37/990—2013）的脱硫设施的钢铁烧结机面积达到 8 370 m^2，占钢铁烧结机总面积的 87.6%。64 条水泥新型干法生产线配套建设了脱硝设施，脱硝水泥产能占比已达 98%。

开展机动车氮氧化物控制。制定了《山东省机动车排气污染防治条例》《山东省机动车排气污染防治规定》等规章制度。全面开展黄标车淘汰工作，省级财政预算资金 15 亿元用于黄标车提前淘汰补贴，并设立 3 亿元考核奖励资金，在全国率先建成了省级机动车环保检测监控平台，开发运行了“山东省黄标车提前淘汰信息管理系统”。截至 2015 年 11 月底，全省已淘汰营运黄标车 198 619 辆，占实际营运黄标车数的 99.6%。严格按照国家第四阶段机动车排放标准的有关要求加强机动车环保管理，2011 年 7 月 1 日起，点燃式轻型汽车执行国Ⅳ标准，2013 年 7 月 1 日起，压燃式轻型汽车、压燃式重型汽车、点燃式重型汽车执行国Ⅳ标准。鼓励使用新能源汽车，截至 2015 年 9 月，全省投入使用的新能源车已突破 10 万辆。积极推进油品升级，自 2014 年 1 月 1 日起，在全省范围全面供应国家第四阶段标准汽油。

2.2.5 主要污染物减排工作的经验与问题

“十二五”以来，我省坚持把污染减排作为加快稳增长、促改革、调结构、惠民生的重要着力点，不断加大工作力度。

（1）明确主攻方向

结合我省减排实际，省政府常务会议明确了以“调结构、控新增、减存量”作为“十二五”污染减排的主攻方向，研究部署了八项减排具体措施。建立了减排预警通报制度，每季度通报各市重点减排项目建设进展情况，对减排进度慢的市进行约谈。

（2）全面落实减排责任

省政府与 17 市政府以及省直有关部门签订了减排目标责任书，各市、县层层落实责任。省政府明确要求把减排目标完成情况纳入科学发展综合考评和国有企业业绩管理，每年进行考核打分，并严格落实污染减排第一责任人制度和“一票否决”制度。

（3）细化分解减排任务

省政府印发了《山东省“十二五”节能减排综合性工作实施方案》，编制实施了“十二五”总量控制规划和年度减排计划。

截至目前，列入《山东省“十二五”主要污染物总量削减目标责任书》的 368 个重点减排项目已全部建成。截至 2015 年 8 月底，列入《2015 年山东省主要污染物减排年度计划》的 5 081 个减排项目，已建成 4 229 个，项目完成率 83.2%。

存在的主要问题：

（1）污染物排放基数大

以煤为主的能源结构和偏重的产业结构，使我省主要污染物和温室气体排放量居高不下，2014 年，全省二氧化硫、氮氧化物、化学需氧量、二氧化碳等污染物排放总量均为全国第一，全省大部分地区已远超环境容量。随着监管力度的加大，一批环保违规建设项目浮出水面，其污染物排放量作为新增量影响了我省减排目标的实现。

（2）农业污染减排进展相对较慢

2014 年，我省农业 COD、氨氮分别累计完成“十二五”减排任务的 77%和 68%，总体进度仍落后于全国平均水平，均未实现与时间进度同步的减排任务。

2.3 突出环境问题解决情况

2.3.1 主要环境质量指标改善情况

山东省列入国家重点流域考核断面共 42 个（其中淮河流域 31 个，海河流域 11 个），2015 年有 2 个断面水质劣于Ⅴ类，占比为 4.9%（泉河牛庄闸断面断流，不纳入评价总数），处于较低水平。好于Ⅲ类的地表水国控断面 29 个，占比为 68.3%。省辖淮河、海河流域在国家重点流域水污染防治专项规划年度考核中分别连续 8 年和 6 年取得第一名。自南水北调东线一期工程 2013 年 11 月正式通水以来，山东省输水干线水质稳定达到国家调水水质要求，均优于Ⅲ类标准。全省 52 处城市集中式饮用水水源地每年开展一次水质全分析，达标率为 100%（背景值除外）。近岸海域水质功能区达标率目前稳定在 95%以上。

2014 年，全省可吸入颗粒物、二氧化硫、二氧化氮年均浓度为 142 μg/m^3、59 μg/m^3、46 μg/m^3，分别比 2010 年改善 6.6%、31.4%、2.1%，细颗粒物年均浓度为 82 μg/m^3，同比改善 16.3%。2015 年 1—10 月细颗粒物、可吸入颗粒物、二氧化硫、二氧化氮平均浓度分别为 69 μg/m^3、124 μg/m^3、43 μg/m^3、39 μg/m^3。预计 2015 年，可吸入颗粒物、二氧化硫、二氧化氮年均浓度可分别比 2010 年改善 15.8%、47.7%、10.6%，细颗粒物年均浓度可比 2013 年改善 25.5%。

2.3.2 水环境质量改善任务的实施成效

严格保护饮用水水源地。不断加快饮用水水源保护区划定和批复工作，全省 17 市中已有 11 市完成了城镇集中式饮用水水源保护区的划定批复工作，预计年年底前可完成全省各市集中式饮用水水源保护区划定和审批工作。每年开展全省集中式饮用水水源环境状况评估，积极督导各市依法开展保护区内违法建设项目清理和排污口取缔等清理整治工作并进行督察。加强对饮用水水源地环境监测和安全风险隐患排查，大力开展饮用水水源应急预案编制、污染来源预警、应急保障体系建设和预警应急演练，确保饮用水水源地安全。

不断完善“治用保”流域治污体系。深化污染治理，引导和督促排污单位达到常见鱼类稳定生长的治污水平，在全国率先开展企业排污口环境信息公开，已有686家省控涉水企业完成污水排放口规范化改造。推进循环利用，将污水处理再生水纳入区域水资源统一配置，积极构建企业和区域再生水循环利用体系，2014 年全省再生水利用量达到 6.6 亿 t。强化生态保护，在重要排污口下游、支流入干流处、河流入湖口因地制宜建设人工湿地和生态河道，构建环湖沿河大生态带，全省已建成人工湿地 120 多处，总面积 23 万亩，修复自然湿地 80 多处，总面积 24 万亩，流域承载力得到大幅提升。省辖淮河流域列入《重点流域水污染防治规划（2011—2015 年）》的 474 个治污项目，已完成 414 个，完成率为 87.3%，省辖海河流域列入《重点流域水污染防治规划（2011—2015 年）》的 473 个治污项目，已完成 397 个，完成率为 83.9%。国家南水北调东线山东段治污方案确定的 324 个治污项目全部按期完成，南四湖流域建成人工湿地水质净化工程 23.9 万亩，修复自然湿地 22.6 万亩。省政府批复实施了《小清河流域生态环境综合治理规划方案（2011—2015）》及 5 个专项规划方案，设立了 1 亿元的小清河流域污染防治专项资金，启动实施了新一轮小清河流域生态环境综合治理，小清河流域鱼类恢复到 27 种，马踏湖退化湿地修复试点取得积极进展。

着力解决污水直排环境问题。组织专项行动全面开展排查，采用通报、曝光、挂牌督办、区域限批等行政手段，结合污水直排环境“随手拍”活动，开展直排口专项整治工作，第一批 253 个污水直排口全部完成整治，第二批 125 个直排口中 90% 以上完成整治。

综合防控海洋环境污染和生态破坏。强化近岸海域与流域污染防治协同推进，对 13 个重点陆源入海排污口和 76 个陆源一般入海排污口实施监测，在赤潮高风险海域对包括总氮、总磷在内的指标实施重点监测，并实施总氮或总磷排放总量控制。重点海域监测点增加了生物、赤潮和溢油监测项目。严格海洋生态红线管控和环境影响评价审查，划定了渤海、黄海海域生态红线，建立了全海域海洋生态红线制度。实施涉海工程海洋环境跟踪监测、涉海工程限批制度，海洋工程逐渐实现由事前环评向事后监督转变。科学制定海洋功能区划，合理规划近岸海水养殖区域，鼓励倡导工厂化循环水养殖和深水网箱养殖等集约型、生态型养殖模式。扎实推进海洋生态修复与治理，组织实施了 13 个海洋环境保护项目、4 个滨海湿地修复项目。强化海洋保护区建设与管理，建立各类省级以上海洋保护区共 68 处，海洋保护区总面积达 83 万余 hm^2。

推进地下水污染防控。完成了全省化工企业聚集区地下水污染状况暨全省地下水基础环境状况调查评估工作，调查化工企业聚集区 304 个、化工企业 1 491 家，新建监测井 59 眼，监测点位 1 376 个，获得监测数据 90 000 余个。正在组织编制《山东省化工企业聚集区地下水污染防控行动计划》。开展废弃矿井治理工作，切断地下水污染途径，调查摸底废弃矿井 1 248 个，编制完成了《山东省废弃矿井治理规划（2009—2015 年）》，累计充填、治理废弃矿井 2 192 个。加强海咸水入侵地质环境调查和监测工作，组织开展了沿海地区水文地质调查和海咸水入侵调查，建成海咸水入侵监测网点 47 处，每年开展一次海咸水入侵区域水质监测。

2.3.3 大气污染综合控制任务的实施成效

深化颗粒物污染控制。强化电力、钢铁、建材等重点行业及燃煤锅炉颗粒物污染控制，完成了 3 733 万 kW 火电机组除尘再提高，占全省总装机的 54%。加强施工工地、渣土运输及道路等扬尘控制，省政府出台了《山东省扬尘污染防治管理办法》，对全省各市（县）房屋建筑和市政施工、房屋拆除工地、渣土运输、道路保洁、裸露地块等开展调查摸底，并建立了全省建筑施工工地、裸露土地扬尘点源数据库。将扬尘污染防治措施作为环境影响评价的重要内容，严格审批。截至 2015 年上半年，全省有 6 374 个落实了扬尘治理措施，占工地总数的 98%；渣土运输车密闭化达标 12 659 辆，占纳入监管总数的 97%；新绿化裸露土地 3 237.2 万 m^2，占 2015 年新普查数的 76.4%。

加强挥发性有机污染物和有毒废气控制。印发了《山东省石化行业挥发性有机物综合整治方案》《山东省储油库、加油站和油罐车油气污染综合治理工作方案》《山东省有机化工行业挥发性有机物综合整治方案》等。开展异味溯源方法研究，调查分析了我省化工等重点行业和重点区域工业异味排放情况及特征。

加强城市噪声监管。不断加大交通、施工、社会生活、工业企业等重点领域噪声污染防治力度，生活噪声污染排放基本达标。声环境质量管理体系不断完善，城市声环境功能区达标率明显提高，国家环境保护重点城市声环境质量符合国家标准要求，农村地区声环境进一步改善。

2.3.4 土壤环境保护任务的实施成效

逐步健全土壤环境保护制度。印发了《山东省土壤环境保护和综合治理工作方案》，明确了土壤污染防治工作的目标和重点，提出了严格控制新增土壤污染、强化被污染土壤的环境风险控制等要求，将主要任务分解落实到了有关省直部门。印发了《山东省土壤环境质量例行监测工作实施方案》，全面启动了例行监测工作。出台了农村环境监测相关技术规范，初步建立了农村环境质量监测技术体系和网络体系。

强化土壤环境监管。印发了《山东省场地土壤污染状况调查实施方案》，启动了全省场地土壤污染状况调查工作。组织开展了农产品产地土壤重金属普查工作，建立了全省土壤样品库和样品信息档案。在济南和淄博两市开展了农产品产地环境风险监测，并进行了风险监测评估。设置了农产品产地土壤重金属预警监测国控点，建立了农产品产地土壤重金属污染监测预警机制。

实施污染场地和土壤修复试点示范项目。2014 年、2015 年，省财政每年安排 1 000 万元，选择工业场地、农田两大类型 8 个区域启动了土壤深度治理修复试点。济南裕兴化工总厂老厂区铬渣污染场地土壤修复试点已完成中试。青岛红星化工厂完成了污染场地防渗墙综合工程、铬渣场地覆盖和含铬垃圾处理等配套后续工程。济南市历城区开展了农田土壤重金属污染修复试点。

2.3.5 生态保护和监管任务的实施成效

提升自然保护区建设与监管水平。建成各级各类自然保护区 76 个，总面积 101.2 万 hm^2。各级各类陆地自然保护区面积占国土面积的比重约为 5.3%。印发了《山东省省级自然保护区规范化建设和管理导则（试行）》和《山东省自然保护区规范化建设和管理考评办法（试行）》，进一步规范了自然保护区建设与管理。实施自然保护区基础调查和评估，开展了全省自然保护区基础调查和财务资产情况摸底调查以及国家级自然保护区内的探矿和采矿情况调查。开展了国家级自然保护区专项执法检查和督导，针对发现的问题，制定了整改措施。

加强生物多样性保护。深入贯彻《中国生物多样性保护战略与行动计划（2011—2030 年）》和《联合国生物多样性十年中国行动方案》，开展生物多样性保护，编制完成了“山东省生物多样性保护战略与行动计划”。国家重点保护物种得到保护的比例可达到 94%。

推进资源开发生态环境监管。强化矿产资源开发过程生态环境监管，出台了《山东省矿山地质环境保护与恢复治理方案编制管理暂行办法》，建立了新建矿山生态环境保护制度，实行了矿山生态环境一票否决制。大力推行先进开采技术，加强尾矿、废石、废料等矿产固体废料回收利用，建设“绿色矿山”46 家。严格落实矿山环境治理和生态恢复保证金制度，截至 2014 年年底，全省已累计收缴保证金 63.6 亿元，位居全国首位。在交通基础设施项目实施期间，严格执行“三同时”制度，把施工标准化、扬尘治理、水土保持及生态环境保护等内容纳入交通工程督查考核体系，建立了施工单位自检、建设单位和监理单位日常检查、省厅和厅质监站不定期督查的监督体系，并实现了施工工地实时监控。在水利工程建设中，将环境保护措施是否落实到位作为工程验收的前提条件，对重点水利工程实行环境保护措施专项验收，将生态环境保护作为水利建设工程文明工地创建、标准化工地创建评选的重要内容和标准。

2.3.6 解决突出环境问题工作中的经验与问题

“十二五”期间，我省完善大气污染防治体系，坚持科学的治污策略，注重发挥科技支撑作用，强化信息公开和公众参与，切实解决突出环境问题。

（1）突出抓好大气污染防治工作

省政府印发了《山东省2013—2020年大气污染防治规划》及《一期行动计划》，为我省跨越八年的蓝天梦想确定了清晰的路线图和时间表。省政府分别与17市政府和省直有关部门签订了《大气污染防治目标责任书》，基本建立了党政主导、部门联动、社会参与的大环保格局。空气质量逐年改善的约束性机制稳定发力，省委组织部将$PM_{2.5}$浓度现状及改善率纳入科学发展综合考核体系，在全国率先建立基于环境空气质量改善的生态补偿机制，省级财政累计发放补偿资金3.4亿元，先后19次对空气质量连续三个月同比恶化的区域实行涉气建设项目限批。

（2）坚持科学的治污策略

针对高污染、高耗水、生态破坏三个突出的流域环境问题，山东省从发展中地区的实际出发，探索建立了“治、用、保”并举的流域治污体系，实施全过程污染防治，构建企业和区域再生水循环利用体系，构建环湖沿河大生态带，努力提升流域环境承载力。水环境质量总体上恢复到1985年以前的水平，全省100个省控断面中，有3个断面水质劣于V类，有望实现2015年省控重点河流基本消除劣V类的目标。

（3）注重发挥科技支撑作用

超低排放技术已在我省成功实践应用，实现了燃煤机组排放达到天然气排放标准。制定了全省公用燃煤机组和自备燃煤机组超低排放改造计划。在南四湖流域和徒骇河、马颊河流域组织开展了水环境瓶颈问题技术攻关及工程示范。

（4）强化信息公开和公众参与

按照“公众监督把阴暗面亮出来；政府顺应民意认真整治；整治效果依然接受公众监督”的工作思路，建立完善省、市、县三级环保微博工作体系，实行公众投诉、信访、舆情和环保执法联动，形成了社会各界广泛参与、良性互动的大环保格局。

存在的主要问题：

（1）空气污染依然严重

2014年全省细颗粒物和可吸入颗粒物平均浓度分别为国家二级标准的2.3倍和2.0倍，17个设区市均未达到国家空气质量二级标准。能源结构依然偏重掣肘大气环境质量改善，2014年，我省煤炭消费量3.96亿t，占能源消费总量的80.0%，高于全国14个百分点，煤炭散烧问题突出。扬尘污染依然较重，机动车污染日益突出，挥发性有机物（VOCs）污染不容忽视，工业、扬尘、机动车等污染治理任重道远。

（2）水环境质量仍需持续改善

国控断面劣V类水体仍占10.6%。部分湖泊、滩涂、湿地受损严重，水面和湿地面积大幅下降，生态功能退化。因入网企业超标导致的污水处理厂超标和溢流问题已成为制约省控断面消除劣V类水体工作的关键因素。目前调水沿线航运船舶、码头污染问题凸显，沿线环境安全隐患较多，加之农村畜禽、渔业养殖污染尚未得到根治，南水北调水质保障工作仍需进一步深化。

（3）土壤环境保护亟须加强

土壤环境保护制度仍不完善，土壤环境监管体系尚未形成。

2.4 重点领域环境风险防控工作开展情况

2.4.1 主要风险防控指标完成情况

围绕预防、预警和应急三大环节，完善了风险评估、隐患排查、事故预警和应急处置四项工作机制。严格执行“超标即应急”和“快速溯源法”工作机制，有效维护了环境安全和社会稳定。

2.4.2 风险全过程管理体系建设任务的实施成效

开展环境风险调查与评估。系统掌握了全省3 936家重点行业企业环境风险及化学品环境管理基本情况，基本建立起了省、市、县三级重点行业企业环境风险状况档案及数据库。

完善环境风险管理措施。在规划环评和建设项目环评审批中明确防范环境风险的要求，要求所有新、扩、改建设项目全部进行环境风险评价，提出并落实预警监测措施、应急处置措施和应急预案。完善事故预警体系，针对12种剧毒物质，设置重点河流断面预警监测点位237个，环境风险源预警监测点位615个。构建环境应急处置体系，印发了《山东省突发环境事件应急预案》《关于进一步规范突发环境事件信息报告的意见》等规范性文件，创新实行“超标即应急”工作机制和“快速溯源法”工作程序，及时解决突出环境问题。探索建立了生态环境损害赔偿和责任追究制度，开展了污染损害鉴定评估试点和环境责任保险试点，2014年办理污染损害鉴定评估案件38起。

2.4.3 核与辐射安全管理任务的实施成效

加强核与辐射安全监管。出台了《山东省辐射污染防治条例》《山东省核技术利用辐射安全监督检查办法》《山东省核技术利用行业反恐怖防范工作标准（试行）》等地方性法规、规范性文件。省级形成了“一处、一站、一中心”（核与辐射安全管理处、省辐射环境管理站、省核与辐射安全监测中心）的管理格局。13 个市环保部门成立了独立的核与辐射安全监管机构，县级环保部门有 26 个设立了独立的辐射安全监管机构。4 200 余家核技术利用单位全部纳入许可管理。开展了核技术利用辐射安全综合检查、核技术利用安全大检查等 5 次专项行动。加强核与辐射安全监测能力建设，省级核与辐射监测机构实验室取得了 50 个项目的资质认定证书，48 项辐射环境监测项目通过环境保护部辐射环境监测能力评估核查，14 个市级辐射监测机构取得了实验室资质认定证，150 余人取得辐射环境监测技术人员合格证书。

强化放射性污染防治。“十二五”期间，共收贮废旧放射源 1 400 余枚，放射性废物约 400 kg，安全收贮率达到 100%。按照国家规范和废物库设计指标要求对城市放射性废物库进行升级改造。对 81 个辐射国控点、7 个省控点、城市放射性废物库、39 家国家重点监管的核与辐射设施、7 家稀土矿开发利用单位实施监测。海阳核电厂、华能石岛湾核电厂完成了外围辐射环境本底调查工作。建设完成了海阳核电站前沿站及子站。

2.4.4 重金属污染防治任务的实施成效

加强重点行业和区域重金属污染防治。制定了《山东省重金属污染综合防治“十二五”规划》及年度实施计划，建立了考核机制。截至 2014 年年底，列入国家规划的 41 个重点项目，已完成 34 个，全省五种重金属污染物排放总量比 2007 年下降 45.3%，其中，铅、汞、镉、铬、类金属砷排放量分别下降 34.7%、8.1%、74.9%、57.8%、28.0%。推进底泥重金属污染处置示范工程建设，完成了沂河沂水段底泥重金属污染处置示范工程，选取烟台市界河和淄博市孝妇河分别作为底泥重金属异位、原位处置扩大试点工程。

实施重金属污染源综合防治。开展涉铅等重金属污染专项整治，全面摸清了我省重金属污染企业底数，建立了重金属企业数据库。对重点企业每两年进行一次强制清洁生产审核，49 家重点企业通过了清洁生产审核。组织开展重点区域水和大气环境质量监测，25 个地表水饮用水水源均未出现重点重金属污染物超标现象，达标率 100%。地表水国控断面重点重金属污染物达标率 100%。6 个重点区域共设置水环境监测断面 12 个，共监测 192 次，达率 100%，共设置大气环境监测断面 7 个，共监测 84 次，达标率 100%。

2.4.5 固体废物安全处置任务的实施成效

加强危险废物污染防治。制定了《危险废物规范化管理监管办法》和《危险废物管理工作考核办法》，推行危险废物产生企业和经营企业规范化管理。建立了山东省重点监管的危险废物产生清单，并每年组织危险废物变更申报登记。提升危险废物处置能力，建成并运营了青岛新天地危险废物处置中心，基本建成了邹平省级危险废物处置中心。全省 17 个设区城市全部建有医疗废物集中处置设施，并取得了医疗废物经营许可证，医疗废物得到无害化处置的地级以上城市比例为 100%。关停取缔了枣庄滕州市、济宁微山县、德州陵城区废铅酸蓄电池加工利用设施。

积极推进大宗工业固废综合利用。“十二五”以来，全省重点统计的资源综合利用企业共利用工业固体废物 37 881 万 t。其中，粉煤灰 12 865 万 t、煤矸石 5 692 万 t、赤泥 2 830 万 t、化工及冶炼废渣 5 721 万 t、工业副产石膏 1 763 万 t。2014 年，全省工业固废综合利用率达到 84.1%。

提高生活垃圾处理水平。2011 年生活垃圾无害化处理实现了“一县一场（站）”。截至 2015 年 11 月底，全省共建成生活垃圾无害化处理场（厂）122 座，形成垃圾无害化处理能力 5.36 万 t/d。2014 年，全省城市垃圾无害化处理率达到 99.79%，位居全国第二。制定了《关于促进生产过程协同资源化处理城市及产业废弃物工作的实施意见》，积极引导工业企业开展协同处置生活垃圾。在全国率先开展了餐厨废弃物回收利用试点，青岛市餐厨废弃物处理工程已运行，济南、淄博、烟台、潍坊、泰安、日照、临沂、聊城 8 市建成正在调试，淄博、临沂 2 市工程已经完工。

2.4.6 化学品环境风险防控体系建设任务的实施成效

严格化学品监管。开展全省化学品环境调查，基本建立起了省、市、县三级重点行业化学品档案及数据库。开展了有毒化学品进出口环境管理登记工作，初步掌握全省涉及化学品生产、使用、销售的企业的基本情况和有毒化学品进出口信息。22 家企业通过有毒化学品进口使用和出口生产环保部门审查，涉及 14 种有毒化学品。

强化持久性有机污染物污染防治。建立了持久性有机污染物统计调查的长效机制，查明了 17 个二噁英排放主要行业 852 家排放源的 1 818 个排放装置及二噁英排放情况，摸清了我省流通领域杀虫剂类持久性有机污染物的总量和区域分布，初步掌握了我省含多氯联苯电力装置的基本情况。2014 年，全省二噁英排放重点行业企业配套建设高效除尘设施比例达到 100%。对 24 家重点企业组织开展了二噁英排放情况监测工作。2014 年，全省废弃物焚烧行业、铁矿石烧结行业、炼钢生产行业、再生有色金属行业二噁英排放强度均达到了《全国主要行业持久性有机污染物污染防治“十二五”规划》中重点行业二噁英单位产量（处理量）排放强度削减率达到 10%的要求。

2.4.7 重点领域环境风险防控经验与问题

“十二五”期间，我省着力建设完善的环境安全防控体系，环境安全得到有效保障。

（1）建立健全安全防控体系工作机制

围绕预防、预警和应急三大环节，建立完善了环境风险评估、隐患排查、事故预警和应急处置四项工作机制。

（2）完善环境风险防控管理格局

环境风险防控管理机构编制得到不断加强，增设了固废与化学品管理专设“一处、一中心”、核与辐射管理“一处、一站、一中心”等环境风险防控管理专职机构。出台了《关于构建全省环境安全防控体系的实施意见》，编制了相关规划，加强各项环境安全管理制度建设。

（3）摸清风险源并强化隐患排查

开展重点风险源和环境敏感点调查，建成环境风险状况档案及数据库，并定期组织开展环境隐患排查。

（4）着力提升应急响应能力

严格落实“超标即应急”工作机制和“快速溯源法”工作程序。组织开展环境应急和监测监察技术大比武、应急演习等。

存在的主要问题：全省涉及重金属、危险化学品排放以及放射源应用的企业近6 000家，部分地区环境风险企业相对集中，违法排污和恶意倾倒事件时有发生，危险废物规范化管理能力较弱，河流底泥重金属累积，潜在风险异常突出。环境安全防控体系建设有待加强，市县两级信息库、应急专家队伍、应急物资储备库建设滞后，应急救援能力仍然不足。

2.5 环境保护基本公共服务体系完善情况

2.5.1 推进环境保护基本公共服务均等化任务的实施成效

积极推进生态保护红线划定工作。制定了《山东省生态红线划定工作方案》《山东省生态红线划定技术方案》。省级形成了生态红线建议方案，确定了全省生态红线划定总体格局，并与各市进行了第一轮对接。

2.5.2 农村环境保护任务的实施成效

保障农村饮用水安全。落实《全国农村饮水安全工程“十二五”规划》，解决了1 902 万农村居民和 207.7 万农村学校师生的饮水不安全问题。大力发展规模化集中联片供水工程，占受益人口 56%以上。截至 2015 年年底，全省农村自来水普及率达到 95%。推进重点水源地农村环境综合整治示范，在南水北调汇水区选取 15 个重点县，对集雨区范围内的村庄开展以饮用水水源地保护为主要内容的农村环境综合整治，涉及村庄 3 777 个，受益人口 551 万人。

提高农村生活污水和垃圾处理水平。截至 2015 年上半年，全省 1 094 个建制镇中，有 70%建有污水处理设施，6.4 万个行政村中，有 18%对生活污水进行了处理。平均每个乡镇建有一所垃圾中转站，生活垃圾收集处理实现了 132 个涉农县（市、区）城乡环卫一体化全覆盖。实施完成了饮用水水源地保护、农村生活垃圾收集处理、农村生活污水处理、畜禽养殖污染治理和废弃工矿污染治理五大类农村环境连片整治示范项目 1 213 个，11 000 个村庄、约 1 000 万人口受益。

提高农村种植、养殖业污染防治水平。“十二五”期间全省化学农药年均用量同比减少 5.1%，农药利用率提高 5 个百分点。测土配方施肥和水肥一体化技术覆盖面积达 1 亿亩。全省农作物秸秆综合利用率达到 83%。全省农村沼气用户累计达到 260 万户，年处理畜禽粪便和农业废弃物总量 8 000 多万 t。加强畜禽养殖污染治理，省政府印发《山东省畜禽养殖管理办法》，制定了畜禽养殖业污染物排放地方标准，明确了养殖布局、污物无害化处理与监督管理规范，提出了适合我省实际的 4 种类型、8 种治理模式。实施畜禽粪污无害化处理技术及生态养殖模式示范推广项目，综合治理了 1 100 多个畜禽养殖场。

2.5.3 环境监管体系建设任务的实施成效

夯实环境质量监测与评估考核能力、污染源与总量减排监管能力。截至目前，山东省 17 个地级以上城市环境监测队伍基本达到能力建设标准的比例为 82.4%，129 个县级环境监测队伍基本达到能力建设标准的比例为 75.2%。全省 18 个市级环境监察机构均通过了国家和省级环境监察标准化验收，达标率 100%。“十二五”期间，对所有国控、省控重点污染源增加了 NO_2、氨氮两项自动监控指标，对所有城市环境空气质量增加了 $PM_{2.5}$ 自动监控指标，对部分城市增加了能见度监控指标。努力提高现代化管理水平，实行环境质量“上收一级”、污染源“下放一级”，科学划分监测事权，创新实行 TO 模式，引入社会机构开展环境监测。以“技术创新”反制“技术造假”，开发了《山东省重点污染源自动监测设备动态管控系统》等，取代了工控机，切断了造假途径。

全面启动了全省环境监察移动执法系统建设。在总队，济南、青岛、淄博、枣庄、泰安 5 个市级环境监察支队和 10 个县（市、区）级环境监察大队共计 16 家单位启动了环境监察移动执法系统建设一期试点。印发了《2015—2017 年全省环境监察移动执法系统建设方案》，计划分试点示范、推广应用、总结验收三个阶段全面完成全省环境监察移动执法系统建设。

不断提高农村环境监管能力和水平。出台了农村环境监测相关技术规范，初步建立了农村环境质量监测技术体系和网络体系。全省 17 个设区市监测站和部分重点县（市、区）监测站均具备了为农产品环境质量安全实施监测、评价的能力。

推进环境应急标准化建设。省级设立了环境应急监测中心、环境应急调查取证中心。省、市、县三级基本具备了预警应急监测能力。基本建成了省级环境安全预警与突发事件应急处置指挥平台系统。突出实战特色，每年组织开展环境应急实兵演练暨监察监测技术大比武，提升应急处置能力。

2.5.4 完善环境保护基本公共服务体系的经验与问题

主要经验：

（1）示范引导、以点带面推进农村环保

选取20个示范区开展农村环境连片整治示范项目建设，带动全省农村环境保护工作。

（2）注重深化环境监管体制机制改革

积极推进环境监测管理体制机制改革，改变过去“考核谁、谁监测”为“谁考核、谁监测”，从体制上有效避免了可能的行政干预。着力完善环境监管工作机制，探索建立了上下结合的独立调查工作机制、部门联动的环保专项行动机制、区域共治的联动执法机制、环境行政执法与刑事司法衔接机制。

存在的主要问题是农村地区环境基础设施建设相对滞后，积累已久的农业面源污染问题亟待解决，农村环境监管能力总体上比较薄弱，农村环境保护任重道远。

2.6 规划政策措施实施情况

2.6.1 落实环境目标责任制的情况

开展生态文明建设相关指标体系制定工作，2012年发布了《生态山东建设目标责任制年度综合评价及考核办法（试行）》。层层分解减排责任，省政府与17市政府以及省直有关部门签订了减排目标责任书，把减排目标完成情况纳入科学发展综合考评和国有企业业绩管理，每年进行考核打分，并严格落实污染减排第一责任人制度和“一票否决”制度。全面落实环境质量及安排责任，省政府分别与17市政府和省直有关部门签订了《大气污染防治目标责任书》。省委十届八次全会明确提出“将生态环境质量逐年改善作为区域发展的约束性要求”，并首次将$PM_{2.5}$浓度现状及改善率纳入科学发展综合考核体系，分值占到40分，生态环境保护方面的分值提高至150分。

2.6.2 环境保护纳入综合决策的情况

将主要污染物总量控制要求、环境风险评估等纳入环境影响评价，作为区域和产业发展的决策依据。对重点流域、区域开发和行业发展规划以及建设项目开展环境影响评价。完成了威海市城市环境保护总体规划编制试点工作。

2.6.3 环境保护法规体系建设情况

地方性环境保护法律法规体系进一步完善，省人大颁布了《山东省机动车排气污染防治条例》《山东省辐射污染防治条例》，省政府颁布了《山东省扬尘污染防治管理办法》《山东省机动车排气污染防治规定》等。组织开展了《山东省大气污染防治条例》起草工作。编制了《2016—2020年山东省环保地方立法规划》。

地方环境标准体系不断完善，发布了《山东省区域性大气污染物综合排放标准》及火电、钢铁、建材、锅炉、工业炉窑行业大气污染物排放标准等地方环境标准 36 项，其中污染物排放标准 10 项。

2.6.4 环境经济政策完善情况

在全国率先建立燃煤机组（锅炉）超低排放财政补助机制，有力推动了超低排放技术改造工作。进一步完善排污收费制度，建立了大气主要污染物排放阶梯式差别收费机制。在全国率先建立基于环境空气质量改善的生态补偿机制，有效调动了地方党委政府治理大气污染的积极性和主动性，并产生了良好的社会反响，在网民评选的“2014 年山东十大政策”中位列榜首。落实燃煤电厂烟气脱硫脱硝电价政策，全省已有 148 台统调机组享受脱硫电价，134 台机组享受脱硝电价。全面建立了污水处理收费制度，有效保障了城镇污水处理及配套设施建设运行，全省 17 个设区城市已将城市污水处理费提高到了平均 1 元/t 的水平，86 个县级市和县城提高到了 0.8 元/t 的水平。有 70 多个市县开征垃圾处理费，标准一般为家庭每户每月 10 元，单位职工每人每月 4 元。以莱芜、潍坊两市为试点开展了排污权交易的探索与实践，青岛市纳入了国家排污权有偿使用和交易试点范围。

2.6.5 加强科技支撑的情况

围绕我省重点行业、城市化进程、新农村建设以及黄河三角洲典型区域等四个领域，科学解析了我省经济社会发展中的若干重大环境瓶颈问题。攻克了一批制约我省经济社会可持续发展的关键共性技术，超低排放技术已在我省成功实践应用，实现了燃煤机组排放达到天然气排放标准；水泥行业 ERD 脱硝技术已在多个水泥厂推广应用，工艺脱硝效率更高，降低了氨逃逸的可能性；赤泥水泥制备技术、水域砷污染控制技术等重金属脱除、综合利用技术也进行了探索应用。先后在南四湖流域和徒骇河、马颊河流域组织开展了水环境瓶颈问题技术攻关及工程示范，目前已有 100 余项成果进入产业化推广阶段。积极推进环保技术供需对接机制改革，成功举办了生态山东建设高层论坛暨第六届绿色产业国际博览会，将绿博会发展成为有一定影响力的区域性绿色产业展示交易平台，定期召开环保技术交流暨供需对接洽谈会，有效畅通了供需双方之间的“最后一公里”。

2.6.6 环境保护投入情况

“十二五”期间，山东省环境保护投入不断增加，2014年省级投入重点流域污染防治、重点区域污染防治、农村环境保护、“以奖代补”、环境监管能力建设与环保产业研发专项资金等节能环保资金共计28.23亿元，比2010年增长了约90.6%。

2.6.7 环境保护执法监管情况

一是建立上下结合的“独立调查”机制。以“两个独立（独立监察，独立监测）”“两个一律（一律不得同地方联系，一律不得由地方接待）”为原则，在省级率先垂范的基础上，各级环境监察部门在各类日常环境监察和专项执法检查工作中，积极推行独立调查执法新模式。二是完善加强统筹的“属地管理”机制。实行环境监管网格化，在设区市建立一级网格、县（市、区）和市直开发区建立二级网格的基础上，将网格划分扩展到乡（镇）、街道和县直开发区，建立三级网格乡，“定区域、定职责、定人员、定任务、定考核”，将环境监管责任落实到单位、到岗位。三是建立区域共治的“边界区域联合执法”机制。小清河流域、省辖淮河流域及南水北调工程沿线、省会城市群、黄河三角洲高效生态经济区、海河流域、半岛流域6个重点区域流域边界相邻地区全部签订环境执法联动协议，并开展了联动执法行动。2014年开展了行政边界地区环境污染整治，排查企业90多家，关停取缔78家，停产6家。四是建立提高监管权威性的“环境行政执法与刑事司法衔接”机制，出台了《关于移送环境违法违纪案件规定》《全省公安环保联勤联动执法工作机制实施意见》《全省环境保护部门调查与移送涉嫌环境污染犯罪案件的工作程序》《关于加强协作配合严厉打击污染环境犯罪的意见》等，规范了环保违法违纪案件移送程序，实现了行政执法、行政问责、刑事司法有序衔接，形成了打击环境污染违法犯罪高压态势。

2.6.8 地方人民政府重视环境保护工作的情况

“十二五”期间，临沂市、聊城市获得国家环境保护模范城市命名，青岛等18个已命名模范城市和章丘市通过了环保部复核，泰安市、新泰市通过了环保部技术核查。截至目前，我省共创建国家生态县（市、区）4个，国家级生态乡镇579个、国家级生态村6个，国家生态工业园区7个。

2.6.9 环境保护全民参与情况

按照“公众监督把阴暗面亮出来；政府顺应民意认真整治；整治效果依然接受公众监督”的工作思路，建立完善省、市、县三级环保微博工作体系，实行公众投诉、信访、舆情和环保执法联动，每月开展“环境监测开放日”活动，联合民间环保开展污水直排环境和烟（粉）尘污染“随手拍”活动，率先规范和公开排污口环境信息，启动“晒企业治污、晒环保监管”的“山东双晒”活动，初步形成社会各界广泛参与、良性互动的大环保格局。人民日报发布《2014 年度政务指数报告》，在全国十大环保机构微博中，我省环保系统占据三席，@山东环境、@青岛环保、@临沂环境分列第一、第二和第六位。在全国环境保护“绿坐标”评选中，我省微博工作体系和排污口环境信息公开分别获得管理创新奖和制度创新奖。

2.7 国家环境保护五年规划评估与考核的建议

2.7.1 对本省环境保护“十一五”“十二五”等五年规划评估与考核工作的分析与总结

在组织方式上，省环保厅会同省发改委联合印发《山东省实施〈国家环境保护“十二五”规划〉终期评估工作方案》，组织 11 个省直有关部门和厅内相关业务处室按照分工，开展自评估工作。省环保厅规财处会同省环境规划院具体负责梳理各部门自评估结果，并根据国家大纲要求编制评估报告。

在工作成效上，规划终期评估工作是对我省落实《规划》目标指标、重点任务、政策措施等有关情况进行评估，在评估过程中，全面、客观分析我省落实《规划》取得的成效和存在的问题，可以为科学谋划我省“十三五”环境保护工作打好基础。

2.7.2 对未来国家环境保护五年规划评估、考核机制和技术方法方面的建议

规划评估与考核工作涉及面广、工作量大，除环境保护厅外，还需要其他相关省直各部门的通力合作、密切配合，建议国家在“十三五”初期建立“十三五”环境保护规划中期评估与终期考核指标体系以及动态调整机制，并及时将指标体系与动态调整情况下达各地，确保评估与考核工作按时完成。

2.7.3 对本省“十三五”环境保护问题的预判及对策简介

“十三五”时期是加快推进生态文明建设融入经济、政治、文化和社会建设各方

面和全过程的关键时期，对环境保护融入“四个全面”战略布局，全面建成小康社会具有决定性意义。我省环境保护工作面临生态文明理念上升为党和国家最高战略、经济社会发展迈入新常态的重大机遇。但同时，我省经济面临增长换挡期、结构调整阵痛期和前期刺激政策消化期的“三期叠加”，随着工业化、城镇化将继续快速推进，经济社会发展与环境承载力不足的矛盾仍然尖锐，“十三五”期间，环境保护要适应新常态，仍面临诸多挑战。

（1）环境问题时间累积、空间复合特征明显，由于长期以来发展方式较为粗放，资源能源利用效率不高，污染物排放量大，生态破坏严重，生态系统退化。

（2）产业绿色化水平不高，基础原材料、能源和高耗能产业占比偏高，资源能源综合利用水平整体不高，污染物排放强度大。

（3）污染新增压力大，以煤为主的能源结构和偏重的产业结构，使我省主要污染物和温室气体排放量居高不下，污染排放新增压力将直接影响环境质量的进一步改善。

（4）生态文明制度体系亟待完善，现行生态环境管理体制统筹性不足。

“十三五”时期，我省将贯彻落实党的十八大、十八届三中、四中、五中全会及习近平总书记系列重要讲话精神，紧紧围绕全面建成小康社会总体目标，以水、大气、土壤污染防治和环境安全管理为重点，深化体制机制改革，构建多元共治的环境治理体系，以管理创新和科技创新破解制约山东发展的环境瓶颈，以绿色化提升经济社会发展质量，以法治思维和法治方式提高解决环境问题的能力，全面提升环境监管队伍职业化水平，为生态山东、美丽山东建设奠定坚实基础。

（1）大气污染防治方面，抓好“调结构、促管理、搞绿化”三篇文章，突出“煤、尘、车、味、绿”五大重点。

（2）流域及海洋污染防治方面，深入贯彻落实《水污染防治行动计划》，全面构建“治用保”流域治污体系。

（3）土壤环境保护方面，开展土壤污染场地调查和土壤污染治理与修复试点，逐步探索建立土壤污染防治体系。

（4）农村环境保护方面，健全体制机制、强化监督管理，实现与小康社会和生态山东相适应的农业农村生态环境。

（5）环境安全方面，建立国土空间开发保护制度和空间治理体系，初步构建科学合理的生态安全格局，以“减量化、再利用、无害化”为原则，建立资源总量管理和循环利用体系。围绕预防、预警和应急三大环节，健全完善环境风险评估、隐患排查、事故预警和应急处置四项工作机制，建设务实高效的环境安全防控体系。

第3章

省会城市群经济圈环境保护与生态建设规划（2013—2020年）

3.1 现状与问题

3.1.1 生态环境现状

3.1.1.1 环境空气

2010 年，经济圈城市环境空气 PM_{10}、SO_2 和 NO_2 平均浓度分别为 150 μg/m^3、94 μg/m^3 和 46 μg/m^3；2011 年分别为 135 μg/m^3、81 μg/m^3 和 45 μg/m^3；2012 年分别为 131 μg/m^3、72 μg/m^3 和 40 μg/m^3，环境空气中主要污染物年均浓度连续 2 年改善，但环境空气质量距生态山东建设和人民群众要求依然有较大差距。2012 年 PM_{10} 和 SO_2 年均浓度分别超过《环境空气质量标准》（GB 3095—2012）二级标准 0.87 倍和 0.2 倍，仅 NO_2 达标。2012 年 7 月到 2013 年 8 月经济圈 $PM_{2.5}$ 平均浓度为 116 μg/m^3，远未达到《环境空气质量标准》（GB 3095—2012）二级标准要求（35 μg/m^3）。

3.1.1.2 水环境

经济圈内共有省控河流 22 条、省控监测断面 38 个。2010 年优于Ⅲ类的断面 4 个，占 11.1%；Ⅳ类断面 3 个，占 8.3%；Ⅴ类断面 9 个，占 25.0%；劣Ⅴ类断面 20 个，占 55.6%；另有两个断面无监测数据。2011 年优于Ⅲ类的断面 5 个，占 13.1%；Ⅳ类断面 6 个，占 15.8%；Ⅴ类断面 8 个，占 21.1%；劣Ⅴ类断面 19 个，占 50.0%。2012 年优于Ⅲ类的断面 5 个，占 13.2%；Ⅳ类断面 9 个，占 23.7%；Ⅴ类断面 12 个，占 31.6%；劣Ⅴ类断面 12 个，占 31.6%（表 3-1）。

表 3-1 2010—2012 年经济圈内主要河流断面水质情况 单位：mg/L

所在流域	河流名称	断面名称	COD 浓度			氨氮浓度		
			2010 年	2011 年	2012 年	2010 年	2011 年	2012 年
小清河流域	小清河	睦里庄	14.51	12.14	12.08	0.21	0.34	0.64
	小清河	辛丰庄	38.70	29.16	26.83	6.91	3.93	3.59
	小清河	唐口桥	45.49	38.31	35.56	4.00	3.36	2.77
	小清河	西闸	68.46	50.10	42.12	7.45	4.75	4.13
	小清河	范李村	40.00	31.43	32.64	3.50	2.59	2.89
	漯河	夏侯桥	20.73	28.59	15.71	4.68	2.89	1.26
	孝妇河	袁家桥	38.46	32.12	31.63	7.82	2.72	2.71
	猪龙河	入小清河处	47.83	36.97	39.07	3.60	3.21	1.87
	支脉河	道旭渡	39.28	35.20	32.33	1.20	1.23	0.90
	支脉河	陈桥	37.08	24.42	26.57	1.78	1.34	1.09
	齐鲁排海管线	107 井	58.33	38.63	36.54	4.11	2.11	1.96
	齐鲁排海管线	302 井	50.01	33.54	35.53	2.26	1.73	1.45
	杏花河	张官庄	44.37	31.92	27.90	3.46	1.83	1.60

所在流域	河流名称	断面名称	COD 浓度			氨氮浓度		
			2010 年	2011 年	2012 年	2010 年	2011 年	2012 年
小清河流域	章齐沟	入小清河处	—	20.64	20.67	—	1.21	1.01
	胜利河	入小清河处	—	30.86	26.38	—	2.31	2.00
南水北调沿线	沂河	韩旺大桥	16.95	14.17	13.91	0.39	0.46	0.51
	宁阳沟	佘庄桥	28.86	20.83	19.41	9.81	1.12	1.95
	洸府河	侯店	21.59	20.99	20.53	0.90	0.84	0.63
	大汶河	角峪	16.58	16.21	14.00	0.61	0.99	0.80
	大汶河	流泽桥	21.59	12.76	14.17	0.90	0.43	0.38
	瀛汶河	徐家汶	16.58	10.45	14.50	0.61	0.21	0.27
海河流域	徒骇河	毕屯	44.95	89.50	37.83	7.94	9.35	2.14
	徒骇河	王堤口	32.58	30.65	32.77	1.50	2.34	1.02
	徒骇河	前油坊	59.26	48.70	38.39	4.92	2.31	1.88
	徒骇河	夏口	52.53	36.43	32.23	1.85	1.57	2.36
	徒骇河	申桥	35.70	35.70	38.67	1.51	1.14	1.70
	徒骇河	富国	32.00	30.73	29.48	1.87	0.81	0.60
	马颊河	任堂桥	25.86	42.30	41.05	1.71	6.40	4.10
	马颊河	董姑桥	50.88	35.67	34.35	1.04	0.85	0.89
	马颊河	李辛桥	31.79	42.98	40.88	1.31	1.06	0.43
	南运河	第三店	30.89	26.57	32.55	2.97	2.10	3.13
	德惠新河	双堠桥	32.28	29.01	29.88	0.63	0.51	0.44
	德惠新河	大山	35.25	36.83	28.69	0.80	0.35	0.28
	漳卫新河	小泊头桥	35.94	41.97	31.99	2.32	0.72	1.84
	卫运河	临清大桥	40.42	49.78	40.74	3.79	5.43	5.06
	卫运河	油坊桥	63.26	38.77	35.93	3.15	3.44	3.32
	潮河	邵家	33.27	35.75	30.73	3.20	2.46	1.77
	秦口河	下洼闸	24.90	26.50	31.13	0.44	0.41	0.91

3.1.1.3 农村环境

截至 2012 年，经济圈已启动 9 个县（市、区）的农村环境连片整治示范区建设。经济圈内农村生活饮用水水源地达标率为 91.41%；农业种植总面积 451.33 万 hm^2，化肥施用量（折纯）182.17 万 t，化学农药施用量（折纯）3.29 万 t，单位面积化肥施用强度 0.40 t/hm^2，单位面积化学农药施用量 7.29 kg/hm^2；测土配方和测土施肥面积分别为 145.81 万 hm^2 和 56.98 万 hm^2；秸秆产生量 3 218.51 万 t，综合利用率为 87.67%。

3.1.1.4 水土流失

经济圈内水土流失类型主要是水力侵蚀和风力侵蚀。根据第一次全国水利普查结果，区域水蚀总面积 6 530.93 km^2，其中“中度”以上的占 46.25%；济南市历城区、长清区，淄博市淄川区、博山区、沂源县，泰安市泰山区、岱岳区、新泰市，莱芜市莱城区、钢城区为水土流失重点治理区。德州、聊城、滨州的水土流失以风力侵蚀为主，其中武城县、夏津县、临清市、冠县、东阿县、莘县、阳谷县属于黄泛平原风沙国家级水土流失重点预防区。

表 3-2 经济圈土壤水蚀及各强度级面积

单位：km^2

地市	水蚀面积	轻度	中度	强烈	极强烈	剧烈
济南市	1 532.43	703.66	419.7	232.83	136.89	39.35
淄博市	1 868.88	918.37	518.26	294.17	124.17	13.91
泰安市	1 742.63	919.25	419.13	254.68	120.8	28.77
莱芜市	627.76	421.88	127.94	55.04	20.13	2.77
德州市	285.62	205.2	42.91	16.57	14.12	6.82
聊城市	254.08	159.44	54.18	28.74	9.52	2.2
滨州市	219.53	182.53	29.33	6.32	1.28	0.07
合计	6 530.93	3 510.33	1 611.45	888.35	426.91	93.89

资料来源：第一次全国水利普查结果。

3.1.1.5 生态建设

（1）林木绿化率

近年来，经济圈各市积极实施造林绿化工程，林木绿化率大幅增长，生态环境状况有了明显改善。2010 年、2011 年和 2012 年分别造林 7.11 万 hm^2、8.23 万 hm^2 和 7.78 万 hm^2，截至 2012 年，经济圈的林木绿化率已达到 22%。

（2）建成区绿化覆盖率

2010 年、2011 年和 2012 年，经济圈设区 7 市城区绿化覆盖面积分别达到 3.83 万 hm^2、4.08 万 hm^2 和 4.46 万 hm^2，绿化覆盖率分别为 40.36%、40.14%和 41.51%（表 3-3）。

表 3-3 2010—2012 年经济圈建成区绿化状况

地市	建成区面积/km^2			绿化覆盖面积/hm^2			建成区绿化覆盖率/%		
	2010 年	2011 年	2012 年	2010 年	2011 年	2012 年	2010 年	2011 年	2012 年
济南市	347.00	355.40	363.25	12 853.00	13 166.00	13 803.50	37.04	37.05	38.00
淄博市	224.50	231.50	237.89	9 474.00	9 847.00	10 288.74	42.20	42.53	43.25
泰安市	106.80	110.90	114.20	4 679.00	4 863.00	5 011.10	43.81	43.85	43.88
莱芜市	58.00	70.00	81.00	2 565.00	2 952.00	3 417.39	44.22	42.17	42.19
德州市	60.00	71.00	95.53	2 420.00	2 889.00	4 059.07	40.33	40.69	42.49
聊城市	69.00	68.10	69.97	3 050.00	2 746.00	3 084.28	44.20	40.30	44.08
滨州市	85.50	111.40	113.20	3 331.00	4 409.00	4 962.69	38.96	39.58	43.84
合计	950.80	1 018.32	1 075.04	38 371.13	40 871.80	44 626.76	40.36	40.14	41.51

（3）自然保护区建设

截至 2012 年，经济圈内共有各级自然保护区 25 个，其中国家级 2 个、省级 8 个、市级 10 个、县级 5 个，总面积 24.36 万 hm^2，占区域总面积的 4.68%（表 3-4）。

表 3-4　经济圈内主要自然保护区情况

保护区名称	行政区域	面积/hm^2	主要保护对象	级别	创建年份
柳埠	济南市历城区	3 420	防护林	市级	2001
长清寒武纪地质遗迹	济南市长清区	262	寒武纪地层结构	省级	2001
大寨山	平阴县	1 200	侧柏、落叶阔叶林	省级	2001
鲁山	淄博市博山区	4 000	森林生态系统	省级	1986
原山	淄博市博山区	13 914	侧柏、栎类、油松森林植被	省级	1986
徂徕山	泰安市	10 915	油松林和暖温带阔叶林	省级	1999
泰山	泰安市	11 892	森林生态系统	省级	2006
腊山	东平县	2 867	森林生态系统	市级	2000
东平湖	东平县	16 000	湿地生态系统	市级	2000
太平山	新泰市	3 733.3	森林生态系统	省级	2002
莱芜马鞍山	莱芜市莱城区	3 101	森林生态系统	县级	1998
寄母山	莱芜市莱城区	3 390	森林生态系统	县级	1998
花山林场	莱芜市莱城区	8 600	森林生态系统	县级	1994
景阳冈	阳谷县	46.7	森林及梅花鹿、猕猴、合欢树、古柏	市级	1994
马西林场	莘县	3 800	防风固沙林	市级	1994
鱼山	东阿县	5 333	森林生态系统、曹植墓	市级	2004
马颊河	冠县	248	森林生态系统	市级	1972
西沙河	冠县	11 200	防风固沙林	市级	1994
清平林场	高唐县	4 200	防风固沙林	市级	2001
马谷山	无棣县	20	地质遗迹	省级	1999
谭阳	无棣县	1 994	森林生态系统	县级	1998
滨州贝壳堤岛与湿地	无棣县	43 542	贝壳堤岛、湿地、珍稀鸟类、海洋生物	国家级	1999
沾化海岸带湿地	沾化县	89 134	海滨湿地、鸟类	市级	1991
引黄济清渠首鸟类	博兴县	300	鸟类及其生境	县级	1992
鹤伴山国家森林公园	邹平县	480	森林植被、水源	国家级	1992

资料来源：环保部公布的 2012 年山东省自然保护区名单。

（4）生态创建

山东省共有43个市（县、区）开展了省级生态市（县、区）创建，其中，经济圈内有11个，已命名1个。经济圈已创建国家级生态乡镇110个，省级生态乡镇203个，国家级生态村2个，省级生态村129个。

3.1.1.6 污染物排放

（1）大气

2012年，经济圈内主要污染物SO_2、NO_x和烟（粉）尘排放量分别为78.13万t、66.41万t和30.59万t，其中工业源SO_2、NO_x和烟（粉）尘排放量分别为72.30万t、51.44万t和24.49万t，占总排放量的92.55%、77.46%和89.90%。

经济圈内工业废气污染物排放量较大的5个行业分别为电力、热力生产和供应业、黑色金属冶炼和压延加工业、非金属矿物制品业、化学原料和化学制品制造业、有色金属冶炼和压延加工业，5个行业排放的SO_2、NO_x和烟（粉）尘分别占工业污染物排放总量的91.49%、95.38%和92.31%。

（2）水

2012年，经济圈内废水排放总量17.16亿t，其中生活污水排放量10.31亿t，占总排放量的60.08%。COD、氨氮的排放量分别为79.00万t和6.00万t，其中生活污水中COD和氨氮分别为56.75万t和2.75万t，占总排放量的71.83%和45.90%。

2012年，经济圈内规模以上工业企业用水总量158.25亿t，重复用水量145.22亿t，重复利用率为91.77%。工业废水排放量较大的6个行业分别为造纸和纸制品业、化学原料和化学制品制造业、纺织业、农副食品加工业、医药制造业、煤炭开采和洗选业，6个行业的COD和氨氮排放量分别占规模以上工业企业排放总量的74.42%和80.27%。

（3）固废及危废

2012年，经济圈内一般工业固体废物产生量7 287.72万t，固体废物产生量较大的4个行业分别为火力发电、炼铁和炼钢、铁矿采选、烟煤和无烟煤开采洗选业，4个行业的固体废物产生量约占经济圈工业固体废物总量的75.97%。2012年经济圈内污水处理厂污泥产生量18.41万t，无害化处理量18.33万t，无害化处理率为99.57%。

2012年，经济圈内工业危险废物产生量524.19万t，主要来源于机制纸及纸板制造、化学用品制造、建筑陶瓷制品制造、初级形态塑料及合成树脂制造4个行业，全部送有资质单位进行了处理处置。

（4）总量减排

2012年，经济圈内COD排放量78.98万t，比2010年减少3.36万t，降幅为4.08%；氨氮排放量6.00万t，比2010年减少0.38万t，降幅为6.33%；SO_2排放量78.13万t，比2010年减少6.84万t，降幅为8.05%，NO_x排放量66.41万t，比2010年减少

2.44 万 t，降幅为 3.54%（表 3-5）。

表 3-5 2010—2012 年经济圈主要污染物排放情况 单位：万 t

年份	COD	氨氮	SO_2	NO_x
2010	82.34	6.38	84.97	68.85
2011	81.45	6.21	81.94	68.75
2012	78.98	6.00	78.13	66.41

3.1.2 面临的形势与问题

3.1.2.1 经济结构和能源结构不合理，结构性污染严重

随着“调结构、保增长”政策的实施，经济圈产业结构日渐调整，但还不尽合理。2012 年，经济圈三次产业结构比例为 7.5∶51∶41.5。“两高”行业仍然占较大比重，黑色金属冶炼和压延加工业、非金属矿物制品业、化学原料和化学制品制造业、有色金属冶炼和压延加工业、纺织业、造纸和纸制品业、农副食品加工业、医药制造业、食品制造业等十大行业工业增加值占工业增加值的 68.32%。2012 年，经济圈煤炭消费量高达 1.99 亿 t，占全省煤炭消费总量的 48.79%，万元 GDP 能耗 1.11 t 标煤/万元，远高于山东省平均水平（0.82 t 标煤/万元）。

经济圈内结构性污染严重，电力、热力生产和供应业，黑色金属冶炼和压延加工业，非金属矿物制品业，化学原料和化学制品制造业，有色金属冶炼和压延加工业等五大行业的工业增加值只占工业增加值的 41.13%，但 SO_2、NO_x 和烟（粉）尘排放量分别占全部行业的 91.49%、95.38%和 92.31%。化学原料和化学制品制造业、纺织业、造纸和纸制品业、农副食品加工业、医药制造业、食品制造业六大行业的工业增加值仅占全部行业增加值的 38.38%，而 COD 和氨氮排放量却占到全部行业总排放量的 72.98%和 80.27%。

3.1.2.2 持续污染减排难度大

“十二五”期间，经济圈 COD、氨氮、SO_2 和 NO_x 减排任务量分别为 10.74 万 t、0.93 万 t、15.23 万 t 和 12.05 万 t。截至 2012 年，经济圈 COD、氨氮、SO_2 和 NO_x 减排量分别为 3.36 万 t、0.38 万 t、6.84 万 t 和 2.44 万 t，仅占目标减排量的 31.29%、40.86%、44.93%和 20.25%，时间过半，但减排任务尚未达到阶段性目标，后续减排压力较大。

3.1.2.3 生态环境质量持续改善压力大

水环境和环境空气质量持续改善压力大。2012 年经济圈内的 22 条省控河流 38 个监测断面中有 12 个监测断面为劣Ⅴ类，其中，小清河流域和海河流域劣Ⅴ类断面分别为 5 个和 7 个。2012 年 PM_{10} 和 SO_2 年均浓度分别超标 0.87 倍和 0.2 倍。2012

年 7 月到 2013 年 8 月经济圈 $PM_{2.5}$ 平均浓度为 116 μg/m^3，超标 2.31 倍。

环境污染态势复杂化。污染介质已从以大气和水为主逐渐向大气、水和土壤三种介质共存转变；污染物来源从以城镇工业和生活污染为主向城镇工业、生活和农村并存转变；污染特征从单一型、点源污染向复合型、点源与面源污染共存转变；细颗粒物、持久性有机物、放射性污染以及危险废物、废旧电子电器、污水处理厂污泥等固体废物污染问题日益突出，环境污染治理难度进一步加大。

控制新污染物的难度加大。随着经济圈城市化进程的加快，机动车尾气污染、土壤污染、水体污染、生态失衡等一系列城市环境问题不断显现；随着消费转型，废旧家用电器、报废汽车轮胎等回收和安全处置的任务更加繁重；随着农业和农村现代化进程的加快，农业面源污染、农村生活污水和垃圾、规模化畜禽养殖污染等环境问题更加突出；随着生物技术、信息技术等新技术的发展，许多新的环境问题将不断出现。另外，受世界经济增长模式深度调整，贸易和投资保护主义重新抬头的趋势影响，低碳经济趋势下面临的温室气体减排和国际履约压力越来越大，环境问题国际化、多元化、复杂化和不确定的特征十分明显。

3.1.2.4 区域生态空间有待优化

近年来，经济圈城市化的高速发展挤占了大量的生态空间，导致河流沿线及河口、岸线地区不断被侵占，生态斑块趋于破碎化，重点生态斑块之间连通性较差。一些大城市“摊大饼”式扩张，小城镇建设遍地开花，造成城市空间布局不合理。大规模的城市建设导致山体破损、岩石裸露，容易引发水土流失、崩塌滑坡等地质灾害。据统计，仅济南市破损山体就有 33 座，济南千佛山风景名胜区 11.46 km^2 的规划范围内，各类建筑面积已达 60 万 m^2，面临“房吃山”的窘境。

人类活动频繁区域的生态功能较差。被称为“地球之肺”“地球之肾”的森林与湿地大都分布在城市外围，与人类活动最频繁的中心城区距离较远，对人类活动的自然调节作用不及时、不明显。受地价等影响，中心城区人工林地、绿地、湿地普遍规模较小，生态功能调节作用不足。

全区不少大型重化工业项目布设于重要生态功能区周边和人口密集区。多年来，依托区域资源优势和交通优势形成了较为发达的化工、造纸、农副产品加工、机械加工等传统产业，但在布局上不尽合理。如济钢、莱钢全部位于人口密集区；济南市绕城高速以内有 440 家规模以上工业企业，其中高污染行业企业 100 家，占全市 1/3。另外，煤炭、钢铁、石油化工等企业没有临港建设，增加了成本，也带来运输、存储等过程中的潜在环境污染。

3.1.2.5 环境风险凸显，环保管理机制不健全

长期积累的有机污染与重金属污染构成的复合型环境问题日益凸显，持久性有机物、放射性物质、危险废物与危险化学品等长期积累的环境问题可能集中显现，

突发性事件将呈现多发的趋势，防范重大环境污染事件，保障环境安全的任务将更加艰巨。随着城镇化步伐加快和社会消费水平的提高，扬尘污染、工业废气及异味、汽车尾气、电子电器废物、有害建筑材料和室内装修不当等各类新污染形式呈迅速增加的态势。

近几年，经济圈各市在环境保护基础建设方面虽有一定程度的加强，但在办公用房和业务用房建设、环保设备的维护与保养、环保人才队伍建设等方面仍存在诸多问题。此外，全区尚未形成区域协同的环境管理模式，环境管理方法、企业环保诚信、公众环境意识等方面有待提升，环境保护综合能力仍不能适应环保事业发展要求。

3.1.2.6 生态环境仍然十分脆弱

水资源严重短缺。经济圈各市水资源总量 97.72 亿 m^3，占全省水资源总量的 35.66%，人均水资源量 290.11 m^3，略高于全省人均水平，不及全国平均水平（2 100 m^3）的 1/7。水资源开发过程中浪费与污染并存，水资源的过度开采，使地下水位严重下降，部分市区地面已出现沉降现象。

城镇化快速发展致使大量生态用地被占用。2012 年，城镇及工矿用地面积已达 29.64 万 hm^2，占区域总面积的 34.37%，比 2010 年增加了 0.73 万 hm^2。森林面积 104.73 万 hm^2，森林覆盖率为 19.69%，虽略高于全省平均水平（19.08%），但林木资源中树种组成较为单一（基本为杨树），且空间分布不均匀；生态平衡失调，生物多样性未得到有效保护。城镇建设占用大量土地，造成城镇周边山体破损、土壤退化、水土流失严重；引黄干渠两侧部分土地已出现沙化现象；德州、滨州 2 市一直是中国土壤盐渍化较重的区域，近几年有加重的趋势。

3.2 指导思想、原则和目标

3.2.1 指导思想

深入贯彻落实科学发展观和党的十八大及十八届三中全会精神，坚持把环境保护作为转变经济发展方式的重要着力点，围绕《省会城市群经济圈发展规划》确定的战略目标与任务，努力改善环境质量，优化经济发展，保障环境安全，积极推进生态文明建设和环保体制改革。以水环境污染和空气污染联防联治为突破口，建立区域环境保护协调机制，巩固和完善社会各界广泛参与的环保工作大格局，为加快推动“省会城市群经济圈”建设奠定坚实基础。

3.2.2 基本原则

3.2.2.1 统筹兼顾，民生优先

坚持统筹污染防治和生态保护，统筹城市和农村环境保护，兼顾需要和可能，合理配置公共资源。坚持以人为本，将喝上干净的水、呼吸上清洁的空气、吃上放心的食物等民生问题摆上更加突出的战略位置，加大预防、保护和治理力度，切实维护人民群众环境权益，增进人民福祉。

3.2.2.2 防治结合，预防优先

坚持源头预防，充分考虑资源承载力、水和大气环境容量，严格遵循区域主体功能定位，落实环境功能区划要求。坚持区域开发全过程预防，在生产、流通、分配和消费的各个环节严格融入环境保护。坚持高效治理，不断提高治污设施建设和运行水平，加快解决历史遗留的环境问题，消除环境安全重大隐患。

3.2.2.3 整体部署，重点突出

坚持长远谋划，总体设计，对全局性、普遍性的环境问题，要整体部署、全面推进。同时，抓住重点区域、重点行业的突出问题、难点问题，率先突破，努力实现重点区域的环境质量改善。

3.2.2.4 分类管制，分层落实

坚持因地制宜，在不同区域和行业实施有差别的环境政策，突出目标指标的区域性差异，实施区域性、特征性污染控制。逐步理清环境保护事权，实行有区别的环境保护目标，层层落实、严格考核、各负其责。

3.2.2.5 政府主导，综合推进

强化环境保护的主导意志，落实政府责任，加强部门协作，力争做到目标、任务和投入、政策相匹配。以规划任务完成为前提，深化环境目标责任制考核，实施规划编制、过程评估和实施考核的系统管理。通过加强环境保护部门能力建设，促进各项环境目标的实现。

3.2.3 规划范围与时段

规划范围：省会济南及周边的淄博、泰安、莱芜、德州、聊城、滨州 7 市、52 个县（市、区），总面积 52 076 km^2。

基准年为 2012 年。规划期为 2013—2020 年，其中 2013—2015 年为规划近期，2016—2020 年为规划中远期。

3.2.4 规划目标与指标

3.2.4.1 总体目标

围绕实现区域经济社会与生态环境协调发展的目标，把生态文明建设放在突出位置，树立“天、地、人”协调统一的生态文明理念，坚持统筹协作，完善环境风险管理机制，强化节能减排和生态建设，着力推进绿色低碳、可持续发展，加快形成资源节约、环境友好的空间格局、产业结构和生产生活方式，打造绿色、宜居、文明、先进的省会城市群经济圈。

3.2.4.2 阶段性目标与指标

到 2015 年，完成国家下达的主要污染物排放总量减排指标；生态环境质量明显改善，区内省控重点河流全部消除劣Ⅴ类，南水北调输水干线水质达到地表水Ⅲ类标准，入干线的支流水质达到国家相应水质要求；城市空气主要污染物年均浓度比 2010 年改善 20%以上；生态环境安全得到有效保障，辐射环境质量水平在天然本底的涨落范围内；规制、市场、科技、行政和文化五大体系基本形成，社会各界广泛参与的环保工作大格局更加巩固。

到 2020 年，区域生态环境质量进一步改善，区内省控重点河流在消除劣Ⅴ类基础上主要污染物浓度进一步降低，南水北调输水干线水质稳定达到地表水Ⅲ类标准；城市空气主要污染物年均浓度比 2010 年改善 50%左右；生态系统基本恢复，生态文明建设显著提高，生态环境步入良性循环，实现区域环境基本公共服务均等化，形成资源节约、环境友好的空间格局、产业结构和生产生活方式。

3.3 生态功能分区和重点保护区域

3.3.1 生态功能分区

按照区域生态特点和主导生态功能将经济圈划分为 6 个生态功能区，采取保护、恢复和治理等措施，维持和恢复各生态功能区的生态服务功能。

3.3.1.1 渤海湿地生态区

该区位于山东省北部、渤海湾西南缘，地处滨州市境内的无棣县北部和沾化县北部，区内含滨州贝壳堤岛与湿地自然保护区。本区的主导生态功能是保护和恢复海洋、海岸等湿地生态系统，以及珍稀濒危鸟类与渔业资源，维持海洋生物多样性。

主要生态环境问题：捕捞过度，海洋渔业资源严重衰退；海洋生物种类不断减少、养殖种质退化；近海污染较重，赤潮现象时有发生。

保护与发展方向：①加强海洋国土保护和海洋生态建设，改善海洋生态环境，管理建设好现有的海岸带湿地自然保护区；②扩大相关产业如晒盐业规模，发展系列产业区，形成良性产业发展链条，加快发展相关生态产业；③依托浅海滩涂优势，开展人工养殖，保护鱼虾类产卵场、索饵场和鱼虾贝藻类养殖场，严格执行休渔期和禁渔区制度，积极发展远洋捕捞；④巩固和发展海防林，搞好沿海防潮堤坝建设，封滩育林和人工造林相结合，形成乔、灌、草结合的沿海绿色植被体系；⑤充分发挥海洋和黄金海岸优势，发展生态旅游及海滨度假旅游。

3.3.1.2 鲁中南山地丘陵生态区

包括济南市、淄博市、莱芜市以及泰安市的部分地区。该区是全省地势最高的地区，水系较发达，为暖温带季风气候，植被类型以暖温带落叶阔叶林为主，生物多样性比较丰富。该区是经济圈东南生态屏障，其主导生态功能是水源涵养、水土保持和生物多样性维持。

主要生态环境问题：耕地破碎，土地利用率较低，土壤侵蚀和土壤退化较为严重，生态环境敏感性较高；植被退化，森林林分单一、层次残缺、覆盖率低，大量花岗岩和石灰岩山体裸岩出露，涵养水源能力低，存在崩塌、滑坡和泥石流等地质灾害风险；煤炭资源等的大规模开发导致地面沉降和采空塌陷地质灾害，开山采石等人为活动造成的环境污染和生态破坏严重；空气质量超标，小清河等河流达标率低，湖库氮、磷污染物超标，饮用水水质受到威胁；城市的开发建设威胁到自然生态，垃圾围城现象时有发生，严重影响城市周围、交通沿线的自然景观；农业区生产中化肥施用量较高，农业区面源污染较为严重。

保护和发展方向：①积极推进封山育林，实行退耕还林，加速水土保持林和水源涵养林建设，恢复天然林，提高森林覆盖率，提高水源涵养能力；②加强以小流域为单元的综合治理与开发，加大退化土地的生态恢复和综合整治开发力度，合理利用，走“以开发促恢复、以恢复保发展”的生态化道路；③发展农业、工业和旅游业复合经济发展模式，调整优化农业结构，减少农业面源污染（N、P 为主），控制农业生产废弃物对环境的污染，提高农业综合效益；④促进工业产业的技术革新，减少工矿企业的环境污染和生态破坏；⑤坚决制止矿产资源的非法开采，加大对城市周围自然景观的管理和治理力度；⑥以生态环境保护为首要建设目标，引导和规范驻区居民的生活、生产活动。

3.3.1.3 鲁中平原生态经济区

包括济南东部、淄博北部、滨州南部部分地区。区域地貌为山前平原和河谷平原，地势平坦，大部分地区自然条件好，经济发达，城市化水平高，是经济圈的经济中心，具有人口众多、交通密集、生态用地面积少的特点。

主要生态环境问题：人口密集、工业企业和城镇分布密集，城镇及工矿等建设用地比例大、增长快、用地矛盾较为突出，缺乏生态走廊，环境污染问题突出；该地区也是老的工业区，在发展过程中已经对生态环境造成了比较严重的破坏，生态环境历史欠账多；旱、涝、碱、沙、风等自然灾害频繁，严重影响农业区生产；农药、化肥施用强度高，对土壤、水质等均造成不同程度的影响；植被以农作物为主，森林覆盖率较低，生物多样性水平低；地表水水质较差，地下水也受到一定污染，用水安全受到威胁，同时空气质量恶化、固体废物堆积、土壤污染导致生产力下降等问题不容忽视。

保护和发展方向：①加大基本农田保护力度，继续稳定和提高粮食生产，促进绿色农产品的规模生产，发展家庭畜牧业和规模养殖业；②完善农田林网建设，促进农业生态化建设和技术进步，发展生态农业，提高农业生产效率；③加强生活污染、工业污染治理，严格执行水、气污染排放标准，加强乡镇企业管理，实现达标排放；④积极进行生态退化土地的恢复与综合利用，发挥土地资源的综合效益。

3.3.1.4 鲁西河湖湿地生态区

该区位于泰安市西南部和聊城市南部，区内含东昌湖和东平湖两大湖泊。以平原和湖泊水系为特色，区内少天然森林植被，以人工林和农业植被为主，是全省的主要农牧业基地之一。该区的主导生态功能是蓄水调水、自然净化、鸟类多样性和渔业资源保护。

主要生态环境问题：地势低洼，雨季容易发生涝灾，流域生态防护林资源贫乏，湖库调蓄能力降低，湿地功能下降；湖区降水少，河流大多为季节性河流，水资源不足，主要依靠客水补给水源，换水周期长，水体含沙量大，易造成湖底泥沙淤积；“两高”行业比重大，水体纳污能力差，地表水污染严重，湖泊沼泽化和富营养化速度加快，湖区水生生物多样性下降，农业面源污染严重；采石和采矿导致生境破碎化严重，种内、种间或生态系统之间很难自然地发生物质循环、能量流动和信息传递，影响系统整体功能的发挥。

保护和发展方向：①控制水土流失，发展生态农业，控制面源污染，提高农业生产废物综合利用率；②采取综合措施推进石灰岩丘陵区的生态恢复和综合开发，规范采石和采矿业，保护景观的生态完整性；③调整产业结构，消除工业结构性污染，大力推行清洁生产，淘汰能耗高、用水量大、技术落后的产品和工艺，坚决“关、停、并、转”污废水排放不达标的企业，推动流域内工业企业升级换代，走新型工业化的道路；④扩大湖泊与河道清淤，清洁水体，增加蓄水量及调蓄库容；⑤发展湖泊洼地的多种经营和综合利用，适度发展水产养殖、旅游观光。

3.3.1.5 鲁西北平原农田生态区

包括德州全部，滨州、聊城、济南的部分区域，北、西至省界，地貌上为华北大平原的一部分。该区降水少，蒸发强，是全省大陆性最强的地区，也是全省重要的粮棉基地，是保持山东省耕地总量动态平衡和增加农业用地面积的重要后备资源区。其在保持水土、调节气候、涵养水源、旅游开发、维持生态良性循环等方面对整个经济圈产生着重要影响。

主要生态环境问题：气候干旱、水资源短缺，旱涝盐碱、土壤盐渍化与沙化严重；区域地面沉降严重，某些地区已经形成大型地下水降落漏斗；农药、化肥施用量大，农村面源污染情况严峻，地表水污染严重；城市“三废”污染和城市规模扩大严重危害本区的生态环境及生存环境，农田林网不健全。

保护和发展方向：①高质量建设农田防护林网，改善生态环境，提高系统抗干扰能力；②土地资源用养结合，大力推广生物防治、抗虫新品种等技术，使用低毒、低残留农药，推广平衡施肥、配方施肥、秸秆还田等作物施肥技术，发展高产优质型农业；③积极发展节水农业，推广滴灌、喷灌等节水新技术，减少水资源消耗；④加强对该区地下水的管理，减少地下水开采量，逐步调整高耗水产业，停止新上高耗水项目，对已发生严重地面沉降的地区划定地下水禁采区，清理不合理的抽水设施，停上新的加重水平衡失调的蓄水、引水和灌溉工程；⑤积极开展集度假、采摘、野营于一体的现代农业田园风光生态旅游。

3.3.1.6 黄河沿线生态控制区

该区为沿黄河一线条带状区域，途经济南、滨州、淄博、聊城、泰安、德州 6 市。区域内涉及地段主要位于各市行政边界带，部分段带位于济南市和滨州市腹地。该区是保证经济圈区域生态安全的重点区域，也是经济圈北部的生态屏障。

主要生态环境问题：水资源短缺，自产地表水资源贫乏，地下水开采过量且利用不足，地下水位逐年下降；供水基本依赖引黄河水，造成大量泥沙淤积，加之防护林建设不配套，林木植被少，防风固沙能力弱，水土流失面积逐年增加，极易受风沙化和次生盐碱化危害；化肥、农药施用强度大，对土壤、地下水及地表水均造成一定程度的污染；区域内部各县级行政区基本以黄河作为划区边界，由此也导致了区域内的生态环境问题面临着多方协调共同解决和多方推卸无法解决的两难境地。

保护和发展方向：①加大黄河河道泥沙清淤力度，巩固、建设沿黄生态防护林带，形成沿河绿色通道，大面积营造水土保持林，恢复天然林，建设生态功能高的复合型农业林网；②治碱改土，综合治理开发中低产田和荒碱地，逐步改善生产条件，扩大耕地面积，建设多种模式的生态农业，进行农业综合开发和高标准农田开发工程，大力发展林果、畜牧等主导产业，促使产业结构单一的种植业结构向有特色的高效益农业转变；③提升农业生产水平，减少大田农作物种植比例，大力发展淡水养殖，搞好植桑养殖，积极发展畜牧业，大力发展绿色食品和有机食品基地建设；④限量开采地下水，保持地下水的正常水位，提高和增加污水处理能力，使污水达到农田灌溉用水水质标准，实现污水资源化利用；⑤进行湿地自然生态恢复、标准化堤防建设和黄河绿色风景带建设，完善引黄枢纽配套工程，建成集引黄灌溉和水利观光于一体的生态观光区。

3.3.2 重点保护区域

3.3.2.1 自然保护区

结合主体功能区划，适当调整保护区面积，实行严格的环境保护制度，加大投入力度，完善保护区管理体制，引导人口有序转移，促进自然保护区生态环境良性发展。

3.3.2.2 重点生态功能保护区

落实《山东省重点生态功能区保护规划》，对经济圈内东昌湖（聊城）、丁东水库（德州）、大汶河源头（莱芜）、沂河源头（淄博沂源）和济南南部山区（济南）等水源涵养生态功能保护区，实行强制性保护，加快实施流域综合治理，加强河流源头和库区周边植被修复与保护，严禁发展有污染的产业，合理安排城镇建设，适度控制人口规模。

在鲁西北黄泛平原防风固沙生态保护区内扩大植树造林规模，以建立水土保持林和农田林网为主，结合经济林和林粮间作，推进农田林网化、沟渠林带化、道路林荫化、村庄园林化。实施沙荒地改造和中低产田改造，平沙丘、填低洼、建林场，开挖沟渠，修建泵站，翻淤压沙，利用生物和工程等措施治理和改造沙化土壤，合理利用水资源，控制风沙危害，建立水土保持预防监督体系和水土流失监测网络，提高防风固沙能力。大力发展生态林业，营造生态防护林、名优经济林和工业原料林，推进林业产业化发展。

维护泰山生物多样性保护生态功能保护区内的景观和自然环境，不得破坏或随意改变。在该保护区及其外围保护带内的各项建设要与景观相协调。把握开发力度，控制接待人数。开展“爱护遗产，人人有责”的宣传活动，增强公民爱护遗产环境友好意识，加强生态保护。

对马踏湖、白云湖和东平湖三大洪水调蓄生态功能保护区进行清淤疏浚，增加库容量，开展以水生经济作物和避洪农作物为主的种植业结构调整，在湖区周边地区推广生态农业、绿色农产品的开发；推动生态旅游业发展；采用人工湿地、植被过滤带、草地缓冲带、岸边缓冲区等措施，防治农业面源污染，减轻对水体的污染；加快污水处理、垃圾处理等污染治理设施建设，解决水污染和生活垃圾对湿地造成的破坏；启动马踏湖生态环境保护试点工作，综合提升小清河水系的生态、防洪功能。

在沂蒙山、泰山国家级水土流失重点治理区内，以水土保持综合治理为主，全面规划，建立水土流失综合防治体系，改善生态环境；推进农村剩余劳动力转移，适度控制区人口规模；调整农业结构，发展生态农业，重点搞好坡耕地综合治理和基本农田建设；同时，做好预防保护和监督管理工作。在黄泛平原风沙国家级水土流失重点预防区内，以保护现有植被和水土保持设施，防止乱砍滥伐为主，做好局部水土流失严重区的治理工作。

加强滨州贝壳堤岛与湿地系统国家自然保护区的生态环境建设与保护，全面提高自然保护区管护水平，充分发挥贝壳堤岛、湿地、珍稀鸟类、海洋生物保护的功能。

3.4 主要任务

3.4.1 优化区域发展格局

3.4.1.1 加强主体功能区环境管理

落实《山东省主体功能区规划》的主体功能区分区管理，实行省级主体功能区分类建设和保护，规范开发秩序，控制开发强度，形成人口、经济、资源环境相协调的空间开发格局。处于济淄省级优化开发区域的济南、淄博、泰安部分城区重点推进产业结构优化升级，提高生态空间的集约利用水平，实施更加严格的环境准入和污染物排放标准，实现更高要求的污染物减排目标，以环境优化促进经济增长，进一步增强可持续发展能力。处于经济圈省级重点开发区域的部分县市和重点发展乡镇应控制生态空间的开发强度，有效维护区域资源环境承载能力，加快产业布局的优化调整，集约利用能源资源，严格控制污染物排放总量。位于鲁北农产品主产区的济南、淄博、滨州、德州、聊城部分县市和位于鲁南农产品主产区的泰安市宁阳和东平县及莱城区方下镇、杨庄镇、牛泉镇、钢城区里辛镇、辛庄镇应加强环境准入管理，坚持保护优先、适度开发，合理选择发展方向，发展无污染的特色优势产业，确保生态空间不减少；提高环境监管和环境基础设施建设水平，防止开发过程中的环境污染和生态破坏。在禁止开发区域依据法律法规和规划实施强制性保护，严禁不符合主体功能定位的开发活动，控制人为因素对自然生态的干扰和破坏。

3.4.1.2 优化生态空间

（1）空间布局

按照“一个核心、两个圈层”展开城镇布局，加速城市产业聚集。做大做强省会城市，积极推进老城区改造，高标准建设东部新区、西部新区、滨河新区，把济南建设成新型的文明、舒适、便利、绿色、宜居的特大型城市。保护和发挥泉城特色，加快南部山区绿色发展。积极实施“北跨”战略，加快推进济莱协作区建设，拓展省会发展空间。围绕济莱同城建设和城市总规修编工作，将生态环境保护的理念和要求纳入城市总规，合理确定城市发展边界，优化空间格局。按照组团式思路培育卫星城，建设完善“两个圈层”。支持泰安建设富有历史文化魅力和现代风尚的国际旅游名城，支持德州、聊城建成统筹跨越和生态低碳发展高地，支持滨州建设高效生态经济示范区，支持淄博、莱芜等资源型城市和老工业基地转型发展。

（2）产业布局

统筹考虑区域环境承载能力、加快产业布局调整。加强区域规划环境影响评价，从严审批高耗水、高污染物排放、产生有毒有害污染物的建设项目，合理确定重点产业发展的布局、结构与规模。严格执行环境影响评价和“三同时”制度，严控重污染项目引进，将单位地区生产总值能耗、水耗标准及主要污染物排放强度作为项目审批、核准的强制性门槛，防止产业梯度转移带来的污染转移。建立产业转移环境监管机制，加强产业转入地在承接产业转移过程中的环境监管，防止落后产能及土小企业死灰复燃和异地转移。

严格产业环境准入，不再审批钢铁、水泥、电解铝、平板玻璃、炼焦、电石、铁合金等新增产能项目。济南、淄博 2 市市域范围内以及莱芜市城市建成区以外的市辖区范围内禁止新、改、扩建除“上大压小”和热电联产以外的燃煤电厂，莱芜市城市建成区及济南、淄博、莱芜之外的其他城市建成区、设区城市市辖区禁止新建除热电联产以外的燃煤电厂；济南、淄博、莱芜市域范围内及其他市城市建成区、设区城市市辖区严格控制钢铁、建材、焦化、有色、石化、化工等行业中的高污染项目；城市建成区、工业园区禁止新建 20 t/h 以下的燃煤、重油、渣油蒸汽锅炉及直接燃用生物质蒸汽锅炉，其他地区禁止新建 10 t/h 以下的燃煤、重油、渣油蒸汽锅炉及直接燃用生物质蒸汽锅炉。德州、聊城、滨州等市不再新建资源综合利用项目之外的水泥熟料生产线，济南、淄博和莱芜原则上不再新增水泥熟料生产线布点。

加强对重点区域规划环境影响评价的指导，大力推动辖区内城市发展规划和专项发展规划的环境影响评价工作。以济南市东部老工业区为重点，积极推进环境敏感地区及市区内已建重污染企业搬迁改造，明确重点污染企业搬迁改造时间表，加快城市建成区内石化、钢铁、火电、水泥、危险废物经营处置等企业搬迁。

（3）工业园区建设

推进生态工业园区建设，推动工业园区和工业集中区生态化改造。以园区产业定位及环保要求为基础，引导和推动工业项目向园区集中，提升现有各级各类工业园区的环境管理水平。清理整顿各级各类工业园区，严格限制化工园区的建设规模。大力开展工业园区环境整治，严格按照产业定位开发建设。对环境污染突出、环保基础设施建设严重滞后的园区（集中区）实施重点整改。注重区内企业的科学布局，合理设置环境安全防护距离，化工区边界与居住区之间设置不少于 500 m 的隔离带，隔离带内不得规划建设学校、医院、居民住宅等环境敏感目标，避免工业与生活用地混杂。

积极扶持新兴环保产业发展，对现有各类产业园区、重点企业进行循环化改造，提高资源产出率。以新泰经济开发区（泰安）、山东信发集团（聊城）2 个省级生态工业园区建设为参照，加快推进德州经济开发区、济南高新技术产业开发区、东平工业园区、淄博高新技术产业开发区、桓台经济开发区、淄川经济开发区等生态工业园区建设。到 2020 年，形成较为完善的循环经济运行机制和框架，建立循环经济政策法规、科技支撑、技术标准体系以及激励和约束机制，产业生态化水平显著提升，资源能源利用方式不断优化。

3.4.1.3 构建生态安全格局，严守生态红线

利用区域内山体植被、水系湖泊湿地、人工绿地等生态友好要素，结合生态功能分区和生态敏感区的识别，构建经济圈"三斑、八廊、多网"的生态安全格局。"三斑"为渤海湿地斑块、鲁中南山地丘陵斑块和东平湖斑块。"八廊"包括黄河、徒骇河、马颊河、小清河、大汶河五条主要河道两侧各形成 500～1 000 m 生态控制区，区内以水系保护、防洪管理、水土流失控制和防护林网建设为主；京杭大运河流经聊城段两侧形成生态廊道，该廊道是我国东部南北向的一条重要生态廊道和文化廊道，其保护措施包括生态价值的保护和历史文化价值的保护；在鲁中平原区济南主城与章丘之间、章丘与淄博之间形成生态廊道，作为城市密集带中的生态控制区，缓解城市环境污染；在黄河和鲁中南山地丘陵斑块之间形成南北向生态廊道，其作用是形成黄河生态廊道与鲁中南生态斑块之间的沟通廊道，改善生态保护效用。"多网"是指在高等级公路及水系两侧种植防护林，形成遍布全区的生态网络。防护林网的宽度根据道路的等级、交通流量和区位确定，一般为 20～100 m。

强化自然保护区、饮用水水源保护区、重要湖泊湿地等重要生态功能区空间管制，在卧虎山水库、雪野湖、东平湖、东昌湖等重要水生态功能区，济南南部山区、济西湿地、黄河沿线等重要生态功能区、生态脆弱区或敏感区，参照《国家生态保护红线—生态功能基线划定技术指南（试行）》，科学划定"生态红线"，完善生态红线管控制度，严守生态红线。

3.4.2 总量减排

3.4.2.1 突出结构减排

把握"调结构、控新增和减存量"减排思路，以总量减排为抓手，倒逼"转方式、调结构"，合理调整能源布局和供给结构，大力发展新能源和可再生能源，进一步降低煤炭在一次能源消费中的比例。严格控制煤炭新增量，新建涉煤项目实行煤炭等量替代。制订落后产能淘汰计划，强制淘汰重污染行业落后产能，逐步搬迁改造或"关、停、并、转"位于环境敏感区内的高风险企业。对紧密圈层实施热电综

合整治，鼓励“上大压小”、集中供热。提高资源节约水平，鼓励资源综合利用，逐步推行和实施单位增加值或单位产品污染物产生量评价制度，不断降低单位产品污染物产生强度，实现节能降耗和污染减排的协同控制。到 2015 年，经济圈万元 GDP 能耗在 2012 年基础上下降 20%。大力发展循环经济，用高新技术和先进适用技术改造提升传统产业，推进生态工业园区建设，推动工业园区和工业集中区生态化改造。推进绿色采购、绿色贸易，促进绿色消费，努力形成资源节约、环境友好的产业结构、生产方式和消费模式。

3.4.2.2 深化工程减排

以《山东省区域性大气污染物综合排放标准》和《山东省南水北调沿线水污染物综合排放标准》等四项标准修改单要求为抓手，重点抓好电力、钢铁、水泥、造纸、纺织印染、化工等重点行业污染减排工作，逐步削减主要污染物排放总量。进一步挖掘工程减排潜力，继续实施工业企业深度治理、城镇污水处理厂新（扩、改）建、再生水利用和人工湿地水质净化等水污染物减排工程。持续提升电力行业脱硫效率，加大建材、焦化、燃煤锅炉等非电行业脱硫工作力度。推进火电行业低氮燃烧改造、脱硝工程以及建材、工业锅炉等非电行业脱硝示范工程。

3.4.2.3 强化管理减排

全面推行清洁生产，不断加大清洁生产审核力度，积极鼓励、引导企业自愿开展清洁生产审核，强化重点行业强制性清洁生产审核及评估验收。到 2015 年，重点企业全部完成第一轮清洁生产审核及评估验收。按照国家统一安排部署，推行排污许可证制度。落实更加严格有效的污染物排放管控措施，探索建立主要污染物排放总量初始权有偿分配、排放权交易等制度，鼓励支持莱芜市率先试点，推进污染治理市场化运营。探索碳排放权配额有偿分配作为水泥、电力等行业竞争性配置确定项目业主的条件，研究把林业碳汇纳入碳排放权交易范畴。

3.4.3 大气污染防治

严格落实《山东省 2013—2020 年大气污染防治规划》和《山东省 2013—2020 年大气污染防治规划一期（2013—2015 年）行动计划》，扎实做好“调结构、促管理、搞绿化”三篇文章，着力构建全社会共同参与的大气污染防治大格局。确保 2015 年空气主要污染物年均浓度比 2010 年改善 20%以上，努力实现 2020 年环境空气质量比 2010 年改善 50%左右。

3.4.3.1 积极调整能源结构

（1）大力发展清洁能源，全面推进煤炭清洁利用

加强输配电网络建设，加快推进“外电入鲁”的各项工作，提高外来用电比例，形成以济南 1 000 kV 高压输变电工程为主要支撑、以 500 kV 双回路大环网为区域主

架网的配电网络。

严格落实《山东省“十二五”能源发展规划》，大力推广使用天然气，提高天然气供应保障能力。加快天然气接收系统建设，争取在济青输气管线二线工程上，济南、滨州、淄博三市各预留1～2座分输站，2～3个分输阀室。完善天然气管网体系建设，加大天然气利用力度，优先用于保障民生的居民用气和冬季供暖。鼓励燃煤设施实施煤改气，组织济南、淄博、泰安、德州等市制订燃煤锅炉煤改气方案，研究出台煤改气补贴或激励政策。实施煤炭总量控制，以确保到2015年年底实现煤炭消费总量“不增反降”的历史性转折。全面推进煤炭清洁利用。煤炭主要用于燃烧效率高且污染集中治理措施到位的燃煤电厂，鼓励工业窑炉和锅炉使用清洁能源。到2015年年底，没有配套高效脱硫、除尘设施的燃煤锅炉和工业窑炉，禁止燃用含硫量超过0.6%、灰分超过15%的煤炭。限制高硫分、高灰分煤炭的开采与使用，提高煤炭洗选比例，推进配煤中心建设，新建煤矿必须同步建设煤炭洗选设施。

（2）积极开展节能和资源循环利用

理顺有利于节能和工业、农业、城市废弃物循环利用的制度体系，围绕2017年单位工业增加值能耗比2012年降低20%左右的目标，分行业编制节能和循环利用指南。2014年完成区内钢铁、水泥、有色金属冶炼、化工、石化等重点行业能耗、物耗情况调查，并启动行业节能和循环利用指南编制。积极推进供热分户计量改革，落实供热计量收费。大力实施绿色建筑行动，推动绿色建筑规模化发展，严格执行建筑节能强制性设计标准，大力推进既有建筑节能改造和供热系统节能改造，扎实开展公共建筑节能监管体系建设。积极发展“热-电-冷”三联供，推广使用太阳能光热、光电建筑一体化、地源热泵等技术。积极发展绿色建材，扎实开展“禁实”“限粘”工作。

3.4.3.2 大力调整产业结构

（1）实施区域性大气污染物排放标准

实施《山东省区域性大气污染物综合排放标准》，以公众享受到最基本的大气环境质量为目标，利用8年时间，分4个阶段逐步加严，倒推污染物最高允许排放限值，最终取消高污染行业排放特权，实现排放标准与环境质量挂钩。尽快划定核心、重点和一般控制区，引导城市建成区内及主要人口密集区周边石化、钢铁、火电、水泥、危险废物经营等重污染企业搬迁。发挥标准引导和倒逼作用，引导企业主动调整原料结构和产品结构，淘汰落后生产工艺和装备。

（2）强力推进国家和省确定的各项产业结构调整措施

加快落实山东省钢铁产业结构调整和淘汰压缩落后产能的要求，对钢铁、电解铝、水泥、平板玻璃、焦炭等产能过剩“两高”行业，制定实施产能总量控制发展规划，新、改、扩建项目实行减量置换落后产能，遏制产能过剩行业无序扩张。2014

年年底完成钢铁、水泥、电解铝、平板玻璃、小火电等重点行业“十二五”落后产能淘汰任务。到 2015 年年底前，济南市和莱芜市分别淘汰炼钢产能 460 万 t 和 440 万 t，莱芜市淘汰炼铁产能 350 万 t。

加强“两高”行业整顿。对照逐步加严的标准，严厉整顿钢铁、电解铝、焦炭等重点行业，制订限期整改方案。严格按照国家产业政策要求淘汰落后产能，并实施关、停、并、转、迁。2014 年年底前率先完成济南、滨州、淄博、德州等小火电机组集中淘汰和“上大压小”工作。

（3）全面淘汰燃煤小锅炉

加快热力和燃气管网建设，通过集中供热和清洁能源替代，加快淘汰供暖和工业燃煤小锅炉。2015 年年底前，城市建成区、热力管网覆盖范围内，除保留必要的应急、调峰供热锅炉外，淘汰全部 10 t/h 及以下燃煤锅炉、茶浴炉。将工业企业纳入集中供热范围，2017 年年底前，现有各类工业园区与工业集中区应实施热电联产或集中供热改造，全面取消分散的自备燃煤锅炉；不在大型热源管网覆盖范围内的，每个工业园区原则上只保留 1 个燃煤热源；在供热供气管网覆盖不到的其他地区，改用型煤或洁净煤。

3.4.3.3 深化重点行业污染治理

（1）二氧化硫治理

加强火电、钢铁、化工、水泥等行业二氧化硫治理。钢铁行业烧结机和球团全面实施烧结机烟气脱硫，焦化行业炼焦炉荒煤气全部实行脱硫，硫化氢脱除效率达到 95%以上；石油炼制行业催化裂化装置配套建设催化剂再生烟气脱硫和高效除尘设施，硫黄回收率达到 99.8%以上；有色金属冶炼行业生产工艺设备更新改造，提高冶炼烟气中硫的回收利用率。加强大中型燃煤蒸汽锅炉烟气治理，规模在 20 t/h 及以上的全部实施脱硫，综合脱硫效率达到 70%以上。积极推进陶瓷、玻璃、砖瓦等建材行业二氧化硫控制。全面整顿企业自备燃煤电厂和中小型热电联产燃煤企业，到 2017 年年底，合计装机容量达到 30 万 kW 以上的，按等煤量原则，改建为高参数大容量燃煤机组；完成所有企业自备燃煤机组脱硫脱硝除尘改造，实现达标排放，否则，一律关停。

（2）氮氧化物污染控制

大力推进火电行业氮氧化物控制，加快燃煤机组低氮燃烧技术改造及炉外脱硝设施建设。现役单机 200 MW（不含）以下燃煤发电机组全部安装低氮燃烧器，脱硝效率达到 35%；现役单机 200 MW 及以上燃煤机组全部建设脱硝设施，脱硝效率达到 70%。建设 35 t/h 以上燃煤锅炉低氮燃烧示范工程和单台烧结面积 180 m^2 以上的烧结机、规模大于 2 000 t 熟料/d 水泥旋窑低氮燃烧示范工程。实施山东钢铁集团济南分公司单台面积 180 m^2 以上烧结机脱硝、山东黄台火力发电厂机组脱硝、济南市琦泉热电有限责任公司CFB锅炉（循环流化床锅炉）低氮燃烧示范工程。

（3）工业烟粉尘治理

燃煤机组必须配套高效除尘设施，烟尘排放质量浓度超过30 mg/m^3的火电厂，必须进行除尘设施改造；未采用静电除尘器的钢铁行业现役烧结（球团）设备全部改造为袋式或静电等高效除尘器；水泥窑及窑磨一体机除尘设施应全部改造为袋式、电袋复合等高效除尘器；水泥企业破碎机、磨机、包装机、烘干机、烘干磨、煤磨机、冷却机、水泥仓及其他通风设备需采用高效除尘器；20蒸吨以上的燃煤锅炉应安装静电除尘器或布袋除尘器，鼓励20蒸吨以下中小型燃煤工业锅炉使用低灰优质煤或清洁能源。

（4）挥发性有机物治理

开展挥发性有机物摸底调查，编制重点行业排放清单，建立挥发性有机物重点监管企业名录。在复合型大气污染严重的淄博、滨州等地区，开展大气环境挥发性有机物调查性监测。加强挥发性有机物面源污染控制，严格执行涂料、油墨、胶黏剂、建筑板材、家具、干洗等含有机溶剂产品的环境标志产品认证标准；强化挥发性有机物点源控制，石油化工、汽车涂装、塑料包装印刷、有机精细化工等行业产生的有毒有害气体，必须由密闭排气（通风）系统导入净化控制装置回收利用或处理达标后排放。

加油（气）站、储油（气）库和油（气）罐车应进行油气回收治理，控制油气挥发，济南、淄博在2013年年底前完成油气回收治理工作，其他5市在2014年年底前完成油气回收治理工作。新建加油站、储油库和油罐车必须同步配套建设油气回收设施。石化企业全面推行LDRA（泄漏检测与修复）技术，严格控制储存、运输环节的呼吸损耗，原料、中间产品、成品储存设施应全部采用高效密封的浮顶罐，或安装顶空联通置换油气回收装置，将原油加工损失率控制在6‰以内。

提升有机化工、医药化工、塑料制品企业装备水平。逐步开展排放有毒、恶臭等挥发性有机物的有机化工企业在线连续监测系统的建设，并与环境保护主管部门联网。加强表面涂装工艺挥发性有机物排放控制。积极推进汽车制造与维修、集装箱、电子产品、家用电器、家具制造、装备制造、电线电缆等行业表面涂装工艺挥发性有机物的污染控制。

（5）强化有毒有害气体治理

按照国家发布的有毒空气污染物优先控制名录，推进排放有毒废气企业的环境监管，开展重点地区铅、汞、镉、苯并[*a*]芘、二噁英等有毒空气污染物调查性监测。积极推进汞排放协同控制，在济南、淄博、莱芜等市实施有色金属行业烟气除汞技术示范工程，编制燃煤、有色金属、水泥、废物焚烧、钢铁、石油天然气工业等重点行业大气汞排放清单，研究制定控制对策。按照国家履约计划，加强消耗臭氧层物质（ODS）管理，完成含氢氯氟烃、医用气雾剂全氯氟烃、甲基溴等淘汰任务。

3.4.3.4 加强扬尘综合整治

严格落实《山东省扬尘污染防治管理办法》中各项有关扬尘污染控制的规定，加强对建筑、市政、拆迁、园林绿化等各类施工工地扬尘污染防治，各类施工工地全面实施扬尘污染防治分类挂牌管理，根据扬尘污染防治措施落实情况，分别给予授绿牌、挂黄牌和亮红牌，并进行动态化更新。以 7 市主城区为扬尘污染重点控制区，制定扬尘污染治理实施方案，力争到 2015 年年底，城市建成区降尘强度在 2010 年基础上下降 15%以上；2017 年年底前，降尘强度下降 30%以上。强化施工扬尘管理，加强城市规划区域和靠近村镇居民聚集区的扬尘管理。提高机械化清扫率，到 2015 年，济南、淄博 2 市城市建成区主要车行道机扫率达到 90%以上，其他城市建成区达到 70%以上。探索推行建筑扬尘、道路扬尘网格化、属地管理。强化煤堆、土堆、沙堆、料堆的监督管理，积极推进粉煤灰、炉渣、矿渣的综合利用，减少堆放量。禁止农作物秸秆、城市清扫废物、园林废物、建筑废弃物等的违规露天焚烧。建立秸秆高附加值综合利用示范工程，引导农民自觉摒弃秸秆焚烧行为。到 2015 年，秸秆综合利用率大于 85%。强化餐饮业油烟治理，城市市区餐饮业油烟净化装置配备率达到 100%，油烟排放满足《饮食业油烟排放标准》要求。加强对无油烟净化设施露天烧烤的环境监管。

3.4.3.5 加强机动车排气污染防治

以大中重型客货运输车辆为重点，淘汰高污染机动车。到 2015 年年底，淘汰黄标车、老旧车 34.55 万辆。以营运车辆和公务车辆为重点，实施黄标车限行，在全省 2013 年年底济南市主城区和全省高速公路禁行黄标车基础上，2014 年省道禁行黄标车，2015 年年底各市的主城区禁行黄标车。强力推进机动车燃油品质升级，加快车用燃油低硫化步伐。在 2013 年年底全面供应国Ⅳ车用汽油的基础上，2014 年年底前，全面供应国Ⅳ车用柴油，力争 2017 年年底前，全面供应国Ⅴ车用汽柴油。推进配套尿素加注站建设，2015 年年底前，全面建成尿素加注网络，确保柴油车 SCR 装置正常运转。严格实行机动车环保标志管理，到 2015 年年底，汽车环保标志发放率达到 85%以上。大力推进城市公交车、出租车、客运车、运输车（含低速车）集中治理和更新淘汰，杜绝车辆“冒黑烟”现象。鼓励有条件地区提前实施下一阶段机动车排放标准。加快完成非道路移动源排放调查，建立大气污染控制管理台账。加快滨州“绿色港口”建设，加快港口内拖车、装卸设备等“油改气”或“油改电”进程。

3.4.3.6 加强绿色生态屏障建设

在工业企业和工业园区周边、城市不同功能区之间，科学规划和大力建设绿色生态屏障，其中，新建项目与敏感区之间必须建设足够宽度的乔木生态隔离带。实施城市绿荫行动，加强绿荫广场、小区、停车场、林荫路建设，最大程度地增绿扩绿；加快城市旧城区、旧住宅区、城乡接合部等重点部位游园和绿地设施建设，完善绿地功能。在城市园林绿化过程中多种乔木，努力提高绿化、园林和景观建设的生态功能。到2015年年底，设区城市建成区绿化覆盖率达到42%。实施村镇绿化示范工程，以街道绿化、庭院美化、环村林带建设为重点，充分利用闲置宅基地、沟湾渠、废弃地等空闲土地，开展围村林、公共绿地建设，改善农村生态环境和人居环境。

3.4.4 水环境污染防治

完善“治、用、保”流域治污体系，全面改善水环境质量，实现区内省控重点河流全部消除劣V类，主要河流水质达到功能区要求，确保饮用水安全。

3.4.4.1 饮用水水源地保护

严格执行《水污染防治法》和《饮用水水源保护区污染防治管理规定》，落实饮用水水源地保护措施，实施一级保护区封闭管理，清理保护区内与水资源保护无关的生产经营活动，清理或拆除保护区内违法建设项目，逐步搬迁保护区内村落。加强水源保护区外汇水区有毒有害物质的管控，严格管理与控制第一类污染物的产生和排放。

加强水质监测，市级环境监测部门应具备饮用水水源地全分析（地表水109项、地下水39项）监测能力，县级环境监测部门根据辖区饮用水水源地监测需求分别具备地表水61项、地下水23项监测能力，对城镇集中式饮用水水源地每年进行一次水质全分析监测。到2015年，城镇集中式饮用水水源地水质达标率不低于90%。逐步推进地下水污染防治。开展地下水污染状况普查，在地下水污染问题突出的工业危险废物堆存、垃圾填埋、矿山开采、石油化工生产等地区，筛选典型污染场地，开展地下水污染修复试点。

3.4.4.2 强化流域污染治理

（1）深化工业污染治理

按照《山东省南水北调沿线水污染物综合排放标准》等四项标准修改单要求，以造纸、纺织印染、化工、制革、农副产品加工、食品加工和饮料制造等行业为重点，开展新一轮限期治理工作。淘汰或关停“十五小”“新五小”等土小企业。积极推进各市（县、区）化工园区的设立、规划和建设。各市（县、区）建成区、经济开发区、工业园区和经济强镇集中式污水处理设施必须与区域废水排放量相当。加快先进成熟技术的推广应用，以造纸、化工、印染、食品等重点排污行业为重点，推广制浆无元素氯漂白、酒精糟液废水全糟处理、酯化废水乙醛回收再利用技术、氮肥生产污水零排放等清洁生产技术。制定高耗水行业用水和废水排放限额标准，建立新建项目工业污染物新增量的限值审批制度，扩、改建项目的污染物增量在原有项目中消化。

（2）城市生活污水污染治理

结合城市建设和发展规划，合理布局，实施雨污分流工程，根据实际需要逐步新建或扩建各市（县、区）集中式污水处理及其配套设施，流域内所有新（扩、改）建的城镇污水处理厂全部执行一级排放标准。抓好城镇污水处理厂升级改造、管网铺设、污泥处理设施建设。努力提高管网覆盖范围和污水集中处理能力，到 2015 年，新（扩）建城镇污水处理厂 38 座，新增处理能力 110 万 t/d 以上；改造升级污水处理厂 5 座，改造处理能力 17 万 t/d 以上，配套污水管网建设 4 800 km 以上；城市污水处理厂运转负荷率平均达到 80%以上，城市和县城污水集中处理率达到 90%。

3.4.4.3 构建再生水循环利用体系

（1）大力推进再生水截蓄能力建设

利用流域内季节性河道、蓄滞洪区和闲置洼地，因地制宜的建设各类不同规模的调蓄水库和截蓄导用工程，拦蓄汛期河水和辖区内再生水，解决周边工业用水和农业灌溉用水需求，最大限度地实现辖区内再生水资源的充分循环。

（2）积极推进再生水回用工程建设

提高工业企业再生水循环利用水平，减少工业新鲜水取水量，大力提高城市污水再生利用能力，加快城市污水处理厂中水回用工程建设，到 2015 年，新（扩）建一批城市污水处理厂再生水回用工程，新增规模 100 万 t/d 以上，城市回用水利用率达到 15%以上。加大电力、化工、造纸、冶金、纺织等用水行业节水技术改造力度，推广先进节水工艺和设备，实行行业用水定额管理。以泰安为试点开展区域再生水循环利用试点。

3.4.4.4 强化流域生态保护

加大退耕还湿、退渔还湖力度，建设人工湿地水质净化工程，全面推进环湖沿河沿海大生态带建设。在小清河、柴汶河、马颊河、淄河、孝妇河、大汶河等河流，以及东平湖、马踏湖、白云湖等主要湖泊的汇水河流入湖口，因地制宜地建设人工湿地水质净化工程，进一步截留和降解入河污染物质。

采取生态补水、生物水质净化、生态自然修复等措施，保护现有湖泊湿地，防止湿地因人为活动影响而进一步退化。强化湿地公园、保护区管护能力，建设检查站、界碑界牌等管护设施。重要水体防洪大堤以内全面开展生态修复，构建沿河环湖生态屏障。重点支持济西湿地修复与水质净化工程和白云湖、马踏湖人工湿地水质净化工程的建设。

3.4.5 土壤污染防治

3.4.5.1 严格控制新增土壤污染

严格环境准入，在重点规划环评和排放重金属、有机污染物的工矿企业项目环评文件中强化土壤环境影响评价内容。以新增工业用地为重点，建立土壤环境强制调查评估与备案制度。规范污水、垃圾、危险废物处置，防止造成土壤二次污染。加强农业面源污染防治，禁止生产、销售、使用重金属等有毒有害物质超标的肥料，严格限制高毒、高残留农药施用，大力推广标准地膜和可降解地膜，加快建立废旧农膜回收利用体系，鼓励畜禽粪便、农作物秸秆等废弃物的综合利用。

3.4.5.2 建立并实行严格的土壤环境保护制度

深化土壤污染状况调查成果，在土壤环境质量评估和污染源排查的基础上，划分土壤环境质量等级，建立相关数据库。将耕地和集中式饮用水水源地周边土壤作为优先保护区域，禁止在优先保护区域内新建排放重金属、持久性和挥发性有机污染物的项目，从严控制在优先保护区域周边新建可能影响土壤环境质量的项目。对严重影响优先保护区域土壤环境质量的工矿企业，要予以限期治理，未达到治理要求的由县级以上人民政府依法责令停业或关闭，并对其造成的土壤污染进行治理。

3.4.5.3 强化被污染土壤的环境风险控制

在土壤污染调查的基础上，优化土壤环境监测点位，建立土壤污染监测体系。加强城市和工矿企业场地污染环境监管，开展企业搬迁遗留场地和城市改造场地污染评估，禁止未经评估和无害化治理的污染场地进行土地流转和二次开发。

经有关部门评估认定对人体健康有严重影响的污染地块，县级以上人民政府要采取措施防止污染扩散，治理达标前不得转为城乡住宅、公共设施用地和农用地。对已被污染的耕地实施分类管理，采取农艺调控、种植业结构调整、土壤污染治理与修复等措施，确保耕地安全利用。污染严重且难以修复的，地方人民政府应依法将其划定为农产品禁止生产区域。建立被污染地块档案，被污染地块变更用途时，相关责任人应按照有关规定开展土壤环境调查、环境风险评估，并对土壤环境进行治理修复。

3.4.5.4 提升土壤环境监管能力

加强土壤环境监管队伍与执法能力建设，县级以上环保部门应具备开展土壤环境质量常规监测的能力，农业部门应具备农产品产地土壤环境安全监管能力。加强各级土壤环境保护监管人员的培训，初步建立土壤环境监管体系。建立土壤环境质量定期监测和信息发布制度，在重金属污染重点防控区、有色金属再生利用企业聚集区、重点废弃物焚烧企业和垃圾、危废填埋设施周边，设立长期监测点位。强化农产品产地土壤污染监控，设置耕地和集中式饮用水水源地土壤环境质量监测省控点位。建成省、市、县三级土壤环境质量定期监测制度，制定土壤环境污染事件应急预案，健全土壤环境应急能力和预警体系。

3.4.5.5 开展土壤污染治理与修复示范

以大中城市周边、重污染工矿企业、集中污染治理设施周边、重金属污染防治重点区域、集中式饮用水水源地周边、废弃物堆存场地等区域被污染耕地和被污染地块为重点，按照“风险可接受、技术可操作、经济可承受”的原则，实施土壤污染治理与修复试点示范项目，探索适合本地的土壤污染治理与修复技术。在污灌历史较长或工矿企业周边重金属污染较重的场地和耕地开展土壤重金属污染修复示范工程，力争到 2015 年建成 2～3 个土壤修复示范工程，率先完成济南裕兴化工厂铬渣污染场地修复工程。

3.4.6 固废污染防治

完善法律法规和经济政策，以危险废物为重点，规范固体废物管理，运用市场机制，大力推进固体废物综合利用的专业化和市场化。

3.4.6.1 一般工业固体废物污染防治

强化工业固体废物综合利用和处置技术开发，拓宽综合利用产品市场，提高工业固体废物综合利用水平。推进冶炼废渣、粉煤灰、炉渣、煤矸石等工业固体废物综合利用，重点推进济钢集团有限公司、莱钢集团有限公司、山东黄台火力发电厂等企业固体废物的综合利用。在黑色金属冶炼及压延加工业、煤炭开采和洗选业、有色金属矿采选业等重点行业实施清洁生产审核，对“双超”“双有”和未完成节能任务的企业依法实施强制性清洁生产审核。实施赤泥、白泥、电石渣、脱硫石膏、城市生活污水处理厂污泥、电镀污泥等特殊固废处置的试点工程。继续推进限制进口类可用作原料的进口废物的圈区管理，加大预防和打击废物非法进口的力度。

3.4.6.2 危险废物污染防治

全面落实危险废物申报登记、产生台账、转移联单、经营许可、行政代处置、事故应急响应等制度。到 2015 年，完成《危险废物申报登记制度》《经营许可证管理制度》和《危险废物转移联单管理制度》等有关规章和制度的修改和完善工作。健全危险废物按级监管的机制，把产生危险废物 10 t/a 以上的企业纳入省级监控范围，把产生危险废物 100 t/a 以上、涉重金属、涉剧毒企业纳入省级重点监控名单；把产生危险废物 1 t/a 以上的企业纳入市级监控范围，把产生危险废物 10 t/a 以上、涉重金属、涉剧毒企业纳入市级重点监控名单；市（县、区）环保局要把辖区内所有产废企业纳入监控范围，定期进行现场检查。建立固体废物（危险废物）收集、运输、贮存、利用、处置全过程的网络信息化管理系统。

坚决取缔污染严重的废弃铅酸电池非法利用设施，进一步规范实验室危险废物等非工业源危险废物管理。以危险废物处置等行业为重点，全面加强二噁英污染防治。推进铬渣等历史堆存和遗留危险废物安全处置，确保新增铬渣无害化处置。完成邹平省级危险废物处置中心建设，加快经济圈各市医疗废物集中处置设施技术改造和升级。在 7 个设区城市各建设 1 处危险废物收集转运站，建成危险废物收集贮运网络体系。

3.4.6.3 医疗废物污染防治

加强对医疗废物产生单位的监管，扩大医疗废物收集范围，强化医疗废物转移运输监控，保证运输安全。加强对医疗废物集中处置单位的监管，确保处置设施正常运转。制定应急处置预案，提高突发疫情医疗废物应急处置能力，加快各市医疗废物集中处置设施技术改造与升级。

3.4.6.4 生活垃圾污染防治

实行城市垃圾分类回收，配套建设垃圾中转站，推进各市（县、区）生活垃圾无害化处理处置设施的建设进度。加快城镇垃圾处理场建设，在实现一县一场的前提下，到 2015 年城市生活垃圾无害化处理率达到 95%以上。对垃圾处理场周边废气、地下水和土壤进行定期监测。加强垃圾处理场的二次污染防治，完善渗滤液和填埋气体收集处理设施。建立餐厨废弃物产出量等信息资料库，制定资源化利用和无害化处理推进方案，实现对餐厨废弃物的全过程监督管理。到 2015 年年底前，所有设区市全部建成餐厨废弃物处理工程，实现城市餐厨垃圾的集中收集、无害化处理和资源化利用。

3.4.6.5 废弃电器电子产品等固体废物的污染防治

认真贯彻国务院《废弃电器电子产品回收处理管理条例》，组织开展废弃电器电子产品产生、回收、拆解处理等基本情况调查。淘汰落后的拆解处理设施和产能。新建规模化废旧电器电子产品回收处置项目。加强废旧塑料和废旧轮胎回收利用监管，鼓励发展技术先进、规模化的废旧塑料再生利用和废旧轮胎资源化项目。

3.4.7 声和辐射环境污染防治

3.4.7.1 声环境污染防治

（1）区域环境噪声污染防治

严禁在文化娱乐场所使用高声喇叭。对扰民噪声源和厂界噪声不达标的工业噪声源进行限期治理。严格建筑施工噪声管理和夜间施工审批，严防中高考期间施工噪声污染，推广使用低噪声的施工机械，对固定的噪声设备采取隔声措施。

（2）道路交通噪声污染防治

推广采用低噪声路面，改善路面结构，在城市主干道、高架路、市内铁路两侧环境敏感路段建设隔声屏障。在农村公路路面基层施工中，大力推广使用路面冷再生技术，降低环境污染，提高经济效益。严格落实禁鸣措施，在环境敏感区域设置禁鸣标志，扩大禁鸣范围，加大执法力度，科学制定大型货车行驶路段和时间。优化交通噪声监测布点，设置噪声监测实时显示屏。

3.4.7.2 辐射环境污染防治

落实《山东省辐射污染防治条例》，重点防控放射性污染和电磁辐射污染。完成电磁环境污染源申报登记，建设辐射环境本底及污染源信息与环境管理信息系统。切实加强辐射环境监管监测能力建设，市级环境监测机构达到环发〔2007〕82 号标准化建设要求。完善核与辐射事故预警体系，提高对突发辐射事件的应急响应和处置能力。加强辐射安全许可证的审批颁发，推进重点放射源在线监控，完善放射性废物、废源安全处置运行管理机制。优化电磁辐射环境布局。以无线电通信、电力、广播电视等行业为重点，加强电磁辐射监管。将电视发射塔、广播台（站）等大型电磁辐射设施建设纳入当地城市建设发展规划，合理安排功能区和建设布局。建立发展改革、环保、广电、通信等部门联动机制，改造和搬迁主城区影响周围居民和环境安全的大型电磁辐射设施。

扩大辐射环境质量监测范围，优化监测点位和监测项目，重点加强对大型电磁辐射设施周围环境的监督性监测。到 2015 年，辐射环境质量监测点覆盖到设区市，实现辐射环境质量监测的全覆盖。保持市内辐射环境监测点辐射水平处于天然本底涨落范围内，环境电磁辐射水平不高于国家标准规定的公众照射导出限值，辐射环境质量状况良好。

3.4.8 农村环境保护

3.4.8.1 积极推动农村环境综合整治工作

积极推动经济圈内章丘市、沂源县、泰山区、莱城区、德城区、临清市、博兴县、高青县、宁阳县 9 县（市、区）完成农村环境连片整治示范区建设，鼓励有条件的地区继续开展农村环境综合整治。农村环境连片整治示范工作完成后，提炼推广示范工作中的实用技术和运行管理模式。持续开展农村饮用水水源地保护、农村生活污染治理、畜禽养殖污染治理和历史遗留的工矿污染治理为主要内容的农村环境连片整治。

开展农村饮用水水源水质状况调查、监测和评估，对农村集中式饮用水水源科学划定保护区，落实饮用水水源保护区排污口拆除、截污及隔离设施建设、标志设置等措施；对农村分散式饮用水水源地，实施截污及隔离设施建设、标志设置等保护措施；定期对农村饮用水水源地进行监测，排查影响饮用水水源地安全的各类隐患，切实保障农村饮用水水源安全。

加快农村环境基础设施建设，提高农村污水和垃圾处理水平。引导城镇周边村庄纳入城镇污水管网统一处理，鼓励集中连片的村庄建设集中污水处理设施，居住分散的村庄建设小型人工湿地、氧化塘等，力争2015年完成济南历城区遥墙街道、淄博淄川区双杨镇、滨州邹平县好生镇、聊城茌平县博平镇等重点乡镇驻地建设污水处理厂（站）和配套收集管网建设。以“村收集、镇运输、县（市）处理”模式为主，建设一批符合农村实际的垃圾收集处置设施，并建立长效运营管理机制。完成经济圈内涉及滨州惠民、德州宁津、济南平阴等25个县（市、区）的72个乡镇1 163个贫困村庄的垃圾一体化收集处理体系建设。力争实现重点乡镇全部建立垃圾收集、转运和处置体系，全部实现生活污水妥善处理。加大农村工业污染治理力度，对历史遗留、无责任主体的农村工矿污染进行治理，主要污染物实现达标排放。

3.4.8.2　加大农村面源污染防治，发展生态农业

编制农业化肥与农药污染防治工作方案，通过建设无公害农产品和绿色食品基地，控制化肥与农药的使用，减少碳铵、氮、磷等单质肥料，推广复合肥等新型高效肥料品种；建立精确施肥示范基地，实现精量高效科学施肥；结合绿色食品、有机食品认证工作，推广有机肥料。使用生物农药或高效、低毒、低残留农药，大力推广测土配方施肥，到2015年，南水北调东线沿线地区，农田测土平衡施肥覆盖面积达到100%。鼓励生态农业建设示范区的建设以及无公害农产品、绿色食品和有机食品的认证工作，使农业生态环境得到全面改善。

在饮用水水源一级保护区、南水北调输水干线核心保护区和超标严重的水体周边等敏感区域内禁止新建规模化畜禽养殖项目。优化调整畜禽养殖区域布局，在小清河干流沿岸以及重要水库和水源地上游区域，严格控制畜禽养殖规模，合理划定养殖区域。结合沼气池和污水处理设施建设做好畜牧养殖场的禽畜粪便和污水等的综合利用和治理，鼓励利用粪便生产有机肥料。

引导农民科学使用农膜，推广一膜两用、适时揭膜和机械拾膜技术。加快建立废旧农膜回收利用体系，扶持废旧农膜回收加工企业，在乡镇建立废旧农膜回收站（点）。强化农林生态网络建设，区内农田或耕地与河道毗邻地带建立生态隔离带，减少水土流失，降低面源污染。

3.4.9　区域生态建设

3.4.9.1　推进资源开发的生态环境保护

按照功能分区，统筹土地资源的开发与保护，推动土地集约化利用、规模化经营。合理确定新增建设用地规模、结构和时序，提高单位土地投资强度和产出效益。按照森林覆盖率和城市建成区绿化率指标合理确定林业用地规模和城市建设生态格局。在生态环境保护的前提下，有序推进基本农田整理、中低产田改造、盐碱涝洼地综合治理，加快高标准农田建设，提高农用地综合效益。引导农民集中居住，推

进城乡适度合并，鼓励农民往县城镇搬迁，推动新型城镇化建设，提高农村建设用地利用效率。依法管理矿产资源，严格开发资格认证和许可管理，严禁滥采，杜绝矿产资源流失和生态破坏。

通过构建节水型社会，逐步实现以用水总量控制和定额管理为核心，构建水量与水质相统一的最严格水资源管理体系、与水资源承载能力相适应的经济结构、与水资源优化配置相协调的节水工程技术体系，鼓励再生水、中水回用。将生态用水列入用水指标，根据需要，采取调水等方式，实施对河流、湿地进行生态补水。如实施引水保泉工程，在济南玉符河下游玉清湖水库沉沙池建设橡胶坝，存蓄玉符河区间来水、腊山分洪与卧虎山水库的洪水，涵养地下水源；在孝妇河、淄河、张僧河等上游新建补源水库，汛末引水调蓄，非汛期下泄，以维持河道生态流量。

3.4.9.2 构筑绿色生态屏障

以“三斑、八廊、多网”的生态安全格局为基本框架，突出抓好沿海、沿湖、沿河生态防护林建设，进一步提升公路、铁路、航道两侧绿化品质。以增加森林资源总量和提高森林质量与效益为主攻方向，加强沿海耐盐碱树种优选培育，加快实施丘陵岗地、荒山、滩涂植被恢复工程，努力减少水土流失。到2015年林木绿化率提高到27%。

按照国家《城市园林绿化评价标准》，在城市绿化总量保持平稳增长的基础上，进一步完善城市绿地布局的均衡性，提升园林绿化品质，提高城市绿地系统综合效益。结合农村环境综合整治，加强村庄绿化建设。因地制宜，把村旁、宅旁、路旁、水旁作为绿化重点，形成点线面相结合的村庄绿化格局。大力推广应用乡土树种、珍贵树种造林，鼓励农户选择多品种、不同季相的林果花卉、经济林木，大力开展庭院绿化，发展庭院经济。

加快滨州沿海防护林体系建设，完善基干林带，实施泥质海岸防护林封育试点，构筑近海生态防护屏障。

3.4.9.3 强化生态修复和治理

借鉴南四湖治污经验，以济南、滨州、淄博等市为重点，构建比较完善的“治、用、保”流域治污体系，努力把小清河流域建设成让江河湖泊休养生息示范区和省会城市群经济圈新的经济增长带。积极恢复马踏湖、白云湖等湖泊生态，恢复孝妇河、猪龙河、乌河等入湖河流的历史走向，发挥湖泊原有生态功能。以马踏湖为试点，组织开展湖泊生态安全调查与评估，按照“一湖一策”的思路，提出湖泊修复策略，制订退化湖泊生态修复方案，在总结试点经验的基础上，面向全区推广。支持济南建设国家级水生态文明城市，加强雪野湖、卧虎山水库等重要水功能区的保护。

新建莲花山、淄博三叶虫化石、新泰羊流镇科马提岩、马踏湖、四宝山、莱芜圣井三叶虫化石等自然保护区；支持柳埠、东平湖、大寨山等自然保护区升级为省级自然保护区，支持泰山、鲁山两个省级自然保护区升级为国家自然保护区。加强贝壳堤岛、海岸带生态系统、海洋自然保护区建设，建设盐碱类退化湿地、典型海岸带生态系统修复示范工程。规范矿山开采、旅游开发等建设活动，严厉查处开山采石行为，坚决拆迁破坏蚕食山体的违法违章建设，实施济南南部山区、淄博市淄川和博山等地破损山体的治理工程，减少水土流失。加大水土保持监督管理力度，依法防治因生产建设活动造成的水土流失，继续开展以小流域和小区域为单元的水土流失综合治理，积极推进沂蒙山、泰山国家级水土流失重点治理区、黄泛平原风沙国家级水土流失重点预防区的治理与监督监查，加快实施处于沂蒙山、泰山国家级水土流失重点治理区的各有关县（市、区）的清洁小流域治理项目和区内大中型引黄口设置沉沙池的灌区风沙治理项目。实施鲁西北平原防风固沙生态功能保护区等重点区域造林工程，以黄河故道区为中心实施沙化（荒漠化）土地治理工程，在德州铁营大洼、丁庄洼、金家洼、滕庄洼等低洼地实施盐碱地治理绿化工程。

3.4.9.4 深化良好的生态创建

推动商河县、淄博市张店区、沂源县、泰安市泰山区等 11 个县（市、区）开展省级生态市（县、区）建设，以经济圈 313 个国家级、省级生态乡镇和 131 个国家级、省级生态村为基础，继续开展国家级、省级生态乡镇和生态村建设。力争到 2017 年济南市建成国家生态市，力争到 2020 年淄博市基本达到生态市建设标准。开展绿色学校、绿色家庭、绿色企业、绿色社区等创建活动。以城市社区为基本创建单元，开展绿色社区创建活动，改善社区人居环境。

3.4.10 区域环境同治

3.4.10.1 建立协同联动的环境监管体系，搭建一体化平台

优化升级经济圈区域大气和水质自动监控网络，将其全部纳入区域监控网；完善跨行政区河流交接断面水质监测站建设，加强对跨界水环境的实时监控。以莱芜市大气网格化监测试点工作为基础，探索建立环境监测网格化管理体系。

配强配精省环境监测中心，全面推进经济圈二级、三级环境监测站标准化达标建设，在有条件的镇设立环境监测分站，构建经济圈一体化环境监测网络。建立健全环境监测质量管理制度，加强环境监测全程质量控制，统一环境监测技术体系，强化区域环境监测数据与评价结果的可比性，完善区域环境质量评价体系。继续推进和完善重点污染源监测监控系统，建立经济圈污染源动态管理信息系统，推进经济圈环境管理系统、环境监测系统、环境污染预警和应急系统、环境地理信息系统建设。逐步建立完善的经济圈重点污染源信息、水环境信息、重大项目环评信息的披露机制，搭建经济圈环境信息统一对外发布的网络平台。

统一区域环保执法尺度，建立统一的环保行政案件办理制度，规范环境执法程序、执法文书。定期组织区内各市开展环境监察专项稽查交叉抽查工作。充分发挥本规划专责工作组、联席会议制度、区域行业组织、民间组织等协调机构的作用，建立完善区域环境合作机制、区域协调机制、信息共享机制。统一规划、统一管理、统一标准、统一监测、统一评估，实现经济圈环境信息互通共享、防治重点协同一致、治理行动同步推进、技术措施吻合匹配、实施效应最大最优，探索具有经济圈特色的区域环境保护新道路。构建安监与公安、环保、水利、交通、林业、海洋与渔业等部门环境安全应急联动机制。

3.4.10.2 建立齐防共治的跨界水体污染综合防治体系

强化跨界河流断面水质目标管理和考核，综合运用行政、经济、法律等多种手段，逐步建立健全信息通报、环境准入、结构调整、企业监管、截流治污、河道整治、生态修复等一体化的跨界河流污染综合防治体系。跨界河流相邻地区加强河流水质、项目审批、规划实施等方面的信息通报，联合制定并实施严格的产业准入和结构调整政策。

3.4.10.3 建立联防联控的大气复合污染综合防治体系

突出大气联防联控，以济南市及周边 70 km 为半径，开展济南紧密圈层大气污染扩散模拟并编制《省会城市群经济圈紧密圈层大气污染防治实施计划（2014—2017年）》。研究建立重点工业企业和工业园区大气环境和特征污染物自动监控、预警、应急网络，建立实行与城市大气环境质量监控、预警、应急系统联动的机制。完善重污染天气预警预报和应急的体制机制，提高预警预报的准确度，建立更准确的应急企业污染源清单。建立促进秸秆综合利用和秸秆禁烧联动监管机制。制定推进秸秆资源利用的经济技术政策和价格补贴体系。

3.4.10.4 建立同保共育的生态体系，构筑区域生态安全格局

从经济圈区域自然环境和经济发展整体布局出发，优先保护“生态高地”，统筹规划区域绿地和区域“绿道”，实施生态同保共育，合力构筑整体联结的生态安全体系，维护区域生态安全。在与公众健康密切相关的大气环境、水环境和城镇集中式饮用水水源保护区，与维持全省生态系统安全密切相关的自然保护区和重点生态功能保护区，与南水北调调水安全保障密切相关的南水北调沿线核心和重点保护区等领域开展生态补偿试点。在试点的基础上，逐步将生态补偿范围扩展到区域内所有生态红线区域，全面实施生态补偿政策。

3.4.10.5 探索建立先行先试的环境政策法规体系

构建以常见鱼类生存、蓝天白云天数、大气能见度等易于被公众所了解，能反映水、大气等环境质量的描述性指标体系。开展调研，深入了解当前排污许可证发放及管理情况，探索建立重点污染源排污许可证制度。开展排污权交易调研，确定

全省排污权有偿使用和交易试点的政策技术框架，以莱芜、济南为试点城市逐步开展排污权有偿使用和交易，形成较为规范的排污权交易机制。认真贯彻国家脱硫加价政策，加强脱硫设施运行和电价管理，推动出台脱硝电价政策。完善扬尘污染排放的科学监控系统，制定出台城市施工工地扬尘收费政策，推动建筑扬尘和道路扬尘网格化、属地管理试点。结合重点行业 VOCs 排放标准制定情况，研究重点行业 VOCs 收费标准和收费办法。适时提高二氧化硫、化学需氧量等排污收费标准。

探索建立跨界断面水质管理的补偿与赔偿政策，合理调整污水处理收费标准，研究建立污泥处置价格机制。结合我省和经济圈实际，将总氮、总磷指标纳入城镇污水处理厂（超标排放的）排污费征收范畴，明确收费标准和收费办法。

探索建立农村环境保护的长效机制。全面推行城镇生活垃圾处理收费制度和危险废物处置收费制度。制定出台环境损害评估机制和收费办法，开展环境损害案例评估工作。推行建立绿色保险制度，用市场机制分担污染赔偿责任，建立企业污染土壤档案及污染责任终身追究办法。

3.5 重点项目及资金来源

3.5.1 重点工程项目

近期规划项目涉及十大重点领域、八个大类、1 557 个重点项目。

表 3-6 经济圈近期规划重点工程项目统计情况　　单位：个

项目类别		济南	淄博	泰安	莱芜	德州	聊城	滨州	小计
大气污染防治	二氧化硫治理项目	21	37	8	1	11	9	8	95
	氮氧化物治理项目	14	30	10	4	8	37	14	117
	工业除尘项目	20	66	17	8	17	23	8	159
	VOCs 和异味治理项目	6	46	1	7	9	3	5	77
	淘汰落后产能项目	13	11	2	3	43	4	6	82
	油气回收项目	1	1	1	1	1	1	1	7
	扬尘综合整治项目	1	1	1	1	1	1	1	7
	黄标车及老旧车淘汰	1	1	1	1	1	1	1	7
	小计	77	193	41	26	91	79	44	551
水污染防治	工业水污染防治项目	41	92	25	3	47	59	72	339
	城镇污水处理工程	32	14	19	4	39	28	31	167
	人工湿地净化工程建设	6	19	9	4	10	15	9	72
	饮用水水源地污染防治	—	—	2	—	—	—	—	2
	小计	79	139	74	15	135	130	143	715

项目类别		济南	淄博	泰安	莱芜	德州	聊城	滨州	小计
土壤污染防治		1	—	—	—	—	—	—	1
固体废物污染防治		7	5	5	4	4	6	6	37
农村环境保护	农村环境连片整治项目	1	2	2	1	1	1	1	9
生态建设	造林绿化	—	—	—	—	—	—	—	33 万 hm^2
	湿地保护区与公园	—	—	—	—	—	—	—	88
	水系水土保持	—	—	—	—	—	—	—	145
环保能力建设	区域空气质量网络建设	1	1	—	—	1	—	1	4
	企业污染排放能力建设	—	1	1	—	1	—	1	4
	机动车排污监控建设	—	—	1	1	—	—	—	2
	小计	1	2	2	1	2	0	2	10
合计		166	341	124	47	233	216	196	1 557

3.5.1.1 总量减排项目

总量减排项目分别在水环境污染防治和大气污染防治项目中落实。

3.5.1.2 大气污染防治项目

主要包括淘汰落后产能、工业废气及异味污染治理、扬尘污染控制、机动车尾气污染控制等类别，共 551 个项目，其中济南 77 个、淄博 193 个、泰安 41 个、莱芜 26 个、德州 91 个、聊城 79 个、滨州 44 个，油气回收打捆项目、扬尘综合整治打捆项目和黄标车及老旧车淘汰打捆项目每市各 1 个。

3.5.1.3 水环境污染防治项目

主要包括工业污水治理和再生水循环利用、城镇环境基础设施建设、人工湿地水质净化工程等类别，共 715 个项目，其中济南 79 个、淄博 139 个、泰安 74 个、莱芜 15 个、德州 135 个、聊城 130 个、滨州 143 个。

3.5.1.4 土壤污染防治项目

率先完成济南裕兴化工有限责任公司搬迁后土壤修复工程。

3.5.1.5 固体废物污染防治项目

主要包括危废处置工程、固体废物综合利用等类别，共 37 个项目，其中，济南 7 个、淄博 5 个、泰安 5 个、莱芜 4 个、德州 4 个、聊城 6 个、滨州 6 个。

3.5.1.6 农村环境保护项目

重点是农村环境连片整治项目，共 9 个，其中，淄博、泰安每市 2 个、其他 5 市每市 1 个。

3.5.1.7 生态建设项目

除人工湿地水质净化工程外，还包括林业建设、湿地建设与保护、水系水土保持等，其中，近期新增造林面积 12 万 hm^2 左右，完善农田林网 5 万 hm^2 左右、新建林网化面积 16 万 hm^2 左右；新建湿地自然保护区 11 处、湿地公园 77 处；水系水土保持工程 145 项。

3.5.1.8 环境保护能力建设项目

包括环境监测能力建设、环境监察执法能力建设、环境应急监测能力建设项目，共计 10 个，其中淄博、泰安、德州和滨州每市 2 个、济南和莱芜每市 1 个。

3.5.2 资金来源

为实现规划期内环境保护和生态建设目标，各级人民政府要增加环境保护的财政支出，确保用于环境保护和生态建设支出的增幅高于经济增长速度。按照分级承担的原则，实行政府宏观调控和市场机制相结合，建立多元化、多渠道的环保投入机制，切实保证环保投入到位。工程投入以企业和地方政府投入为主，定期开展工程项目绩效评价，提高投资效益。

3.5.2.1 政府投资

政府财政资金主要用于公益性环境保护和环保系统能力建设等领域。重要生态功能保护区、自然保护区建设、生物多样性保护、重点流域区域环境综合整治、跨流域区域达标尾水通道建设、农村环境综合整治、核与辐射安全以及环境监管能力建设等主要以地方各级人民政府投入为主，省人民政府区别不同情况给予支持。

3.5.2.2 社会投资

工业污染治理按照“污染者负责”原则，由企业负责。其中，现有污染源治理投资由企业利用自有资金或银行贷款解决。新扩建项目环保投资，要纳入建设项目投资计划。积极利用市场机制，吸引社会投资，形成多元化的投入格局。利用好环境保护引导资金，以补助或者贴息方式，吸引银行特别是政策性银行积极支持环境保护项目。

3.6 综合保障

3.6.1 加强领导

各地、各有关部门要充分认识加强环境保护与生态建设工作的重要性、紧迫性和艰巨性，切实加强对本规划实施工作的组织领导，采取强有力措施，从解决当前突出生态环境问题入手，推进本规划实施。建立各地之间、各部门之间的沟通协调机制，定期召开协调会，明确目标，完善措施，抓好落实，形成各级政府负总责，各有关部门分工负责的工作格局。

3.6.2 严格考评

各级地方人民政府是规划实施的责任主体，要把规划目标、任务、措施和重点工程纳入本地区国民经济和社会发展总体规划，把规划执行情况作为地方政府领导干部综合考核评价的重要内容，每月公布 7 个市级城市和部分重点城市空气质量及改善幅度排名，将南水北调干流、小清河等主要河流断面、重点企业、城市污水处理厂和群众来信来访反映的环境问题作为环境监管的重点。强化对本规划实施情况的跟踪考核，对主要任务和目标的落实情况进行考核，考核结果向社会公布。及时开展本规划实施情况的阶段性评估，根据评估结果及需求变化，适度调整规划目标和任务。

3.6.3 保障投入

经济圈各级政府要切实增加生态环境保护与建设的投入，将环境保护资金列入本级预算。生态环境保护与建设的投入占财政总支出的比例，以及全社会生态环境与建设的投入占国内生产总值的比例要逐年增长。加大政府对重大工程建设项目的投入，编制环境保护重点项目年度投资计划。足额安排新建、扩建、改建项目的环境污染治理资金，加大对环境保护与监测等项目的投资力度。在财政预算中安排一定资金，采用补助、奖励等方式，支持节能减排重点工程、高效节能产品和节能新机制推广、节能管理能力建设及污染减排监管体系建设等。

建立政府、企业、社会多元化投资机制，拓宽融资渠道，鼓励和引导金融机构加大对污染防治项目的信贷支持。污染治理资金以企业自筹为主，各级财政要将监测、监管等能力建设及执法监督经费纳入预算予以保障。采取“以奖代补”等方式，对按时完成环境治理和生态建设任务、环境质量改善的先进城市给予奖励，对清洁生产、废物综合利用等项目实行贷款贴息补助，对使用清洁能源实行价格补贴鼓励政策。

3.6.4 科技支撑

建立一批以企业为主体、市场为导向，政府、企业、高校、科研院所、金融部门等共同参与的环保科技与产业创新联盟。研发氮氧化物、重金属、持久性有机污染物、危险化学品等控制技术和适合经济圈的土壤修复、农业面源污染治理等技术。大力推动脱硫脱硝一体化、除磷脱氮一体化、脱除重金属等综合控制技术研发，开展主要大气污染物高效超低排放技术和“近零”排放技术研发与应用试点，以及脱硫、脱硝、废水深度治理过程二次污染防治技术的研发与应用。攻克一批当前山东急需的关键共性技术，转化应用一批清洁生产、高效除尘、细颗粒物控制、多污染物协同控制、清洁煤燃烧、物联网监控等先进技术，实施一批污染治理、循环利用示范项目。坚持环境优先，推进绿色经济、循环经济、低碳经济快速发展的政策研究与技术创新。

3.6.5 严格执法

实施建设项目环境保护的全过程监督。对所有重点行业、生态建设项目要逐步推行施工期环境保护监理制度，将工程施工期环境保护监察工作纳入工程监理范畴。进一步完善建设项目竣工验收办法，并实施竣工验收公示制度。加强建设项目环境保护的监察工作，建立环评后评估机制，组织有关环评编制机构对规划实施或建设项目运行后产生的环境影响进行跟踪评价，并应对其产生的不良影响及时提出纠正和预防措施。加强重点污染企业环境监管，实行重点案件领导负责制、领导信访接待制。对擅自拆除或闲置污染治理设施、偷排污染物等行为进行严厉查处。建立举报、信访、稽查“三位一体”的环境污染举报应急查办体系。对典型问题挂牌督办，联合新闻媒体公开曝光。

3.6.6 宣传教育

实施全民环境教育行动计划，动员全社会参与环境保护。开展广泛的环境宣传教育活动，加强生态文明宣传，充分利用世界环境日、地球日等重大环境纪念日宣传平台，普及生态环境保护知识，全面提升全民环境意识。充分发挥新闻媒体在环境保护中的作用，开展环境保护正反典型的媒体报道，加强舆论监督，为改善生态环境质量营造良好的氛围。

督促企业主动公开环境信息，建立政务微博等新媒体沟通渠道，及时向社会公布环境质量情况和评估考核结果，维护公众环境知情权、议事权和监督权。建立部门与公众良性互动机制，健全环境信访舆情执法联动工作机制，畅通环境信访平台和环保热线，完善 12369 热线、网站举报平台，拓宽公众参与环境保护的渠道，倾听民生民意，及时解决热点难点问题，自觉接受群众监督。

第4章

西部经济隆起带环境保护与生态建设规划（2013—2020年）

4.1 现状与问题

4.1.1 生态环境现状

4.1.1.1 环境空气

2010 年西部隆起带城市环境空气中 PM_{10}、SO_2 和 NO_2 平均浓度分别为 181 μg/m^3、94 μg/m^3 和 48 μg/m^3；2011 年分别为 166 μg/m^3、81 μg/m^3 和 51 μg/m^3；2012 年分别为 162 μg/m^3、72 μg/m^3 和 45 μg/m^3。环境空气中主要污染物总体上呈改善趋势，但环境空气质量距生态山东建设和人民群众要求依然有较大差距。2012 年 PM_{10}、SO_2、$PM_{2.5}$（折算）、NO_2 等主要污染物年均浓度分别超过《环境空气质量标准》（GB 3095—2012）二级标准 1.31 倍、0.2 倍、1.4 倍和 2.7 倍。2012 年 7 月到 2013 年 8 月西部隆起带 $PM_{2.5}$ 平均浓度为 122 μg/m^3，远未达到《环境空气质量标准》（GB 3095—2012）二级标准要求。

4.1.1.2 水环境

隆起带内共有省控河流 32 条、省控监测断面 42 个，详见表 4-1。2010 年，优于Ⅲ类的断面 12 个，占 28.6%；Ⅳ类断面 14 个，占 33.3%；Ⅴ类断面 7 个，占 16.7%；劣Ⅴ类断面 9 个，占 21.4%。2011 年优于Ⅲ类的断面 17 个，占 40.5%；Ⅳ类断面 13 个，占 31.0%；Ⅴ类断面 3 个，占 7.1%；劣Ⅴ类断面 9 个，占 21.4%。2012 年优于Ⅲ类的断面 15 个，占 35.7%；Ⅳ类断面 11 个，占 26.2%；Ⅴ类断面 9 个，占 21.4%；劣Ⅴ类断面 7 个，占 16.7%。

表 4-1　2010—2012 年西部隆起带主要河流水质状况　　单位：mg/L

所在流域	河流名称	断面名称	COD 浓度			氨氮浓度		
			2010 年	2011 年	2012 年	2010 年	2011 年	2012 年
淮河流域及南水北调沿线	沂河	港上	15.23	14.00	12.05	0.28	0.33	0.29
	韩庄运河	台儿庄大桥	16.08	12.08	12.08	0.33	0.39	0.40
	薛城小沙河	彭口闸	16.45	15.58	13.73	0.76	0.75	0.82
	薛城沙河	十字河桥	16.62	11.49	12.70	0.34	0.27	0.37
	新薛河	洛房桥	16.53	13.56	13.06	1.01	0.48	0.36
	峄城沙河	贾庄闸	18.35	15.35	15.78	0.96	0.59	0.55
	城郭河	群乐桥	17.87	15.91	15.41	0.83	0.86	0.62
	北沙河	王晁桥	19.03	16.10	17.88	1.41	0.47	0.45
	宁阳沟	佘庄桥	28.86	20.83	19.41	9.81	1.12	1.95
	洸府河	侯店	21.59	20.99	20.53	0.90	0.84	0.63
	洸府河	东石佛	35.10	26.03	26.80	2.58	1.49	0.85
	洙赵新河	于楼	22.42	18.39	18.72	1.08	0.48	0.86

所在流域	河流名称	断面名称	COD 浓度			氨氮浓度		
			2010 年	2011 年	2012 年	2010 年	2011 年	2012 年
淮河流域及南水北调沿线	洙赵新河	喻屯	21.09	26.94	27.84	0.57	0.31	0.91
	东渔河	徐寨闸	23.18	21.79	27.76	1.01	0.82	0.81
	东渔河	西姚	29.76	28.89	34.04	0.77	0.55	0.29
	白马河	鲁桥	20.50	20.25	16.20	0.74	1.11	0.82
	梁济运河	李集	25.28	20.79	21.85	1.02	0.75	0.80
	西支河	北外环桥	24.52	19.79	21.79	0.58	0.65	0.60
	老运河	西石佛	32.66	34.70	34.98	1.97	1.62	1.87
	泗河	尹沟	21.57	17.42	20.38	0.52	0.31	0.50
	大汶河	流泽桥	21.59	12.76	14.17	0.90	0.43	0.38
	沭河	高峰头	18.06	17.85	19.42	0.38	0.49	0.53
	白马河	捷庄	22.95	23.95	18.81	0.37	0.52	1.28
	武河	红圈	14.64	18.95	30.50	0.64	0.45	0.26
	沙沟河	赵楼	19.36	16.91	17.53	0.64	0.96	0.68
	邳苍分洪道	西偏泓	15.93	15.80	16.29	0.59	0.72	0.57
	新沭河	大兴桥	17.88	17.40	18.01	0.82	0.65	0.69
	龙王河	富民桥	17.55	15.63	19.96	2.14	1.07	1.79
	枋河	角沂	24.33	29.96	23.04	0.33	0.35	0.38
	新万福河	湘子庙	19.77	22.96	20.18	0.52	0.66	0.74
海河流域	徒骇河	毕屯	44.95	89.50	37.83	7.94	9.35	2.14
	徒骇河	王堤口	32.58	30.65	32.77	1.50	2.34	1.02
	徒骇河	前油坊	59.26	48.70	38.39	4.92	2.31	1.88
	徒骇河	夏口	52.53	36.43	32.23	1.85	1.57	2.36
	马颊河	任堂桥	25.86	42.30	41.05	1.71	6.40	4.10
	马颊河	董姑桥	50.88	35.67	34.35	1.04	0.85	0.89
	马颊河	李辛桥	31.79	42.98	40.88	1.31	1.06	0.43
	南运河	第三店	30.89	26.57	32.55	2.97	2.10	3.13
	德惠新河	双堠桥	32.28	29.01	29.88	0.63	0.51	0.44
	漳卫新河	小泊头桥	35.94	41.97	31.99	2.32	0.72	1.84
	卫运河	临清大桥	40.42	49.78	40.74	3.79	5.43	5.06
	卫运河	油坊桥	63.26	38.77	35.93	3.15	3.44	3.32

4.1.1.3 农村环境

截至 2012 年，西部隆起带已启动 9 个县（市、区）的农村环境连片整治示范区建设。2012 年，隆起带内农村生活饮用水水源地达标率为 97.56%。化学农药施用量（折纯）4.41 万 t，单位面积化肥施用强度 0.41 t/hm^2，单位面积化学农药施用量 7.03 kg/hm^2；测土配方和测土施肥面积分别 219.43 万 hm^2 和 154.83 万 hm^2；秸秆产生量 4 677.18 万 t，综合利用率为 81.35%。

4.1.1.4 水土流失

隆起带主要侵蚀类型为水蚀和风蚀。根据第一次全国水利普查结果，区域水蚀总面积为 7 339.45 km²，其中"中度"以上的占 43.38%；枣庄市山亭区，济宁市泗水县、邹城市，临沂市平邑县、蒙阴县、沂水县、费县、沂南县、莒南县为沂蒙山泰山国家级水土流失重点治理区。德州、聊城、菏泽部分县区的水土流失以风力侵蚀为主，其中武城县、夏津县、临清市、冠县、东阿县、莘县、阳谷县、菏泽市牡丹区、东明县、曹县、单县、郓城县、鄄城县属于黄泛平原风沙国家级水土流失重点预防区。

表 4-2　隆起带土壤水蚀及各强度级面积　单位：km²

地市	水蚀面积	轻度	中度	强烈	极强烈	剧烈
枣庄市	867.58	466.78	199.28	127.49	61.28	12.75
济宁市	1 207.51	695.38	267.75	154.28	73.95	16.15
临沂市	4 645.88	2 555.91	1 134.92	605.84	263.9	85.31
德州市	285.62	205.2	42.91	16.57	14.12	6.82
聊城市	254.08	159.44	54.18	28.74	9.52	2.2
菏泽市	78.78	72.76	5.96	0.05	0.01	0
合计	7 339.45	4 155.47	1705	932.97	422.78	123.23

资料来源：第一次全国水利普查结果。

4.1.1.5 生态建设

（1）林木绿化率

近年来，隆起带各市积极实施造林绿化工程，林木绿化率大幅增长，生态环境状况有了明显改善。2010 年、2011 年和 2012 年分别造林 7.49 万 hm²、8.21 万 hm² 和 7.00 万 hm²，截至 2012 年，隆起带的林木绿化率已达到 19.9%。

（2）建成区绿化覆盖率

2010 年、2011 年、2012 年隆起带建成区绿地覆盖面积为 2.46 万 hm²、2.62 万 hm²、2.94 万 hm²，绿化覆盖率分别为 42.47%、41.03%、41.02%（表 4-3）。

表 4-3　2010—2012 年西部隆起带建成区绿化状况

地区	建成区面积/km²			绿地覆盖面积/hm²			建成区绿地率/%		
	2010 年	2011 年	2012 年	2010 年	2011 年	2012 年	2010 年	2011 年	2012 年
枣庄市	119.16	124.29	145.96	4 466.12	4 843.58	5 867.59	37.48	38.97	40.20
济宁市	88.90	117.50	124.60	3 879.60	4 407.43	4 408.35	43.64	37.51	35.38
临沂市	165.70	177.50	195.60	7 718.31	7 971.53	8 414.71	46.58	44.91	43.02
德州市	60.00	71.00	95.53	2 419.80	2 888.99	4 059.07	40.33	40.69	42.49
聊城市	68.14	69.00	69.97	3 011.79	2 780.70	3 084.28	44.20	40.30	44.08
菏泽市	76.60	79.10	84.00	3 074.72	3 299.26	3 523.80	40.14	41.71	41.95
合计	578.50	638.39	715.66	24 570.33	26 191.48	29 357.80	42.47	41.03	41.02

（3）自然保护区建设

截至 2012 年，西部隆起带内共有各级自然保护区 30 个（表 4-4），其中省级 4 个、市级 13 个、县级 13 个，总面积为 29.36 万 hm^2，占区域总面积的 4.37%。

表 4-4 西部隆起带内主要自然保护区情况

保护区名称	地市	行政区域	面积/hm^2	主要保护对象	级别	创建年份
石榴园	枣庄	枣庄市峄城区	4 642	青檀树、石榴树林	省级	2002
枣庄抱犊崮	枣庄	枣庄市山亭区	3 500	森林生态系统	省级	1986
南四湖	济宁	微山县	127 547	大型草型湖泊湿地生态系统及雁、鸭等珍稀鸟类	省级	1994
嘉祥青山	济宁	嘉祥县	2 500	森林及人文自然景观	市级	1999
泗水泉林水体	济宁	泗水县	12 400	矿泉水资源	市级	1987
九仙山	济宁	曲阜市	2 130	森林生态系统	市级	2002
十八盘	济宁	邹城市	3 000	森林植被景观	县级	1999
峄山	济宁	邹城市	5 000	古树名木、摩崖石刻、邾国故城遗址	县级	1999
腊山	泰安	东平县	2 867	森林生态系统	市级	2000
东平湖	泰安	东平县	16 000	湿地生态系统	市级	2000
五彩山	临沂	沂南县	2 000	森林生态系统	县级	1998
鼻子山	临沂	沂南县	4 500	森林生态系统	县级	2000
北大山	临沂	沂南县	4 750	森林生态系统	县级	2000
郯城银杏	临沂	郯城县	5 880	银杏	县级	1995
沂河	临沂	沂水县	40 000	饮用水水源地	县级	1996
文峰山	临沂	苍山县	600	森林生态系统	县级	1996
大宗山	临沂	苍山县	1 000	森林植被及古迹	县级	1996
会宝岭水库	临沂	苍山县	1 800	饮用水水源地	县级	2000
苍山抱犊崮	临沂	苍山县	680	森林、古迹	县级	1996
临沂大青山	临沂	费县	4 000	中华结缕草、鹅掌楸、喜树	省级	2000
平邑蒙山	临沂	平邑县	16 400	森林植被	县级	2000
马鬐山	临沂	莒南县	4 210	森林生态系统	市级	2005
苍马山	临沂	临沭县	3 000	森林生态系统	市级	2005
景阳冈	聊城	阳谷县	46.7	森林及梅花鹿、猕猴、合欢树、古柏	市级	1994
马西林场	聊城	莘县	3 800	防风固沙林	市级	1994
鱼山	聊城	东阿县	5 333	森林生态系统、曹植墓	市级	2004
马颊河	聊城	冠县	248	森林生态系统	市级	1972
西沙河	聊城	冠县	11 200	防风固沙林	市级	1994
清平林场	聊城	高唐县	4 200	防风固沙林	市级	2001
宋江湖湿地	菏泽	郓城县	350	湿地生态系统及鸟类	县级	2005

资料来源：环保部公布的 2012 年山东省自然保护区名单。

（4）生态创建

西部隆起带内各市尚未达到国家级生态市（县、区）标准，共有16个市（县、区）开展了省级生态示范市（县、区）创建；区内已创建国家级生态乡镇106个，省级生态乡镇256个，国家级生态村1个，省级生态村146个。

4.1.1.6 污染物排放

（1）大气污染物

2012年，西部隆起带内主要污染物SO_2、NO_x和烟（粉）尘排放量分别为62.43万t、71.86万t和23.78万t，其中工业源SO_2、NO_x和烟（粉）尘排放量分别为54.66万t、55.39万t和16.84万t，占总排放量的87.55%、77.08%和70.83%。

西部隆起带内工业污染物排放量较大的5个行业分别为电力、热力生产和供应业、非金属矿物制品业、有色金属冶炼和压延加工业、化学原料和化学制品制造业、造纸和纸制品业，5个行业排放的SO_2、NO_x、烟（粉）尘分别占工业污染物排放总量的84.97%、93.79%和79.64%。

（2）水污染物

2012年，西部隆起带内废水排放总量约17亿t，其中生活污水排放量约11亿t，约占总排放量62%。COD、氨氮的排放量分别为82.40亿t和7.56亿t，其中生活排放COD、氨氮分别为56.72亿t和3.52亿t，占总排放量的68.83%和46.50%；COD和氨氮的工业排放量分别为4.78亿t和0.29亿t，占总排放量的5.80%和3.90%。

2012年西部隆起带内规模以上工业企业用水总量127.22亿t，重复用水量117.43亿t，重复利用率为92.30%。规模以上工业企业废水排放量6.19亿t，其中COD和氨氮分别为4.51万t和0.28万t。造纸和纸制品业、化学原料和化学制品制造业、农副食品加工业、纺织业、食品制造业、煤炭开采和洗选业6大行业COD和氨氮排放量分别占规模以上工业企业污染物排放总量的81.37%和80.23%。

（3）固废及危废

2012年，西部隆起带内一般工业固体废物产生量5 996.1万t，固体废物产生量较大的企业主要分布在火力发电、烟煤和无烟煤开采洗选业、铁矿采选、炼铁和褐煤开采洗选等行业，这5个行业的固体废物产生量约占西部隆起带工业固体废物总量的78.27%。污水处理厂污泥产生量5.33万t，全部无害化处置。

2012年，西部隆起带工业危险废物产生量447.8万t，全部送有资质单位进行了无害化处理。

（4）总量减排

2012年，全区COD排放量85.41万t，比2010年减少3.08万t，降幅为3.48%；氨氮排放量7.79万t，比2010年减少0.12万t，降幅为1.46%；SO_2排放量64.00万t，比2010年减少5.08万t，降幅为7.35%，NO_x排放量72.87万t，比2010年增加

1.28 万 t，增幅为 1.78%。

表 4-5　2010—2012 年西部隆起带主要污染物排放情况　　单位：万 t

年份	COD	氨氮	SO_2	NO_x
2010	88.49	7.91	69.08	71.59
2011	88.01	7.91	67.23	74.16
2012	85.41	7.79	64.00	72.87

4.1.2　面临的形势与问题

4.1.2.1　自然生态环境脆弱、环境承载力低

一是水资源相对短缺。西部隆起带水资源总量 122.84 亿 m^3，占全省水资源总量的 35.66%，人均占有水资源量 275.75 m^3，比全省人均水平低 7.24 m^3，约为全国平均水平（2 100 m^3）的 1/8。水资源的过度开采，使地下水位严重下降，部分市区地面已出现沉降现象。

二是城镇建设与农业污染对生态环境影响大。城镇化快速发展，致使大量生态用地被占用；引黄干渠两侧部分土地已出现沙化现象，部分县市土壤盐碱化加重；面源污染较重，造成土壤退化，农产品质量下降。

三是区域具有生态功能的园地、林地、草地和水域湿地面积比重较小。2012 年，西部隆起带 6 市 2 县的园地、林地、草地和水域湿地面积分别占土地总面积的 2.44%、7.45%、1.48%和 8.52%，远低于山东省的平均水平。另外，树种组成较为单一，空间分布不均匀；生态平衡失调，生物多样性未得到有效保护。

4.1.2.2　污染防治能力相对较弱，经济社会发展与环境保护矛盾突出

2012 年，西部隆起带实现生产总值 14 620 亿元，占全省 29.2%。全区 COD、氨氮、SO_2、NO_2 和烟（粉）尘的排放量分别占全省总排放量的 46.02%、43.91%、36.74%、42.42%和 34.27%。工业废气治理、脱硫脱硝设施建设、危废设施处理能力等与山东省总体水平相比仍有一定差距，污染物防治能力总体不足（表 4-6）。根据《西部隆起带发展规划》，西部隆起带生产总值年均增长 10%左右，到 2015 年和 2020 年西部隆起带的地区生产总值将分别达到 19 459.22 亿元和 31 339.27 亿元，经济社会的快速发展将给本已脆弱的生态环境带来巨大的压力。

表 4-6　2012 年西部隆起带主要污染物防治能力

项目	山东省	西部隆起带	比例/%
工业废水治理设施数/套	5 317	1 683	31.65
工业废水治理设施处理能力/（万 t/d）	2 007	548	27.30

项目	山东省	西部隆起带	比例/%
工业废气治理设施数/套	15 915	4 470	28.09
工业废气治理设施处理能力/（万 m^3/h）	116 317	33 474	28.78
工业脱硫设施数/套	2 691	539	20.03
工业脱硫设施处理能力/（kg/h）	1 991 431	606 593	30.46
工业脱硝设施数/套	39	18	46.15
工业脱硝设施处理能力/（kg/h）	24 006	1 469	6.12
工业除尘设施数/套	12 316	3 796	30.82
工业除尘设施处理能力/（kg/h）	34 045 115	13 955 838	40.99
生活垃圾处理厂（场）数/个	85	33	38.82
生活垃圾设计处理能力（堆肥和焚烧）/（t/d）	3 920	1 420	36.22
危险废物设计处置能力/（t/d）	3 436	688	20.01
危险废气处理设施设计处理能力/（m^3/h）	307 340	21 650	7.04

4.1.2.3 产业结构、能源结构不合理，“两高”行业比重大

区域内三次产业的比重为 11.1∶53.1∶35.8，与山东省相比（8.6∶51.4∶40.0），农业比重较大，第三产业较为落后。区域内火力发电、铝冶炼、氮肥制造、黏土砖瓦及建筑砌块制造和机制纸及纸板制造五大行业的工业增加值只占全部行业的 22.43%，而 SO_2、NO_x、烟（粉）尘排放量分别占行业总排放量的 70.00%、72.43% 和 46.93%；机制纸及纸板制造、烟煤和无烟煤开采洗选、氮肥制造、淀粉及淀粉制品制造和有机化学原料制造五个行业工业增加值占全部工业增加值的 23.44%，而 COD 和氨氮排放量占工业行业总排放量的 53.07%和 49.50%。

能源结构不合理，单位产值能源消耗量相对较大。2012 年各市一次性能源中煤炭比重皆超过 75%；区域能源消耗量 14 028 万 t，占全省水平的 34.37%，万元 GDP 能耗 1.00 t 标准煤，超出全省平均水平 0.18 t 标准煤。

4.1.2.4 持续污染减排难度大

《山东省环境保护十二五规划》实施已 3 年，全区 COD、氨氮、SO_2 与 2010 年相比降幅分别为 3.48%、1.46%和 7.35%。值得注意的是，NO_x 排放量与 2010 年相比增幅为 1.78%，不减反增，未来两年要实现减排目标压力较大。

在全省“十一五”工程减排量占总减排量近 90%的大背景下，区内水污染防治已实现“一县一厂”，大部分污水处理厂达到了一级排放标准；大气污染防治中，大部分重点企业都配备完善的脱硫脱硝设施，后续工程减排潜力不足。西部隆起带结构性污染严重，“两高”行业占有较大比重，实现总量减排的目标仍面临着巨大挑战。

4.1.2.5 环境质量持续改善压力加大

2012 年，隆起带 42 个省控断面中，有 7 个断面为劣Ⅴ类，全部位于海河流域。2012 年 PM_{10}、SO_2、NO_2、$PM_{2.5}$ 等主要污染物年均浓度分别超标 1.31 倍、0.2 倍、2.7 倍和 1.4 倍。2012 年 7 月到 2013 年 8 月西部隆起带 $PM_{2.5}$ 平均浓度为 122 μg/m^3，

远未达到《环境空气质量标准》（GB 3095—2012）二级标准要求。大气污染源呈现复杂、混合的态势，由原来的热电行业影响为主逐渐向热电、城市建设、汽车尾气、工业异味等共同影响转化。

以区域协调发展为重点的一体化格局正在形成，生产要素加速流动，产业布局由分散向基地集群转变，导致在一些区域、流域形成了点源、面源污染共存，生产、生活污染叠加，各种新旧污染物交织，水、气、土壤污染相互影响的复杂态势。

4.1.2.6 农业和农村面源污染加剧，农村环境保护工作亟须加强

近几年，随着农村经济的快速发展和环保要求的不断提高，大量污染严重、能耗水耗大的企业转移到了农村，使得农村污染不断加重。传统粗放的农村经济发展模式没有得到根本转变，农村建设规划和管理缺位，基础设施落后，许多环境问题凸显，特别是村镇环境“脏、乱、差”、生活污水乱排、垃圾无序堆存、饮用水水源水质下降、畜禽养殖污染和农村面源污染问题突出，农村环境质量呈恶化趋势。同时，农村环保基础设施薄弱、人员缺乏、资金不畅等因素制约了农村环保的进展，农村环保工作亟须加强。

4.1.2.7 环境风险日益凸显，生态环境应急监测体系尚未形成

随着城市化进程的加快，机动车尾气污染、土壤污染、水体污染、生态失衡等一系列城市环境问题不断显现；随着消费转型，废旧家用电器、报废汽车轮胎等回收和安全处置的任务更加繁重；重金属、持久性有机污染物、放射性物质、危险废物和危险化学品等长期积累的环境问题将集中显现。虽然近几年 6 市 2 县环境保护基础能力建设得到一定程度加强，但工作基础依然薄弱。“硬件”方面，办公用房和业务用房建设严重滞后；“软件”方面，环保人才队伍建设滞后于环境管理工作要求。更重要的是，区域内尚未建立完善的生态环境应急监测与预警系统，水土保持监测、地质环境监测、湿地生态系统监测、农田生态监测、森林生态监测等常规监测体系还不完善，区域协同、多部门配合的联动机制也尚未形成。

4.1.2.8 区域生态空间格局有待优化

近年来，西部隆起带城市化的高速发展占用了大量的生态空间，导致平原地区河流沿线及河口、岸线地区不断被侵占，生态斑块趋于破碎化，重点生态斑块之间连通性较差。尤其是一些大城市“摊大饼”式扩张，小城镇建设遍地开花，造成城市空间布局不合理。被称为“地球之肺”“地球之肾”的森林与湿地大都分布在城市外围，与人类活动最频繁的中心城区距离较远，对人类活动的自然调节作用不及时、不明显。受地价等影响，中心城区人工林地、绿地、湿地普遍规模较小，生态功能调节作用不足。

依托区域资源优势和交通优势，多年来区域内形成的化工、造纸、农副产品加工、机械加工等传统产业在布局上不尽合理，全区不少大型重化工业项目布设在重

要江河水域和人口密集区等环境敏感区域。例如，全区 45 家炼钢、炼焦、炼铁企业全部位于城镇及其 5 km 范围内。钢铁企业没有临港建设，增加了成本，也带来运输、存储等过程的潜在环境污染。

4.2 指导思想、基本原则和目标

4.2.1 指导思想

深入贯彻落实科学发展观和党的十八大及十八届三中全会精神，围绕增强区域可持续发展能力，把生态文明建设放在突出地位，树立尊重自然、顺应自然、保护自然的生态文明理念，坚持统筹协作，强化节能减排和生态建设，着力推进绿色发展、循环发展、低碳发展，加快形成资源节约、环境友好的空间格局、产业结构和生产生活方式，打造“美丽新西部”。

4.2.2 基本原则

4.2.2.1 以人为本，协调发展

坚持以人为本、人与自然和谐的原则，把改善生态环境质量、保障公众健康安全放在突出地位，予以优先保障。遵循自然、顺应自然、保护自然的生态文明理念，以环境承载力为基础，转变经济增长方式，实施可持续发展战略，促进经济社会与资源环境的协调发展。

4.2.2.2 立足实际，务求实效

规划立足“西部隆起带”经济社会发展、资源开发与环境现状，从人口、产业结构、规模、布局、节能降耗、污染物控制、生态建设、区域环境同治等多个维度，科学确定“西部隆起带”环境保护与生态建设规划环境质量目标及污染物总量控制目标。按照“目标—策略—项目”三位一体，以西部隆起带环境保护和生态建设的总体目标为基础，提出符合实际的行动策略，并分别落实工程项目，以项目的实施支撑《规划》落地，力争尽快见到实效。

4.2.2.3 统筹兼顾，突出重点

坚持区域协同，统筹解决跨界河流水污染，统筹解决大气、危废跨区域输送转移问题，建立污染同防同治体系。坚持城乡并重，逐步完善城乡基础设施，加快推进环境公共服务均等化。强化总量减排在“转方式”“调结构”中的优化和倒逼作用，把环境保护作为转变经济发展方式的重要着力点，以科学发展提升环境保护水平，积极推进生态文明建设，着力解决突出的环境问题。

4.2.2.4 机制创新，科技支撑

以环境瓶颈问题解析的突破为引领，带动环境科技水平的整体提升，为产业“转方式、调结构”以及污染物减排和生态环境质量改善提供技术支撑。通过机制体制创新，建立环保协调机制、节能减排倒逼传导机制、环境风险防范机制、环境效绩评估激励约束机制，巩固和完善社会各界广泛参与的环保工作大格局。

4.2.2.5 战略衔接，动态调整

注重与相关规划和战略的融合与衔接，一是与我省“西部隆起带”发展规划、山东“十二五”规划、生态省建设规划纲要、省委省政府关于建设生态山东的决定、山东省“十二五”环境保护规划、各专项规划及山东省“十三五”环境保护总体思路保持衔接。二是与国家重点流域规划、饮用水水源地保护规划等专项规划保持衔接。三是落实十八届三中全会精神，把生态文明建设放在突出地位，融入“西部隆起带”建设的全过程，进行生态文明顶层设计，充分发挥生态保护的引导和倒逼机制，确保“绿色发展、循环发展、低碳发展”。

《规划》实施过程中，本着务实科学的原则，对每个阶段的规划落实及项目执行情况进行考核评估，并依据评估结果和形势变化，对《规划》进行动态调整。

4.2.3 规划范围与时段

规划范围：包括枣庄、济宁、临沂、德州、聊城、菏泽6 市及泰安市的宁阳、东平两县，共60个县（市、区），总面积67 179 km^2。

基准年为2012年。规划期为2013—2020年，其中2013—2015年为规划近期，2016—2020年为规划中远期。

4.2.4 规划目标与指标

4.2.4.1 总体目标

牢固树立生态文明理念，围绕增强区域可持续发展能力，通过强化节能减排、加强生态建设、严格污染防治和发展生态经济，确保经济持续快速健康发展。着力推进“绿色发展、循环发展、低碳发展”，把西部隆起带建成产业特色突出、发展后劲充足、生态环境优美、经济文化融合、人民生活幸福的“美丽新西部”。

4.2.4.2 阶段性目标与指标

到2015年，完成国家下达的主要污染物排放总量减排指标；生态环境质量明显改善，区内省控重点河流全部消除劣V类，南水北调输水干线水质达到地表水III类标准，入干线的支流水质达到国家相应水质要求；城市空气主要污染物年均浓度比2010年改善20%以上；生态环境安全得到有效保障，辐射环境质量水平在天然本底的涨落范围内；规制、市场、科技、行政和文化五大体系基本形成，社会各界广泛

参与的环保工作大格局更加巩固。

到2020年，区域生态环境质量进一步改善，区内省控重点河流在消除劣V类基础上主要污染物浓度进一步降低，南水北调输水干线水质稳定达到地表水Ⅲ类标准；城市空气主要污染物年均浓度比2010年改善50%左右；生态系统基本恢复，生态文明建设显著提高，生态环境步入良性循环，实现区域环境基本公共服务均等化，形成资源节约、环境友好的空间格局、产业结构和生产生活方式。

4.3 生态功能分区和重点保护区域

4.3.1 生态功能分区

按照区域生态特点和主导生态功能将西部隆起带划分为6个生态功能区，采取保护、恢复和治理等措施，维持和恢复各生态功能区的生态服务功能。

4.3.1.1 鲁西北平原农田生态区

包括德州全部、聊城的部分区域，北、西至省界，地貌上为华北平原的一部分。该区降水少，蒸发强，是全省大陆性最强的地区，也是全省重要的粮棉基地，是保持山东省耕地总量动态平衡和增加农业用地面积的重要后备资源区。其在保持水土、调节气候、涵养水源、旅游开发、维持生态良性循环等方面对整个西部隆起带具有重要影响。

主要生态环境问题：气候干旱、水资源短缺，旱涝盐碱、土壤盐渍化与沙化严重；区域地面沉降严重，某些地区已经形成大型地下水降落漏斗；农田林网不健全；农药、化肥施用量大，农村面源污染情况严重，地表水污染较重；城市“三废”污染和城市规模迅速扩大对本区的生态环境构成一定威胁。

保护和发展方向：①高质量建设农田防护林网，改善生态环境，提高农业系统抗干扰能力；②土地资源用养结合，大力推广生物防治、抗虫新品种等技术，使用低毒、低残留农药，推广平衡施肥、配方施肥、秸秆还田等作物施肥技术，发展高产优质型农业；③积极发展节水农业，推广滴灌、喷灌等节水新技术，减少水资源消耗；④加强对该区地下水的管理，减少地下水开采量，逐步调整高耗水产业，严控新上高耗水项目，对已发生严重地面沉降的地区划定地下水禁采区，清理不合理的抽水设施，停上新的加重水平衡失调的蓄水、引水和灌溉工程；⑤积极开展集度假、采摘、野营于一体的现代农业田园风光生态旅游。

4.3.1.2 黄河沿线生态控制区

该区为沿黄河一线条带状区域，途经聊城、德州2市。

主要生态环境问题：水资源短缺，自产地表水资源贫乏，地下水开采过量且利用不足，地下水位逐年下降；供水基本依赖引黄河水，造成大量泥沙淤积，加之防护林建设不配套，林木植被少，防风固沙能力弱，水土流失面积逐年增加，极易受风沙化和次生盐碱化危害；化肥、农药施用强度大，对土壤、地下水及地表水均造成一定程度的污染。

保护和发展方向：①加大黄河河道泥沙清淤力度，巩固、建设沿黄生态防护林带，形成沿河绿色通道，大面积营造水土保持林，恢复天然林，建设生态功能高的复合型农业林网；②治碱改土，综合治理开发中低产田和荒碱地，逐步改善生产条件，扩大耕地面积，建设多种模式的生态农业，进行农业综合开发和高标准农田开发工程，大力发展林果、畜牧等主导产业，促使产业结构单一的种植业结构向有特色的高效益农业转变；③提升农业生产水平，减少大田农作物种植比例，大力发展淡水养殖，搞好植桑养殖，积极发展畜牧业，大力发展绿色食品和有机食品基地建设；④限量开采地下水，保持地下水的正常水位，提高污水处理水平，实现污水资源化利用；⑤进行湿地自然生态恢复、标准化堤防建设和黄河绿色风景带建设，完善引黄枢纽配套工程，建成集引黄灌溉和水利观光于一体的生态观光区。

4.3.1.3 鲁中南山地丘陵生态区

包括泰安市宁阳县全部、东平县北部地区以及济宁、临沂北部地区。本区是全区地势最高的地区，水系较发达，为暖温带季风气候，植被类型以暖温带落叶阔叶林为主，生物多样性比较丰富。该区的主导生态功能是水源涵养、水土保持和生物多样性维持。

主要生态环境问题：耕地破碎，土地利用率较低，土壤侵蚀和土壤退化较为严重，生态环境敏感性较高；植被退化，森林林分单一、层次残缺、覆盖率低，大量花岗岩和石灰岩山体裸岩出露，涵养水源能力低，存在崩塌、滑坡和泥石流等地质灾害风险；煤炭资源等大规模开发导致地面沉降和采空塌陷地质灾害，开山采石等人为活动造成的环境污染和生态破坏严重；空气质量超标，河流达标率低，湖库污染超标，饮用水水质受到威胁；城市的开发建设威胁到自然生态，垃圾围城现象时有发生，严重影响城市周围、交通沿线的自然景观；农业区生产中化肥施用量较高，农业区面源污染较为严重。

保护和发展方向：①积极推进封山育林，实行退耕还林，加速水土保持林和水源涵养林建设，恢复天然林，提高森林覆盖率，提高水源涵养能力；②加强以小流域为单元的综合治理与开发，加大退化土地的生态恢复和综合整治开发力度，合理利用，走“以开发促恢复、以恢复保发展”的生态化道路；③发展农业、工业和旅游业复合经济发展模式，调整优化农业结构，减少农业面源污染（N、P 为主），控制农业生产废弃物对环境的污染，提高农业综合效益；④促进工业产业的技术革新，减少工矿企业的环境污染和生态破坏；⑤坚决制止矿产资源的非法开采，加大对城市周围自然景观的管理和治理力度；⑥以生态环境保护为首要建设目标，引导和规范驻区居民的生活、生产活动。

4.3.1.4 鲁西河湖湿地及南水北调沿线生态区

该区位于济宁市西南部南水北调沿线、泰安市西南部和聊城市南部。以平原和湖泊水系为特色，区内天然森林植被较少，以人工林和农业植被为主，区域有南四湖、东平湖和东昌湖三个重要湖泊。蓄水调水、自然净化、鸟类多样性和渔业资源保护是本区的主导生态功能。

主要生态环境问题：地势低洼，雨季容易发生涝灾，流域生态防护林资源贫乏，湖库调蓄能力降低，湿地功能下降；湖区降水少，河流大多为季节性河流，水资源不足，水体含沙量大，易造成湖底泥沙淤积；“两高”行业比重大，农业面源污染严重，水体纳污能力差，湖泊沼泽化和富营养化速度加快，湖区水生生物多样性下降；采石和采矿导致生境破碎化严重，生境破碎化严重，种内、种间或生态系统之间物质循环、能量流动和信息传递不畅，影响系统整体功能的发挥。

保护和发展方向：①控制水土流失，发展生态农业，控制面源污染，提高农业生产废弃物综合利用率；②采取综合措施推进石灰岩丘陵区的生态恢复和综合开发，规范采石和采矿业，保护景观的生态完整性；③调整产业结构，消除工业结构性污染，大力推行清洁生产，淘汰能耗高、用水量大、技术落后的产品和工艺，坚决“关、停、并、转”污废水排放不达标的企业，推动流域内工业企业升级换代，走新型工业化的道路；④扩大湖泊与河道清淤，清洁水体，增加蓄水量及调蓄库容；发展湖泊洼地的多种经营和综合利用，适度发展水产养殖、旅游观光。

4.3.1.5 鲁南平原丘陵生态经济区

包括济宁东部、枣庄南部、临沂中南部部分地区。区域地貌为山前平原和河谷平原，地势平坦，大部分地区自然条件优越、经济发达、城市化水平高，是西部隆起带的经济中心，具有人口众多、交通密集、生态用地面积少的特点。

主要生态环境问题：人口密集、工业企业和城镇分布密集，城镇及工矿等建设用地比例大、增长快、用地矛盾较为突出，缺乏生态走廊，环境污染问题突出；该地区也是老的工业区，在发展过程中已经对生态环境造成了比较严重的破坏，生态环境历史欠账多；旱、涝、碱、沙、风等自然灾害频繁，严重影响农业区生产，农药、化肥施用强度高，对土壤、水质等均造成不同程度的影响；植被以农作物为主，森林覆盖率较低，生物多样性水平低；地表水水质较差，地下水也受到一定污染，用水安全受到威胁，同时空气质量恶化、固体废物堆积、土壤污染导致生产力下降等问题不容忽视。

保护和发展方向：①加大基本农田保护力度，继续稳定和提高粮食生产，促进绿色农产品的规模生产，发展家庭畜牧业和规模养殖业；②完善农田林网建设，促进农业生态化建设和技术进步，发展生态农业，提高农业生产效率；③加强现有林地保护，加速水土保持林和水源涵养林建设，提高森林覆盖率，提高水源涵养能力；④加强生活污染、工业污染治理，严格执行水、气污染排放标准，加强乡镇企业管理，实现达标排放；⑤积极进行生态退化土地的恢复与综合利用，发挥土地资源的综合效益。

4.3.1.6 鲁西平原农田生态区

包括济宁市西部、菏泽市大部分地区。在地貌上属于平原丘陵区，主要生态功能为农业生产、盐渍化防治、沙化防治。

主要生态环境问题：土地重用轻养，土壤肥力低，沙荒地、盐碱地较多。旱涝灾害、土壤盐渍化、沙化等问题严重制约农业生产。

保护和发展方向：①发挥当地水、土资源优势，重点发展粮食生产，建成商品棉和大豆基地，充分利用当地饲草资源和棉籽饼蛋白质饲料资源，积极发展养牛、养羊、养兔等草食畜禽；②加强林业建设，加速营造防护林和林粮间作，荒滩、沙地营造用材林；③调整优化农业结构，减少农业面源污染（N、P 为主），控制农业生产废弃物对环境的污染，提高农业综合效益；④促进工业产业的技术革新，减少工矿企业的环境污染和生态破坏；⑤坚决制止矿产资源的非法开采，加大对城市周围自然景观的管理和治理力度，引导和规范驻区居民的生活、生产活动。

4.3.2 重点保护区域

4.3.2.1 自然保护区

西部隆起带内共有各级自然保护区 30 个，结合主体功能区划适当调整保护区面积，实行严格的环境保护制度，加大投入力度，完善保护区管理体制，引导人口有序转移，促进自然保护区生态环境良性发展。

4.3.2.2 重点生态功能保护区

落实《山东省重要生态保护区规划》，对西部隆起带内的沭河源头、泗河源头、跋山水库、云蒙湖、丁东水库和东昌湖等水源涵养生态功能保护区，实行强制性保护，加快实施流域综合治理，加强河道和库区周边植被修复与保护，严禁发展有污染的产业，合理安排城镇建设，严格控制人口规模。

在抱犊崮水土保持生态功能保护区内，对宜林荒山实行全面封山育林，25°以上坡地实施退耕还林、退耕还草；大力营造水土保持林、水源涵养林，采用乡土植物种类和其他适宜种类，恢复森林和灌丛植被，提高植被覆盖率；修建水土保持拦、截、蓄等工程，建立完善水土保持预防监督体系和水土流失监测网络，增强区域水土保持能力。

在鲁西北黄泛平原防风固沙生态功能保护区内，扩大植树造林规模，以建立水土保持林和农田林网为主，推进农田林网化、沟渠林带化、道路林荫化、村庄园林化；实施沙荒地改造和中低产田改造，平沙丘、填低洼、建林场，开挖沟渠，修建泵站，翻淤压沙，利用生物和工程等措施治理和改造沙化土壤，合理利用水资源，控制风沙危害，建立水土保持预防监督体系和水土流失监测网络，提高防风固沙能力。

在鲁蒙山生物多样性保护生态功能保护区内，运用景观生态学原理指导资源开发，加强生态环境建设与保护。统筹城乡建设规划，保护区内不得新建污染环境和破坏生态的开发建设项目，对原有不符合要求的项目进行规范整顿。采取系统及工程方法，保护区内珍惜动植物资源。开展生态旅游，丰富旅游资源的沂蒙文化内涵，促进旅游可持续发展。

对南四湖和东平湖 2 个洪水调蓄生态功能保护区进行疏浚清淤，提高调洪蓄洪能力；加快植被恢复，实施封滩育草育林；开展以水生经济作物和避洪农作物为主的种植业结构调整，在湖区周边地区推广生态农业、绿色农产品的开发；推动生态旅游业发展；采用人工湿地、植被过滤带、草地缓冲带、岸边缓冲区等措施，防治农业面源污染，减轻对水体的污染；加快污水处理、垃圾处理等环境基础设施建设，解决水污染和生活垃圾对湿地造成的破坏。

在沂蒙山、泰山国家级水土流失重点治理区内，以水土保持综合治理为主，全面规划，建立水土流失综合防治体系，改善生态环境；推进农村剩余劳动力转移，适度控制区人口规模；调整农业结构，发展生态农业，重点搞好坡耕地综合治理和基本农田建设；同时，做好预防保护和监督管理工作。在黄泛平原风沙国家级水土流失重点预防区内，以保护现有植被和水土保持设施，防止乱砍滥伐为主，做好局部水土流失严重区的治理工作。

4.4 主要任务

4.4.1 深入开展污染减排，优化区域科学发展格局

4.4.1.1 控制污染物排放新增量

建立项目环境影响评价与规划环境影响评价审批联动机制和责任追究制度，进一步严格建设项目环评审批，县级以上的土地利用规划和区域、流域的建设、开发利用规划，以及工业、农业、畜牧业、林业、能源、水利、交通、城市建设、旅游、自然资源开发的有关专项规划，均应按有关规定在规划编制过程中开展环境影响评价。建立跟踪评价机制，对规划实施 5 年以上的产业园区，要开展规划环境影响跟踪评价工作，为新一轮规划的修订或编制提供依据。

以生态功能分区为基础，结合各分区的自然环境条件和产业发展水平，科学制定区域、行业环境准入条件，把减排指标完成情况作为区域项目审批的前置条件，

严把建设项目准入关。推进建设项目“入园进区”，进一步提高化工、涉重金属等重点防控行业环境准入门槛。

对空气质量达不到国家二级标准且长期得不到改善、不能完成污染减排任务、跨行政区域河流交界断面水质达不到控制目标、重点治污工程建设严重滞后或建成后不按有关要求运行的区域，暂停审批除污染防治以外的所有建设项目，实现以限促治的目标。

严格落实《山东省区域性大气污染物综合排放标准》和《山东省南水北调沿线水污染物综合排放标准》等四项标准修改单，充分发挥环境标准在结构调整中的导向作用。

4.4.1.2 削减污染物排放总量

合理调整能源结构，大力发展新能源和可再生能源，进一步降低煤炭在一次能源消费中的比重。新建涉煤项目实行煤炭等量替代。制定落后产能淘汰计划，强制淘汰重污染行业落后产能，逐步搬迁改造或“关、停、并、转”位于环境敏感区内的高风险企业。推进济宁、枣庄两市资源型城市转型，加快发展接续产业和替代产业，建设国家采煤塌陷地治理示范基地和全国资源型城市转型示范市。

加大结构调整力度，腾出总量空间。加大电力、钢铁、焦化、建材、有色、石化、造纸、印染、酿造等重点排污行业落后工艺、技术、设备和产品的淘汰力度。淘汰运行满 20 年且单机容量 10 万 kW 及以下的常规火电机组、服役期满单机容量 20 万 kW 以下的各类机组以及供电标准煤耗高出 2010 年全省平均水平 10%或全国平均水平 15%的各类燃煤机组。推动济宁、聊城等小火电集中地区“上大压小”项目建设。对不符合产业政策，且长期污染严重的企业予以关停。对没有完成淘汰落后产能任务的市（县、区），暂停其新增主要污染物排放总量的建设项目环评审批。

进一步挖掘工程减排潜力，继续实施工业企业深度治理、城镇污水处理厂新（扩、改）建、再生水利用和人工湿地水质净化等水污染物减排工程。加大钢铁、焦化、燃煤锅炉等非电行业脱硫工作力度。实施火电行业低氮燃烧改造及脱硝工程以及水泥、工业锅炉等非电行业脱硝示范工程。

拓展管理减排途径，确保减排实效。全面推行清洁生产，不断加大清洁生产审核力度，积极鼓励、引导企业自愿开展清洁生产审核，强化“双超”“双有”企业强制性清洁生产审核及评估验收。到 2015 年，重点企业全部完成第一轮清洁生产审核及评估验收。重点加强火电行业脱硫设施管理，实施脱硫烟气旁路烟道铅封和循环流化床炉内脱硫工艺“三自动”等管理减排措施。全面开展排污许可证制度的规范化和系统化建设，所有企业必须持证排污。严格执行老旧机动车淘汰制度，大力推广新能源公交车、出租车。

4.4.1.3 推动绿色经济快速增长

加快发展循环经济。全面总结国家级和省级循环经济试点经验，大力推广循环经济典型模式。加快武城循环经济产业园、聊城市信发铝业循环经济示范园、东平矿产业精深加工循环经济产业园等循环经济园建设。按照循环经济要求，规划、建设和改造各类产业园区，以现有的山东阳谷祥光生态工业园区、临沂经济开发区 2 个国家级生态工业示范园区为示范，加快推进山东德力西再生塑料工业园区、山东信发铝业循环经济示范园、滕州经济开发区、东平工业园区、莒南经济开发区、金乡经济开发区等生态工业园区建设。总结推广聊城造纸行业废料造肥、德州水泥行业粉煤灰综合利用等典型经验，加快建立再生资源回收利用产业体系，实现减量化、再利用、资源化。

培育壮大节能环保产业。围绕节能、废水处理、烟气控制、固废资源化和环保新材料等领域，推进环境服务业发展。鼓励发展节能技术、节能监测诊断、节能咨询、节能环保贸易等产业，积极推行合同能源管理，拓展节能服务市场。积极发展环保工程总承包服务和治理设施运营专业化、社会化服务，支持发展环保咨询、信息和技术服务业。

发展低碳技术。加快电力、钢铁、水泥、化工、交通、建筑、农业七大行业的低碳技术研发、推广和应用，推动低碳技术向传统产业扩散和应用。推进减量化技术、能源利用技术、低碳建筑设计与建造技术、绿色消费技术等重大关键技术攻关。推进低碳示范工程建设，支持德州建成全省低碳发展示范城市，支持济宁、枣庄、临沂等地开展省级低碳示范园区建设。

4.4.1.4 优化区域发展布局

（1）加强主体功能区区划管理

落实《山东省主体功能区规划》的主体功能区分区管理，规范开发秩序，控制开发强度，形成人口、经济、资源环境相协调的空间开发格局。在优化开发区域，提高生态空间的集约利用水平，实施更加严格的环境准入和污染物排放标准，实现更高要求的污染物减排目标，以环境保护优化经济增长，进一步增强可持续发展能力。在重点开发区域，控制生态空间的开发强度，科学合理利用环境承载能力，集约利用能源资源，严格控制污染物排放总量。在限制开发区域，确保生态空间不减少，坚持保护优先、适度开发，合理选择发展方向，发展无污染的特色优势产业，加强生态修复，逐步恢复生态平衡。在禁止开发区域依据法律法规和规划实施强制性保护，严禁不符合主体功能定位的开发活动，控制人为因素对自然生态的干扰和破坏。

（2）实行分区域环境保护战略

实施差别化的区域环境管理对策，鲁南地区重点推进产业结构优化升级，转变经济增长方式，实施城乡环境保护一体化，大规模开展生态修复，减缓生态环境压力。鲁中南地区应有效维护区域资源环境承载能力，加快产业布局的优化调整，重点推进城乡环境基础设施全覆盖并保障稳定运行。鲁西南地区应加强环境准入管理，提高环境监管和环境基础设施建设水平，防止开发过程中的环境污染和生态破坏。

（3）规范各级、各类工业园区建设

清理整顿各级、各类工业园区，限制化工园区的建设规模。严格按照产业定位开发建设，注重区内企业合理布局，合理设置环境安全防护距离，化工区边界与居住区之间设置不少于 500 m 的隔离带，隔离带内不得规划建设学校、医院、居民住宅等环境敏感目标，逐步解决工业与生活用地混杂的问题。开发区、工业园区、工业集中区应配备建设污水处理厂、集中供热等基础设施。新建涉及危险工业化学品项目应进入化工园区集中布置，现有化工企业应逐步向化工园区集中，实现工业“三废”集中处置，推动工业园区的生态化改造。

（4）严格生态空间管理

与山东省重点生态功能保护区规划衔接，参照《国家生态保护红线——生态功能基线划定技术指南（试行）》，科学划定“生态红线”，完善生态红线管控制度，严守生态红线。

4.4.2 全面构建“治、用、保”流域治污体系，实现水生态环境持续改善

4.4.2.1 饮用水水源地保护

严格执行《水污染防治法》和《饮用水水源保护区污染防治管理规定》，落实饮用水水源地保护措施，实施一级保护区封闭管理，清理保护区内与水资源保护无关的生产经营活动，清理或拆除保护区内违法建设项目，逐步搬迁保护区内村落。实施水源地周边截污工程建设。

加强水质监测，市级环境监测部门应具备饮用水水源地全分析（地表水 109 项、地下水 39 项）监测能力，县级环境监测部门根据辖区饮用水水源地监测需求分别具备地表水 61 项、地下水 23 项监测能力，对城镇集中式饮用水水源地每年进行一次水质全分析监测。到 2015 年，城镇集中式饮用水水源地水质达标率不低于 90%。逐步推进地下水污染防治。开展地下水污染状况普查，在地下水污染问题突出的工业危险废物堆存、垃圾填埋、矿山开采、石油化工生产等地区，筛选典型污染场地，开展地下水污染修复试点。

4.4.2.2 强化流域污染治理

（1）深化工业污染治理

进一步加大工业点源治理力度，按照《山东省南水北调沿线水污染物综合排放标准》（DB 37/599—2006）等四项标准修改单要求，以造纸、纺织印染、化工、制革、

农副产品加工、食品加工和饮料制造等行业为重点，对区内所有不能稳定达到新排放标准要求的水污染企业，一律实施污染治理再“提高”工程，确保工业点源稳定达标排放。

（2）加快城乡环境基础设施建设

抓好城镇污水处理厂升级改造、管网铺设、除磷脱氮、污泥处理设施建设，努力提高管网覆盖范围和污水集中处理能力。流域内所有新（扩、改）建的城镇污水处理厂全部执行一级排放标准，城市建成区彻底解决污水直排问题。到 2015 年，全区城市污水处理厂运转负荷率平均达到 80%以上，城市和县城污水集中处理率达到 90%。加大对现有雨污合流管网系统改造力度，难以实施分流改造的要采取截流、调蓄和处理措施；将城镇周边村庄纳入城镇污水统一处理系统，集中连片的村庄建设规范的污水处理设施，居住分散的村庄因地制宜建设小型人工湿地、氧化塘等妥善的污水处理设施。

加大渔业、畜禽养殖和航运污染治理力度。到 2015 年，南水北调东线沿线区域，农田测土平衡施肥覆盖面积达到 100%，规模化畜禽养殖场粪便无害化处理率达到 90%。实施南四湖、东平湖湖区功能区划制度和养殖总量控制制度，取消人工投饵料鱼类网箱、围网等养殖方式。

4.4.2.3 构建再生水循环利用体系

（1）大力推进再生水截蓄能力建设

利用流域内季节性河道、蓄滞洪区和闲置洼地，因地制宜地建设各类不同规模的调蓄水库和截蓄导用工程，拦蓄汛期河水和辖区内再生水，解决周边工业用水和农业灌溉用水需求，最大限度地实现行政辖区内部再生水资源的充分循环。推进刘楼、戴老家、菜园集等平原水库建设，加快岸堤、岩马、贺庄等大中型水库增容，在山丘地区新建庄里、辛庄、稻屯洼等大中型水库。实施一批拦河闸坝和水系贯通工程，规划建设沂沭河洪水西调、南四湖及东平湖增容工程，提高水资源供应和雨洪资源利用能力，重点解决城郭河、薛城小沙河、峄城沙河和韩庄运河等控制单元入河量超过下游截蓄能力的问题。力争到 2020 年，西部隆起带新增供水能力 12.3 亿 m^3，灌溉总面积达到 4 200 万亩，高效节水灌溉面积 1 440 万亩。

（2）积极推进再生水回用工程建设

加大电力、化工、造纸、冶金、纺织等高耗水行业节水技术改造力度，推广先进节水工艺和设备，实行行业用水定额管理。提高工业企业再生水循环利用水平，减少工业新鲜水取水量。大力提高城市污水再生利用能力，加快城市污水处理厂中水回用工程建设，到 2015 年，新（扩）建一批城市污水处理厂再生水回用工程，新增规模 120 万 t/d 以上，城市回用水利用率达到 15%以上。结合截蓄导用工程建设，以枣庄、济宁、菏泽等市为试点开展区域再生水循环利用试点。

加大城镇再生水循环利用基础设施建设力度，城市新区建设规划要补充纳入再生水循环利用基础设施建设内容，市、县城市总体规划中要确保建设污水处理及再生水利用设施建设用地需求，完善城市再生水输水管网系统，在城市绿化、环境卫生、景观生态等领域，加大再生水使用比例。新建建筑面积在 2 万 m^2 以上的大型公共建筑、房屋建筑面积达到 10 万 m^2 以上的住宅小区应就近接入市政再生水管线，不能接入市政再生水管线的应配套建设污水处理回用设施。

4.4.2.4 加快人工湿地净化工程建设

全面落实湖泊生态保护试点方案规划的各项任务，加大退耕还湿、退渔还湖力度，在各主要河流及入湖口建设人工湿地水质净化工程，重点推进微山湖湿地公园、泗河生态河道治理工程、云蒙湖生态环境保护试点、武河湿地公园二期、西部新城小涑河流域生态修复和污染防治、临沂经济技术开发区七河整治及生态修复工程。通过恢复和重建大面积湿地生态系统，拦蓄河道水量，增加流域环境容量，提高水体自然净化能力，进一步降低上游来水污染负荷。

4.4.3 突出重点，实现大气污染防治新突破

严格落实《山东省 2013—2020 年大气污染防治规划》和《山东省 2013—2020 年大气污染防治规划一期（2013—2015 年）行动计划》，切实做好“调结构、促管理、搞绿化”三篇文章，努力实现全区大气污染防治新突破，确保 2015 年城市空气主要污染物年均浓度比 2010 年改善 20%以上，力争到 2020 年，环境空气质量比 2010 年改善 50%左右。

4.4.3.1 优化区域能源和产业结构

（1）积极调整能源结构

大力实施“外电入鲁”工程，合理布局建设清洁高效火电和热电联产机组，按照我省 2013—2020 年大气污染防治规划和“十二五”能源发展规划，提出进一步强化隆起带煤炭消费总量控制和清洁能源利用的推进政策和措施，确保到 2015 年实现煤炭消费总量“不增反降”。围绕 2017 年单位工业增加值能耗比 2012 年降低 20%左右的目标，分行业编制节能和循环利用指南。

加大天然气利用力度，优先用于保障民生的居民用气和冬季供暖，鼓励燃煤设施实施煤改气，组织枣庄、临沂、德州等市制定燃煤锅炉煤改气方案，研究出台煤改气补贴或激励政策。根据城市和区域能源发展规划，提出清洁能源尤其是燃气发展计划，提高城市清洁能源使用比重。围绕环境质量改善需求，结合城市热电联产规划和城市供热专项规划，提出城市集中供热的发展规模、集中供热率以及重点供热建设项目，并对集中供热设施污染防治提出具体要求。

根据城市发展计划，及时调整城市高污染燃料禁燃区的划定方案，扩大禁燃区

范围，禁止原煤散烧，制定相应环境管理政策，对燃煤区提出供热来源方案。推进城市低硫、低灰分配煤中心建设，提出城市配煤中心建设计划，确定煤炭洗选比例以及城市直接燃用的煤炭硫分、灰分要求。

加快热力和燃气管网建设，通过集中供热和清洁能源替代，加快淘汰供暖和工业燃煤小锅炉。将工业企业纳入集中供热范围，不在大型热源管网覆盖范围内的，每个工业园区原则上只保留 1 个燃煤热源。在供热供气管网覆盖不到的其他地区，改用型煤或洁净煤。

理顺有利于节能和工业、农业、城市废弃物循环利用的制度体系，深化体制机制改革，将节能环保潜在市场转化为现实市场。大力实施绿色建筑行动，严格执行建筑节能强制性设计标准，强力推进既有建筑供热计量与节能改造，加强公共建筑节能管理，扎实开展“禁实”“限粘”工作。

（2）大力调整产业结构

按照《山东省区域性大气污染物综合排放标准》（DB 37/2376—2013）要求，尽快划定核心、重点和一般控制区，全面实施分阶段逐步加严的大气污染物排放地方标准。对区域内布局不合理的重点污染企业，结合产业结构调整计划提出搬迁改造方案，明确搬迁时间、地点、规模及工艺改造等方案。建成区禁止新建除热电联产以外的煤电、钢铁、建材、焦化、有色、石化、化工等行业中的高污染项目，德州、聊城、菏泽等没有资源的地区不再新建水泥熟料生产线（资源综合利用项目除外）。着力加强脱硫脱硝工程建设，2014 年年底前区域内 4 000 t/d 及以上熟料生产线要全部配套脱硝设施。

按照重点行业单位产品废气排污强度到 2017 年比 2012 年下降 30%以上的目标，制定重点行业更严格的清洁生产标准，强化重点行业清洁生产审核，建立推动企业落实清洁生产中/高费方案的体制机制。对钢铁、电解铝、水泥、平板玻璃、焦炭等产能过剩“两高”行业，制定实施产能总量控制发展规划，新、改、扩建项目实行减量置换落后产能，遏制产能过剩行业无序扩张。加强“两高”行业整顿，对照逐步加严的标准，整顿钢铁、电解铝、焦炭等重点行业，制定限期整改方案。

加快落实山东省钢铁产业结构调整和淘汰压缩落后产能的要求，优化钢铁产业结构，淘汰落后产能。对电力、建材、化工、焦化等行业以及工业锅炉制定淘汰工作方案，明确淘汰的具体时间、淘汰规模，估算重点污染物减排量。研究制定对能源结构较重、“小火电”集中的济宁、枣庄、聊城 3 市加快实施“上大压小”的政策措施。到 2020 年，力争区域内关停小火电机组 100 万 kW 左右。

4.4.3.2 加大重点污染物与温室气体排放控制

继续加强二氧化硫污染控制。加强火电、钢铁、化工、水泥等行业二氧化硫治理。钢铁行业烧结机和球团全面实施烧结机烟气脱硫，焦化行业炼焦炉荒煤气全部实行脱硫，硫化氢脱除效率达到 95%以上；石油炼制行业催化裂化装置配套建设催化剂再生烟气脱硫和高效除尘设施，硫黄回收率要达到 99.8%以上；有色金属冶炼行业生产工艺设备更新改造，提高冶炼烟气中硫的回收利用率。加强大中型燃煤蒸汽锅炉烟气治理，规模在 20 t/h 及以上的全部实施脱硫，综合脱硫效率达到 70%以上。积极推进陶瓷、玻璃、砖瓦等建材行业二氧化硫控制。全面整顿企业自备燃煤电厂和中小型热电联产燃煤企业，到 2017 年年底，合计装机容量达到 30 万 kW 以上的，按等煤量原则，改建为高参数大容量燃煤机组；完成所有企业自备燃煤机组脱硫脱硝除尘改造，实现达标排放，否则，一律关停。

实施氮氧化物污染控制。大力推进火电行业氮氧化物控制，加快燃煤机组低氮燃烧技术改造及炉外脱硝设施建设。现役单机 200 MW（不含）以下燃煤发电机组全部安装低氮燃烧器，脱硝效率达到 35%；现役单机 200 MW 及以上燃煤机组全部建设脱硝设施，脱硝效率达到 70%，建设 35 t/h 以上燃煤锅炉低氮燃烧示范工程。加强水泥行业氮氧化物治理，对新型干法水泥窑实施低氮燃烧技术改造，配套建设炉外脱硝设施。

工业烟（粉）尘治理。燃煤机组必须配套高效除尘设施，烟尘排放浓度超过 30 mg/m^3 的火电厂，必须进行除尘设施改造；未采用静电除尘器的钢铁行业现役烧结（球团）设备全部改造为袋式或静电等高效除尘器；水泥窑及窑磨一体机除尘设施应全部改造为袋式、电袋复合等高效除尘器；水泥企业破碎机、磨机、包装机、烘干机、烘干磨、煤磨机、冷却机、水泥仓及其他通风设备需采用高效除尘器；20 t 以上的燃煤蒸汽锅炉应安装静电除尘器或布袋除尘器，鼓励 20 t 以下中小型燃煤工业蒸汽锅炉使用低灰优质煤或清洁能源。

挥发性有机物治理。开展挥发性有机物摸底调查，编制重点行业排放清单，建立挥发性有机物重点监管企业名录。在复合型大气污染严重的地区，开展大气环境挥发性有机物调查性监测。加强挥发性有机物面源污染控制，严格执行涂料、油墨、胶黏剂、建筑板材、家具、干洗等含有机溶剂产品的环境标志产品认证标准；强化挥发性有机物点源控制，石油化工、汽车涂装、塑料包装印刷、有机精细化工等行业产生的有毒有害气体，必须由密闭排气（通风）系统导入净化控制装置回收利用或处理达标后排放。加油（气）站、储油（气）库和油（气）罐车应进行油气回收治理，控制油气挥发，在 2014 年年底前完成油气回收治理工作。积极推进汽车制造与维修、集装箱、电子产品、家用电器、家具制造、电线电缆等行业表面涂装工艺挥发性有机物的污染控制。

加强扬尘综合整治。严格落实《山东省扬尘污染防治管理办法》中各项有关扬尘污染控制的规定，加强对建筑、市政、拆迁、园林绿化等各类施工工地扬尘污染防治，各类施工工地全面实施扬尘污染防治分类挂牌管理，根据扬尘污染防治措施落实情况，分别给予授绿牌、挂黄牌和亮红牌，并进行动态化更新。以各市主城区为扬尘污染重点控制区，制定扬尘污染治理实施方案，力争到2015年年底，城市建成区降尘强度在2010年基础上下降15%以上；2017年年底前，降尘强度下降30%以上。强化施工扬尘管理，加强城市规划区域和靠近村镇居民聚集区的扬尘管理。提高机械化清扫率，到2015年城市建成区达到70%以上。探索推行建筑扬尘、道路扬尘网格化、属地管理。强化煤堆、土堆、沙堆、料堆的监督管理，积极推进粉煤灰、炉渣、矿渣的综合利用，减少堆放量。禁止农作物秸秆、城市清扫废物、园林废物、建筑废弃物等的违规露天焚烧。建立秸秆高附加值综合利用示范工程，引导农民自觉摒弃秸秆焚烧行为。到2015年，秸秆综合利用率大于85%。

强化餐饮业油烟治理。城市市区餐饮业油烟净化装置配备率达到100%，油烟排放满足《饮食业油烟排放标准》要求。加强对无油烟净化设施露天烧烤的环境监管。

强化机动车污染防治。以大中重型客货运输车辆为重点，淘汰高污染机动车。到2015年年底，淘汰黄标车、老旧车39.36万辆。以营运车辆和公务车辆为重点，实施黄标车限行，在全省2013年年底全省高速公路禁行黄标车基础上，2014年省道禁行黄标车，2015年年底各市的主城区禁行黄标车。强力推进机动车燃油品质升级，加快车用燃油低硫化步伐。在2013年年底前全面供应国Ⅳ车用汽油的基础上，2014年年底前，全面供应国Ⅳ车用柴油，力争2017年年底前，全面供应国Ⅴ车用汽柴油。推进配套尿素加注站建设，2015年年底前，全面建成尿素加注网络，确保柴油车SCR装置正常运转。严格实行机动车环保标志管理，到2015年年底，汽车环保标志发放率达到85%以上。大力推进城市公交车、出租车、客运车、运输车（含低速车）集中治理和更新淘汰，杜绝车辆"冒黑烟"现象。鼓励有条件地区提前实施下一阶段机动车排放标准。加快完成非道路移动源排放调查，建立大气污染控制管理台账。

强化有毒有害气体治理。按照国家发布的有毒空气污染物优先控制名录，推进排放有毒废气企业的环境监管。积极推进汞排放协同控制，实施有色金属行业烟气除汞技术示范工程，编制燃煤、有色金属、水泥、废物焚烧、钢铁等重点行业大气汞排放清单，研究制定控制对策。按照国家履约计划，加强消耗臭氧层物质（ODS）管理，完成含氢氯氟烃、医用气雾剂全氯氟烃、甲基溴等淘汰任务。

温室气体排放控制。加强温室气体与重点大气污染物排放的协同控制，制定协同控制的政策措施，提出下一步落实万元国内生产总值CO_2排放强度指标的具体措施，制定加强温室气体统计和监测工作的具体任务。

4.4.3.3 加强绿色生态屏障建设

在工业企业和工业园区周边、城市不同功能区之间，科学规划和大力建设绿色生态屏障。实施城市绿荫行动，加强绿荫广场、小区、停车场、林荫路建设，最大限度地增绿扩绿；加快城市旧城区、旧住宅区、城乡接合部等重点部位游园和绿地设施建设，完善绿地功能。在城市园林绿化过程中多种乔木，努力提高绿化、园林和景观建设的生态功能。到2015年年底，设区城市建成区绿化覆盖率分别达到42%左右。实施村镇绿化示范工程，以街道绿化、庭院美化、环村林带建设为重点，充分利用闲置宅基地、沟湾渠、废弃地等空闲土地，开展围村林、公共绿地建设，改善农村生态环境和人居环境。

4.4.4 典型示范，把土壤污染防治摆上重要位置

4.4.4.1 优化土壤环境监测点位，建立完善的土壤监测体系

在重金属污染重点防控区、有色金属再生利用企业聚集区、重点废弃物焚烧企业和垃圾、危废填埋设施周边设立长期监测点位，设置耕地和集中式饮用水水源地土壤环境质量监测省控点位，对粮食、蔬菜基地等重要敏感区和浓度高值区进行加密监测、跟踪监测和风险评估，确保农产品质量安全。建立土壤环境质量定期监测和信息发布制度，建成省、市、县三级土壤环境质量定期监测制度。加强城市和工矿企业场地污染环境监管，开展企业搬迁遗留场地和城市改造场地污染评估，将建设场地环境风险评价内容纳入建设项目环境影响评价，探索建立企业污染土壤档案及污染责任终身追究办法。

4.4.4.2 建立并实行严格的土壤环境保护制度

以全省土壤污染状况详细调查为契机，深化土壤污染状况调查成果，在土壤环境质量评估和污染源排查的基础上，划分土壤环境质量等级，建立相关数据库。

严格环境准入，在重点规划环评和排放重金属、有机污染物的工矿企业项目环评文件中强化土壤环境影响评价内容。以新增工业用地为重点，建立土壤环境强制调查评估与备案制度，严格控制新增土壤污染。将耕地和集中式饮用水水源地周边土壤作为优先保护区域，从严控制在优先区域周边新建可能影响土壤环境质量的项目。规范污水、垃圾、危险废物处置，防止造成土壤二次污染。加强农业面源污染防治，禁止生产、销售、使用重金属等有毒有害物质超标的肥料，严格限制高毒、高残留农药施用，大力推广标准地膜和可降解地膜，加快建立废旧农膜回收利用体系，鼓励畜禽粪便、农作物秸秆等废弃物的综合利用。

加强城市和工矿企业场地污染环境监管，开展企业搬迁遗留场地和城市改造场地污染评估，禁止未经评估和无害化治理的污染场地进行土地流转和二次开发。对土壤污染严重影响人体健康的区域，要实施居民搬迁，并防止污染扩散。

4.4.4.3 开展土壤污染治理与修复

加大土壤污染修复技术的研发力度，增强土壤污染防治科技支撑能力。组织开展土壤环境质量评价方法与指标体系、土壤污染风险评估技术方法等研究。研究开发污染土壤修复技术，制定土壤污染防治技术政策和土壤污染防治最佳可行技术导

则。开展重点河流、湖库、河流入海口和滩涂底泥重金属污染状况调查，通过布点监测，全面、系统、准确地掌握底泥重金属污染状况，制定实施治理和修复方案。

以大中城市周边、重污染工矿企业、集中污染治理设施周边、重金属污染防治重点区域、集中式饮用水水源地周边、废弃物堆存场地等区域被污染耕地和被污染地块为重点，按照“风险可接受、技术可操作、经济可承受”的原则，开展污染场地和耕地治理、修复试点工作，实施土壤污染治理与修复试点示范项目，积极解决历史遗留问题。

4.4.5 有效防范环境风险，切实维护环境安全

4.4.5.1 完善环境风险防控体系

开展重点风险源和环境敏感点调查，摸清环境风险的高发区和敏感行业，建立环境风险源分类档案和信息数据库，实行分类管理、动态更新。到2015年，完成全区环境风险固定源的调查工作。到2017年，完成全区环境风险固定源数据库建设。建立和完善敏感保护目标档案库，开展全区重点敏感保护目标抗风险能力调查评估，编制区域环境风险控制工程规划。建立区域环境风险监控网络，完善市、县两级环境风险信息直报系统，建立突发环境事件网络搜集与分析系统，提高环境风险演变为突发环境事件预测预警时效性。

4.4.5.2 防治重金属污染

贯彻落实《山东省重金属污染综合防治“十二五”规划》，加强对电池制造业、有色金属冶炼业、化学原料及化学制品制造业、皮革鞣制、工艺品及其他制造业等涉及重金属行业的环境监管，规范企业环境行为，提高监督性监测频次，并逐步实现在线自动监控、动态管理。严格行业准入，强化源头防控，枣庄滕州市（木石镇、东郭镇、南沙河镇、荆河镇）、临沂罗庄区（高度街道）2 个重点区域禁止新建、改建、扩建增加重金属污染物排放的项目。南水北调工程沿线区域、各级饮用水水源保护区及其汇水区和补给区、因重金属污染导致环境质量不能稳定达标区域、大中城市及其近郊、居民集中区、对环境质量要求高的企业环境安全防护距离内，禁止新、改、扩建重金属排放建设项目。

开展重金属重点防控区专项整治，现有涉重金属企业实施同类整合、园区化集中管理，含重金属废水必须做到车间排口稳定达标排放，含重金属废气应收集处理达标后排放。淘汰涉重行业企业、重点区域的落后产能和工艺设备。到2015年，铅、汞、镉、铬和类金属砷等5种重点防控的重金属污染物排放量重点区域比2007年降低15%，非重点区域不超过2007年水平，重金属污染得到有效控制。

以重点河段底泥治理等工程为试点，开展修复技术示范。加强重金属污染修复科技研究，开展底泥、土壤中累积重金属污染物去除技术及大气中重金属污染物去

除技术的研发与推广，逐步解决历史遗留问题。

4.4.5.3 防治持久性有机物污染

贯彻落实《山东省持久性有机污染物“十二五”污染防治规划》，加强二噁英类持久性有机污染物重点排放源管理，开展二噁英控制与削减工程，到2015年，建立钢铁生产、废弃物焚烧等行业二噁英类持久性有机污染物重点排放源清单，完成在用含多氯联苯类的识别和标识，已识别的杀虫剂类持久性有机污染物和高风险多氯联苯类废物得到无害化处理。

4.4.5.4 加强固体废物污染防治

（1）一般工业固体废物污染防治

推进粉煤灰、炉渣、冶炼废渣、玻璃钢废料等工业固体废物的综合利用，逐步构建企业、行业和区域之间的固体废物循环利用体系，重点推进枣庄华润纸业有限公司、邹城电厂等企业固体废物的综合利用，构建企业、行业和区域间固体废物循环利用体系。推广脱硫石膏生产建筑石膏粉技术和免煅烧脱硫石膏干粉砂浆技术。完善城镇污水处理厂处理污泥处置设施，新（扩）建一批污泥处置设施，新增污泥处置能力 1 589 t/d 以上。严格执行限制进口固体废物审批制度，强化进口废物利用企业监管。

（2）危险废物污染防治

全面落实危险废物的申报登记、产生台账、转移联单、经营许可、行政代处置、事故应急响应等制度，实现危险废物的全过程监管；开展实验室危险废物专项调查，建立和完善危险废物动态管理信息平台。扩大危险废物处置范围，将废有机溶剂等16类危险废物进行无害化处置，危险废物安全处置利用率达到100%。设立危险废物安全处置和减量化、资源化示范项目，加快鲁南危险废物处置中心的建设进度，推进山东鲁抗医药集团、山东东阿阿胶集团等危险废物安全处置和减量化、资源化示范项目建设；建设生活源危险废物收集、暂存网点，分类收集、暂存废铅酸蓄电池、废日光灯管、废感光材料等危险废物。

（3）医疗废物污染防治

加强对医疗废物产生单位的监管，扩大医疗废物收集范围，强化医疗废物转移运输的监控，保证运输安全。加强对医疗废物集中处置单位的监管，确保处置设施正常运转。制定应急处置预案，提高突发疫情医疗废物应急处置能力，加快推进各设区市医疗废物集中处置设施的技术改造和升级。

（4）生活垃圾污染防治

加快各市（县、区）生活垃圾无害化处理处置设施的建设进度，配套建设垃圾中转站，城市生活垃圾无害化处理率达到 95%以上。加强垃圾处理场的二次污染防治，完善渗滤液和填埋气体收集处理设施。对垃圾处理场周边废气、地下水和土壤进行定期监测。建立餐厨废弃物产出量等信息资料库，制定资源化利用和无害化处理推进方案，实现对餐厨废弃物的全过程监督管理。到2015年年底前，设区市全部建成餐厨废弃物处理工程，实现城市餐厨垃圾的集中收集、无害化处理和资源化利用。

（5）废弃电器电子产品等固体废物的污染防治

认真贯彻国务院《废弃电器电子产品回收处理管理条例》，组织开展废弃电器电子产品产生、回收、拆解处理等基本情况调查，淘汰落后的拆解处理设施和产能。新建规模化废旧电器电子产品回收处置项目。加强废旧塑料和废旧轮胎回收利用监管，鼓励发展技术先进、规模化的废旧塑料再生利用和废旧轮胎资源化项目。

4.4.5.5 保障辐射环境安全

落实《山东省辐射污染防治条例》，重点防控放射性污染和电磁辐射污染。完成电磁环境污染源申报登记，建设辐射环境本底及污染源信息与环境管理信息系统。切实加强辐射环境监管监测能力建设，市级环境监测机构达到环发〔2007〕82号标准化建设要求。完善核与辐射事故预警体系，提高对突发辐射事件的应急响应和处置能力。加强辐射安全许可证的审批颁发和竣工环保验收工作，推进重点放射源在线监控，完善放射性废物、废源安全处置运行管理机制。优化电磁辐射环境布局。以无线电通信、电力、广播电视等行业为重点，加强电磁辐射监管。

开展重点城市电网发展规划环境影响评价。将电视发射塔、广播台（站）等大型电磁辐射设施建设纳入当地城市建设发展规划，合理安排功能区和建设布局。改造和搬迁主城区影响周围居民和环境安全的大型电磁辐射设施，切实维护公众的环境权益。

扩大辐射环境质量监测范围，优化监测点位和监测项目，重点加强对大型电磁辐射设施周围环境的监督性监测。到2015年，辐射环境质量监测点覆盖到设区的市，实现辐射环境质量监测的全覆盖。

4.4.5.6 声环境污染防治

（1）区域环境噪声污染防治

严禁在文化娱乐场所使用高声喇叭。对扰民噪声源和厂界噪声不达标的工业噪声源进行限期治理。严格建筑施工噪声管理和夜间施工审批，严防中高考期间施工噪声污染，推广使用低噪声的施工机械，对固定的噪声设备采取隔声措施。

（2）道路交通噪声污染防治

推广采用低噪声路面，改善路面结构，在城市主干道、高架路、市内铁路两侧环境敏感路段建设隔声屏障。在农村公路路面基层施工中，大力推广使用路面冷再生技术，降低环境污染，提高经济效益。严格落实禁鸣措施，在环境敏感区域设置禁鸣标志，扩大禁鸣范围，加大执法力度。科学制定大型货车行驶路段和时间。优化交通噪声监测布点，设置噪声监测实时显示屏。

4.4.6 大力实施综合整治，改变农村环境面貌

4.4.6.1 落实“以奖促治”政策，深入开展农村环境连片整治

在完成枣庄市峄城区、微山县、蒙阴县、德城区、临清市、东明县、宁阳县、郯城县、鄄城县 9 县（市、区）农村环境连片整治示范工作基础上，提炼推广示范工作中的实用技术和运行管理模式，鼓励有条件的地区继续开展以农村饮用水水源地保护、农村生活污染治理、畜禽养殖污染治理和历史遗留的工矿污染治理为主要内容的农村环境连片整治。

开展农村饮用水水源水质状况调查、监测和评估，对农村集中式饮用水水源科学划定保护区，落实饮用水水源保护区排污口拆除、截污及隔离设施建设、标志设置等措施；对农村分散式饮用水水源地，实施截污及隔离设施建设、标志设置等保护措施；定期对农村饮用水水源地进行监测，排查影响饮用水水源地安全的各类隐患，切实保障农村饮用水水源安全。

以南水北调沿线村庄为重点，全面清理河道沟塘有害水生植物、垃圾杂物和漂浮物，疏浚淤积河道沟塘，突出整治污水塘、臭水沟，拆除障碍物、疏通水系，提高引排和自净能力。

加快农村环境基础设施建设，提高农村污水和垃圾处理水平。引导城镇周边村庄纳入城镇污水统一处理系统，鼓励集中连片的村庄建设集中污水处理设施，突出南四湖流域、南水北调东线工程和东平湖流域等重点区域，优先推进位于环境敏感区域、规模较大的规划布点村庄和新建社区生活污水治理。2015 年完成枣庄滕州市西岗镇、泰安肥城汶阳镇、济宁杨营镇、菏泽单县黄冈镇等重点乡镇驻地建设污水处理厂（站）和配套收集管网建设。以“村收集、镇运输、县（市）处理”模式为主，建设一批符合农村实际的垃圾收集处置设施，并建立长效运营管理机制。完成区内涉及 36 个市（县、区）、148 个乡镇、2 273 个贫困村的农村垃圾一体化收集模式建设。力争到 2015 年实现重点（乡）镇建立垃圾收集、转运和处置体系，实现生活污水妥善处理。

加大农村工业污染治理力度，对历史遗留、无责任主体的农村工矿污染进行治理。优化调整工业布局，清理整顿工业集中区，加强农村地区工业集中区建设规划的环境影响评价和审批管理，推进农村地区企业集中布局、集约发展。加快淘汰区域内落后生产能力，严格农村地区工业企业环境准入条件，防止工业污染向农村地区转移，防止“十五小”“新五小”和“两高一资”企业在农村地区死灰复燃。

以“硬化、净化、绿化、美化、亮化”为重点，改善村容村貌，以“改水、改厕、改路”为重点，整治镇村环境。整治露天粪坑、畜禽散养、杂物乱堆，拆除严

重影响村容村貌的违章建筑物、构筑物及其他设施，整治破败空心房、废弃住宅、闲置宅基地及闲置用地。电力、电信、有线电视等线路敷设以架空方式为主，杆线排列整齐，尽量沿道路一侧架设。

4.4.6.2 加大农村面源污染防治，发展绿色生态农业

全面推广测土配方施肥，提高化肥和农药利用率，减少流失量。加强土壤环境监测与污染防治，合理施用农用化学品，保障农产品安全。重点在南水北调沿线村庄污水河塘及规模农业园区推进农村面源氮、磷拦截系统工程建设，构建生态屏障，并向南四湖、东平湖等其他大中型湖泊及沂河、沭河等主要河流汇水区域推广。建立精确施肥示范基地，实现精量高效科学施肥；结合绿色食品、有机食品认证工作，推广有机肥料的使用。逐步推广高效、低毒、无残留的生物农药的使用，推进农业病虫害的综合防治，以大幅度降低农药施用量。

推广畜禽生态养殖技术，南水北调沿线各市要按照国家有关规定编制本辖区的禁养区划定方案，科学划定畜禽禁养区、限养区和适养区；限期拆除、搬迁禁养区内养殖场，统筹安排养殖用地，大力推广生态养殖小区和规模养殖场建设；对新、改、扩建的畜禽规模养殖场严格执行环评、环保“三同时”和排污申报制度。农作物秸秆以及畜禽养殖业粪便遵循生态农业的运作方式，进入沼气生产设施产生沼气；沼渣和沼液作为肥料重新回到农田，形成循环的模式。

加强农业基础建设，逐步建立健全农业生态环境监测体系，加强对农业环境污染和生态破坏情况的监控。加快农村能源建设，推广沼气池、省柴节煤灶燃气化和生态农业技术，鼓励生态农业建设示范区的建设以及无公害农产品、绿色食品和有机食品的认证工作，使农业生态环境得到全面治理。

引导农民科学使用农膜，推广一膜两用技术、适时揭膜技术、机械拾膜技术，扶持废旧农膜回收加工企业，在乡镇建立废旧农膜回收站（点）。

4.4.7 全面推进生态建设，逐步恢复生态功能

4.4.7.1 推进资源开发的生态环境保护

按照功能分区，统筹土地资源的开发与保护，推动土地集约化利用、规模化经营。合理确定新增建设用地规模、结构和时序，提高单位土地投资强度和产出效益。按照森林覆盖率和城市建成区绿化率指标合理确定林业用地规模和城市建设生态格局。在生态环境保护的前提下，有序推进基本农田整理、中低产田改造、盐碱涝洼地等的综合治理，加快高标准农田建设，提高农用地综合效益。引导农民集中居住，推进城乡适度合并，鼓励农民往县城镇搬迁，推动新型城镇化建设，提高农村建设用地利用效率。依法管理矿产资源，严格开发资格认证和许可管理，严禁滥采，杜绝矿产资源流失和生态破坏。

通过构建节水型社会，逐步实现以用水总量控制和定额管理为核心，构建水量与水质相统一的最严格水资源管理体系、与水资源能力相适应的经济结构、与水资源优化配置相协调的节水工程技术体系，鼓励再生水、中水回用。

4.4.7.2 突出抓好水系生态建设

严格执行《山东省水系生态建设规划（2011—2020 年）》，按照西部隆起带水系流域特点和生态主导功能，围绕南四湖、东平湖、沂沭河、大汶河、黄河等流域，加快实施水系造林绿化、湿地保护与修复、水土保持、农业面源污染控制、破损山体治理、环境综合治理六大工程。重点建设南水北调干线、环南四湖、环东平湖、沂蒙山区、沿黄河、沿省界线等生态保护带（区），加大水土保持和水资源保护力度，进一步改善水系生态环境，优化产业发展布局，维护水系生态安全，提高资源环境承载能力。

统筹搞好水利和水生态建设，修复重点流域湿地生态环境景观，创建一批高水平自然保护区、水生态文明城市、湿地公园和精品小流域。坚持水质保障、内河水运、沿河绿化、产业园区、文化旅游、城镇社区统筹规划，合理布局，协调推进，提升京杭运河开发建设水平和综合功能效益，再造沟通大江南北、带动区域繁荣的黄金水道，建设文化特色突出、水韵林海交融的生态长廊。重点实施枣庄中心城区环城森林公园、高唐清平森林公园、冠县黄河故道森林公园、临沂武河湿地公园二期，济宁市微山湖湿地公园和古漯河湿地公园等建设工程，继续推进泗河生态河道治理、临沂市云蒙湖、西部新城小涑河流域、东平湖生态功能区建设、德州市夏津黄河故道生态修复和污染防治等工程。

在总结小清河、大汶河流域生态补偿经验的基础上，探索市场化的生态补偿机制，支持欠发达地区和重点生态功能区发展；探索建立沂蒙山区、南水北调沿线生态环境补偿机制试验区。开展湿地保护与合理利用示范，在严格保护前提下，探索发展湿地经济。

4.4.7.3 加强重点生态功能区保护治理

新建沂山、枣庄望仙山、蒙阴坦埠镇苏家村科马提岩、大汶河鸟类等自然保护区；支持蒙山、峄山、十八盘、东平湖等自然保护区升级为省级自然保护区，支持南四湖自然保护区升级为国家级自然保护区。

实施重大生态修复工程，强化水土流失、破损山体、采空塌陷、工业污染土地、地下水漏斗区、荒山及沙荒地等生态脆弱区和退化区的保护治理。加快实施《山东省矿山环境保护和治理规划》，继续加大矿山整治力度，进一步限制开山采石。对关停矿山宕口，开展综合整治，修复山体、排除隐患、平整土地、美化环境、恢复生态。重点加强济宁、枣庄市采煤塌陷地及破损山体治理工程，推进鲁西南地区土壤风蚀尘控制工作。支持济宁申报国家采煤塌陷地开发治理试点城市，并建成国家采煤塌陷地治理示范基地。

加大水土保持监督管理力度，依法防治因生产建设活动造成的水土流失，继续开展以小流域和小区域为单元的水土流失综合治理，积极推进水土保持监测网络建设，重点推进沂蒙山、泰山国家级水土流失重点治理区、黄泛平原风沙国家级水土流失重点预防区的治理与监督监查，加快实施处于沂蒙山、泰山国家级水土流失重点治理区的各有关县（市、区）的清洁小流域治理项目和区内大中型引黄口设置沉沙池的灌区风沙治理项目。到2020年，水土流失治理率达到70%以上。

4.4.7.4 构筑绿色生态屏障

实施重要生态公益林保护重点工程，突出抓好沿湖、沿河生态防护林建设，进一步提升公路、铁路、航道两侧绿化品质。以增加森林资源总量和提高森林质量与效益为主攻方向，加快实施丘陵岗地、荒山、滩涂植被恢复工程，努力减少水土流失。到2020年，全区新增造林面积600万亩。

按照国家《城市园林绿化评价标准》，在城市绿化总量保持平稳增长的基础上，进一步完善城市绿地布局的均衡性，提升园林绿化品质，提高城市绿地系统综合效益。积极扩大乡土、适生植物的应用，彰显城市个性特色，丰富季相景观，优化城市生态环境。城市园林绿化由质量普遍提升向绿地系统效应有效发挥转变。

结合农村环境综合整治，加强村庄绿化建设。因地制宜，把村旁、宅旁、路旁、水旁作为绿化重点，形成点线面相结合的村庄绿化格局。大力推广应用乡土树种、珍贵树种造林，鼓励农户选择多品种、不同季相的林果花卉、经济林木，大力开展庭院绿化，发展庭院经济。

4.4.7.5 深化良好的生态创建

推动曲阜市、临沂市兰山区、沂水县等12市（县、区）开展省级生态市（县、区）建设。以西部隆起带362个国家级、省级生态乡镇和147个国家级、省级生态村为基础，继续开展国家级、省级生态乡镇和生态村建设。力争到2017年和2018年临沂市、济宁市分别建成国家生态市。开展绿色学校、绿色家庭、绿色企业、绿色社区等创建活动。以城市社区为基本创建单元，开展绿色社区创建活动，改善社区人居环境。

4.4.8 加强环保能力建设，推进区域内环境同治

4.4.8.1 环境保护能力建设

通过完善机构设置、充实提高环保队伍、强化环保设施设备，大幅提升基层环境基础建设，全面推进西部隆起带二级、三级环境监测站标准化达标建设，在有条件的镇设立环境监测分站。全面推进市县两级环境监测、监察、应急能力标准化，全面推进环境宣教、统计、信息等环境保护能力标准化建设。加强环境监测、监察、

核与辐射监管、信息和宣教等机构业务用房建设，保障业务用房维修改造的经费，提高达标水平。

4.4.8.2 实施区域环境同治

（1）建立协同联动的环境监管体系，搭建一体化平台

优化升级西部隆起带区域大气和水质自动监控网络，将其全部纳入区域监控网；完善跨行政区河流交接断面水质监测站，加强对跨界水环境的实时监控。统一监测方法和标准，推进监测质量管理一体化，强化区域环境监测数据与评价结果的可比性，完善区域环境质量评价体系。

建立“条块结合”的环境监管机制，定期组织区域各市环境监察专项稽查交叉抽查工作。建立跨区域的联合执法机制，联合查处跨区域的环境问题和污染纠纷，重点打击行政区边界的环境违法行为以及非法转移危险废物行为，联合调查处理重大环境信访案件，完善案件移交移送机制。继续推进和完善重点污染源监测监控系统，建立西部隆起带污染源动态管理信息系统，搭建环境境信息统一对外发布的网络平台。

建立行政辖区边界跨地区、跨流域和部门间的环境执法联防联控联动机制。建立边界地区、河流上下游跨区域、跨流域的重大项目环评会商机制和重大规划联合决策机制，促进区域间统筹规划、同步联动。建立跨区域、跨流域和部门的日常联合执法机制，构建信息共享平台，实现信息互换互通，及时沟通、协商、研究突出环境问题，实现联防联控联动。探索建立环境安全应急联动机制。安检、公安、环保、交通、水利、农业、林业、气象、渔业等部门建立环境风险源和面源的联防联控机制，共同加强环境风险与风险防控管理。

（2）跨界水体污染齐防共治

强化跨界河流断面水质目标管理和考核，综合运用行政、经济、法律等多种手段，逐步建立健全信息通报、环境准入、结构调整、企业监管、截流治污、河道整治、生态修复等一体化的跨界河流污染综合防治体系。跨界河流相邻地区加强河流水质、项目审批、规划实施等方面的信息通报，联合制定并严格实施产业准入和结构调整政策。

（3）大气复合污染的联防联控

研究建立在重点工业企业和重点工业园区大气环境和特征污染物自动监控、预警、应急网络，建立实行与城市大气环境质量监控、预警、应急系统联动的机制。完善重污染天气预警预报和应急的体制机制，提高预警预报的准确度，建立更准确的应急企业污染源清单，建立更科学、更有效的重污染天气应急机制。建立促进秸秆综合利用和秸秆禁烧联动监管机制。制定推进秸秆资源利用的经济技术政策和价格补贴体系。组织建立 VOCs、二噁英和工业异味的监测监控和管理体系。

4.4.8.3 探索先行先试的环境政策

按照“以人为本、生态优先、统筹兼顾”的原则，在城镇集中式饮用水水源保护区、自然保护区和重点生态功能保护区，与南水北调调水安全保障密切相关的南水北调沿线核心和重点保护区等领域开展生态补偿试点。探索建立基于空气质量改善的地区间生态补偿机制。

针对县级及以上城市规划区范围内的施工活动并产生扬尘污染的施工工地，制定出台城市施工工地扬尘收费政策，探索推行扬尘控制的网格化，街道、部门等专属管理。结合重点行业 VOCs 排放标准制定情况，研究重点行业 VOCs 收费标准和收费办法。探索将总氮、总磷指标纳入城镇污水处理厂（超标排放的）排污费征收范畴，明确收费标准和收费办法。

建立跨界断面水质管理的补偿与赔偿政策。由受益方向保护方给予补偿，并向社会公布。建立排污权有偿使用与交易制度，积极开展排污权交易试点工作。建立排污量核定系统，构建排污交易管理平台，设立排污权有偿使用与交易管理中心。研究制订有利于环境保护的绿色保险、绿色信贷、绿色贸易等环境经济政策，开展污染责任保险试点，建立环境损害赔偿政策机制。

4.5 重点项目

4.5.1 重点工程项目

近期规划项目涉及八大重点领域、七个大类、1 464 个重点项目（表 4-7）。

表 4-7 西部经济隆起带近期规划重点工程项目统计情况　　单位：个

项目类型	项目内容	枣庄	济宁	临沂	德州	聊城	菏泽	泰安（东平、宁阳）	合计
大气污染防治	二氧化硫治理	10	22	13	6	9	10	1	71
	氮氧化物治理	34	21	11	6	37	10	5	124
	除尘项目	22	16	24	18	23	27	0	130
	扬尘综合整治	1	1	1	1	1	1	1	7
	工业 VOCs 和异味治理项目	8	3	2	8	3	8	—	32
	淘汰落后产能	23	2	21	43	4	70	0	163
	黄标车及老旧车淘汰项目	1	1	1	1	1	1	1	7
	油气回收项目	1	1	1	1	1	1	—	6
	小计	100	67	74	84	79	128	8	540

项目类型	项目内容	枣庄	济宁	临沂	德州	聊城	菏泽	泰安（东平、宁阳）	合计
水污染防治项目	工业污染防治	42	48	8	47	—	153	11	309
	污水处理基础设施建设工程	23	42	33	39	28	31	8	204
	人工湿地净化工程项目	23	33	23	11	14	11	6	121
	小计	88	123	64	97	42	195	25	634
固体废物污染防治项目		2	3	3	2	3	2	0	15
生态建设	造林绿化	—	—	—	—	—	—	—	73 万 hm^2
	湿地建设与保护	—	—	—	—	—	—	—	113
	水系水土保持	—	—	—	—	—	—	—	141
农村环境保护项目	农村环境集中连片综合整治	1	1	2	1	1	2	1	9
	农村养殖场污染治理项目	—	—	32	—	—	44	—	76
	小计	1	1	34	1	1	46	1	85
能力建设项目	区域空气质量网络监测建设	1	1	1	—	—	—	1	4
	企业污染排放监测能力建设	1	1	—	—	—	—	—	2
	机动车排污监控建设项目	1	1	1	—	—	1	1	5
	小计	3	3	2	0	0	1	2	11
合计		194	197	177	184	125	372	36	1 464

4.5.1.1 总量减排项目

总量减排项目分别在水环境污染防治和大气污染防治项目中落实。

4.5.1.2 大气污染防治项目

主要包括淘汰落后产能、工业废气及异味污染治理、扬尘污染控制、机动车尾气污染控制等类别，共 540 个项目，其中枣庄 100 个、济宁 67 个、临沂 74 个、德州 84 个、聊城 79 个、菏泽 128 个、泰安（东平、宁阳）8 个，油气回收打捆项目、扬尘综合整治打捆项目和黄标车及老旧车淘汰打捆项目每市各 1 个。

4.5.1.3 水环境污染防治项目

主要包括工业污水治理和再生水循环利用、城镇环境基础设施建设、人工湿地水质净化工程等类别，共 634 个项目，其中枣庄 88 个、济宁 123 个、临沂 64 个、德州 97 个、聊城 42 个、菏泽 195 个、泰安（东平、宁阳）25 个。

4.5.1.4 土壤污染防治项目

选择典型历史遗留的土壤污染场地或农田土壤污染防治项目，积极开展土壤污染修复试点。

4.5.1.5 固体废物污染防治

主要包括危废处置工程、固体废物综合利用等类型，共15个项目，其中，枣庄2个、济宁3个、临沂3个、德州2个、聊城3个、菏泽2个。

4.5.1.6 农村环境保护项目

重点是农村环境连片整治项目，共9个（打捆），其中，临沂、菏泽每市2个、其他5市每市1个。

4.5.1.7 生态建设项目

除人工湿地水质净化工程外，还包括林业建设、湿地建设与保护、水系水土保持等，其中，近期新增造林面积15万 hm^2 左右，完善农田林网40万 hm^2 左右、新建林网化面积18万 hm^2 左右；新建湿地自然保护区4处、湿地公园105处、湿地修复工程4个；水系水土保持工程141项。

4.5.1.8 环境保护能力建设

包括环境监测能力建设、环境监察执法能力建设、环境应急监测能力建设项目，共计11个，其中枣庄3个、济宁3个、临沂2个、菏泽1个、泰安（东平、宁阳）2个。

4.5.2 资金来源

为了实现规划期内环境保护和生态建设目标，各级人民政府要增加环境保护的财政支出，确保用于环境保护和生态建设支出的增幅高于经济增长速度。按照分级承担的原则，实行政府宏观调控和市场机制相结合，建立多元化、多渠道的环保投入机制，切实保证环保投入到位。工程投入以企业和地方政府投入为主，定期开展工程项目绩效评价，提高投资效益。

4.5.2.1 政府投资

政府财政资金主要用于公益性环境保护和环保系统能力建设等领域。重要生态功能保护区、自然保护区建设、生物多样性保护、重点流域区域环境综合整治、跨流域区域达标尾水通道建设、农村环境综合整治、核与辐射安全以及环境监管能力建设等主要以地方各级人民政府投入为主，省人民政府区别不同情况给予支持。

4.5.2.2 社会投资

工业污染治理按照“污染者负责”原则，由企业负责。其中，现有污染源治理投资由企业利用自有资金或银行贷款解决。新扩建项目环保投资，要纳入建设项目投资计划。积极利用市场机制，吸引社会投资，形成多元化的投入格局。利用好环境保护引导资金，以补助或者贴息方式，吸引银行特别是政策性银行积极支持环境保护项目。

4.6 综合保障

4.6.1 组织保障

建立政府主导、环境保护部门统一监督管理、各有关部门分工负责的工作机制，将环境保护规划实施纳入地方政府年度国民经济和社会发展计划，按年度将规划任务与项目分解落实到责任单位。推进环保工作联席会议制度，定期召开协调会，明确目标，完善措施，抓好落实。建立规划实施的评估和考核制度，强化对规划实施情况的跟踪评估，把主要任务和目标纳入各市地方政府政绩考核和环保责任考核，分年度对分解落实的各项任务和目标进行考核，考核结果纳入各市（县）领导干部考核内容，并向社会公布。积极发挥环保部门参谋协调作用，巩固和完善党委领导、人大政协监督、政府负责、部门齐抓共管、全社会共同努力的环保工作大格局。

4.6.2 资金保障

各级政府要不断加大对环境保护的投入，将环境保护投入列入本级财政支出的重点内容予以保证。积极争取国家在环境基础设施、节能减排、人工湿地建设与保护等方面的资金投入和优惠政策。拓宽环境保护资金渠道，建立企业、市场、政府财政等多元化的投融资机制，鼓励社会资金转向环境保护领域。省级各类专项资金实行分区域项目准入门槛，原则上投向西部地区的比例不少于全省的 30%。完善环保专项资金监管与绩效考核制度，严格执行投资问效、追踪管理。

4.6.3 技术保障

加强环境保护领域的科技投入，不断提高水土保持、生态环境恢复、环境友好生产技术、生产生活废弃物综合利用等技术的开发创新和推广能力，提升环境科技应用能力，强化先进技术示范与推广。以环保产业研发基地为平台，以企业为主体、市场为导向，促进环境服务业发展。积极引进污染治理新技术，大力推广节能、无废、少废的新工艺、新技术；研究开发节能降耗、清洁生产、污染治理等环保产品和生产工艺，提高环境科技水平。强化先进成熟科技成果的推广应用，完善生态环境先进技术推广应用机制，对具有示范意义的先进技术给予财政补贴。加大脱硫脱硝一体化、除磷脱氮一体化以及脱除重金属等综合控制技术及湿地植物高附加值综合利用、农村固体废物综合利用、湖泊污染治理技术等先进实用治污技术推广力度。

开展主要大气污染物高效超低排放技术和“近零”排放技术研发与应用试点。加强环保产业供需对接公共服务平台建设，鼓励建立以企业为主体，政、产、学、研、金有机融合的创新联盟。

4.6.4 制度保障

继续推行行政执法责任制和行政执法规范化建设，建立权责明确、行为规范、监督有力、运转高效的环境执法监督管理制度。认真执行环境影响评价和建设项目“三同时”制度，控制高耗能、高污染行业和产能过剩行业低水平重复建设。严格执行国家和地方环境保护有关标准，对超标排放的企业，依法责令限期治理、限产治理和停产整顿。大力推进区域污染联防联控，建立区域污染防治协调机制和区域环境信息共享机制，加强跨区域合作。发挥价格杠杆作用，出台中水价格，提高污水处理费标准。对“两高一资”（高耗能、高污染和资源型）企业，实施差别电价、水价政策。完善绿色信贷政策，建立绿色信贷责任追究制度。继续开展环境污染损害鉴定评估试点，探索建立环境污染责任保险制度和环境与健康风险管理制度。完善鼓励社会绿色消费、政府绿色采购等有关政策。加快市政公用事业改革，推进污染防治设施专业化、市场化运营步伐，积极探索开展在线监控设施运营管理的TO模式改革。

4.6.5 社会保障

继续加大环境宣传教育力度，推动环境信息公开。大力开展生态环境普法教育和环境警示教育，增强公众环境保护法制观念和维权意识。完善公众参与环境监督制度，建立重点项目和环保审批公众咨询制度和听证制度，继续实施举报奖励机制，保障公众对环境的知情权和参与权。加大舆论监督力度，充分发挥舆论引导作用，妥善处理群众来信来访反映的环境问题。继续推进“绿色学校”“绿色社区”“环境友好企业”等创建活动。积极发展生态文化，倡导绿色消费。广泛动员社会各界力量，发挥环保志愿者或团体的积极作用，走环境保护群众路线，在全社会形成爱护环境、关注环境、参与环保工作的良好风尚。

第 5 章

小清河流域生态环境综合治理规划方案

小清河流域连接“山东半岛蓝色经济区”“黄河三角洲高效生态经济区”和“省会城市群经济圈”，在我省经济社会发展中占有重要地位。开展新一轮小清河流域生态环境综合治理，是省委、省政府做出的重大决策，是推进生态山东建设的重大战役，是流域“转方式、调结构、惠民生”的内在要求，是全省人民群众的共同期盼，是实现科学发展的本质要求，对于改善流域生态环境，提高人民群众生活质量，促进经济发展方式根本转变具有重要意义。为进一步明确“十二五”期间小清河流域生态环境综合治理的目标、方向和重点，特制订本方案。

5.1 流域生态环境现状及形势

5.1.1 流域概况

5.1.1.1 流域范围

小清河流域位于鲁北平原南部，西靠玉符河、东临弥河，南依泰沂山脉，北至黄河，流域面积约 1.5 万 km^2（含支脉河流域），约占全省总面积的 9.6%。小清河干流位于流域北部的低洼地带，发源于济南西郊睦里庄，流经济南、淄博、滨州、东营、潍坊 5 市的 18 个县（市、区），至寿光羊角沟汇入莱州湾，全长 237 km。小清河水系支流众多，一级支流共 46 条，较大支流包括漯河、杏花河、猪龙河、孝妇河、织女河、淄河、阳河、张僧河、支脉河 9 条，沿河湖泊洼地较多，主要有白云湖、马踏湖、巨淀湖等，均为天然滞洪区（图 5-1）。中型水库包括狼猫山水库、杜张水库、太河水库等 8 个，总库容 3.41 亿 m^3。小清河流域多年平均水资源总量为 24.5 亿 m^3，占全省水资源量的 5.8%，其中，地表水资源量 11.5 亿 m^3，地下水资源量 18.2 亿 m^3。

5.1.1.2 经济社会状况

2010 年，流域内 5 市 18 县（市、区）总人口 1 123.1 万人，约占全省的 12%，其中城镇人口 556 万人，城市化率为 49.5%（表 5-1）。流域内国内生产总值（GDP）为 6 504 亿元，约占全省的 16%，第一、第二、第三产业比例为 4.9∶53.4∶41.7。工业主导行业以化工、石油加工、建材、纺织、造纸等为主。

5.1.1.3 控制单元划分

根据汇水特征和行政分区，将小清河流域分为 5 个控制区、18 个控制单元，见表 5-2。

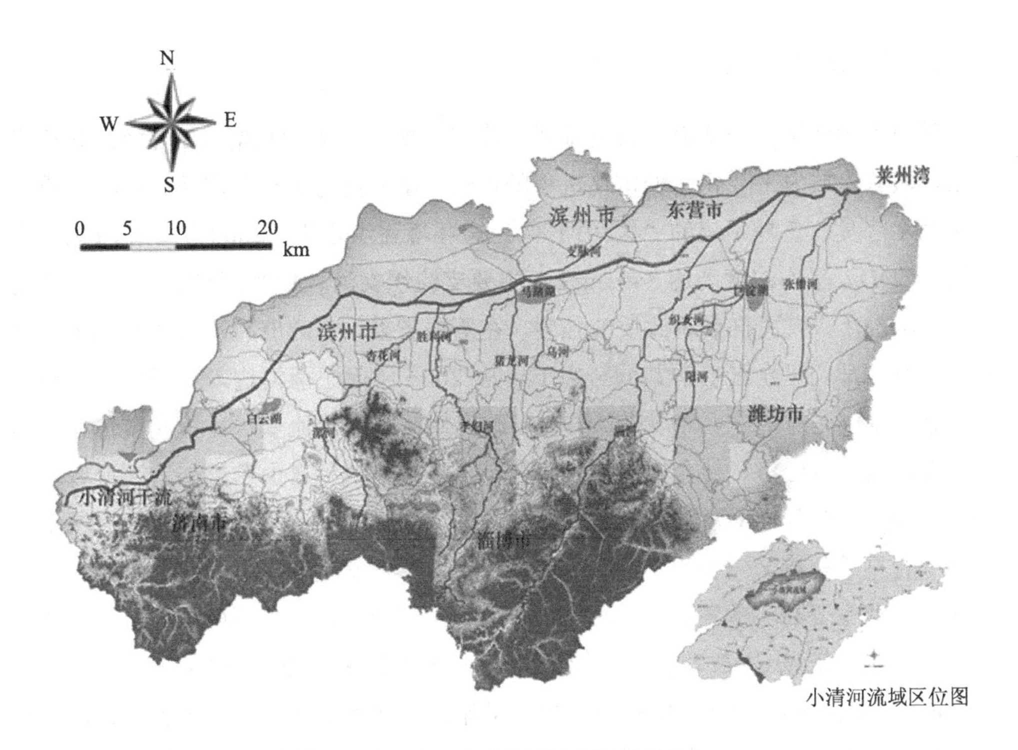

图 5-1　小清河流域范围及主要水系分布

表 5-1　小清河流域人口和经济状况

行政区	所辖县（市、区）	流域面积/km^2	人口/万人	城镇化率/%	GDP/亿元
济南	市中区、历下区、历城区、槐荫区、天桥区、章丘市	3 934	393	71.20	2 337
淄博	张店区、临淄区、淄川区、博山区、周村区、桓台县、高青县	4 329	365	43.10	2 624
东营	广饶县	1 138	49.5	30.20	106
潍坊	寿光市、青州市	3 551	194.2	39.80	753
滨州	博兴县、邹平县	2 150	121.4	25.40	683
总计	18 个县（市、区）	15 102	1 123.1	49.50	6 504

表 5-2　小清河流域控制单元划分汇总

控制区	控制单元	个数
济南控制区	干流济南控制单元、漯河控制单元	2
淄博控制区	干流淄博控制单元、孝妇河控制单元、猪龙河控制单元、淄河控制单元、支脉河淄博控制单元、乌河控制单元	6
东营控制区	干流东营控制单元、织女河控制单元、阳河（广饶段）控制单元、支脉河东营控制单元	4
潍坊控制区	阳河（青州段）控制单元、张僧河控制单元	2
滨州控制区	干流滨州（邹平段）控制单元、干流滨州（博兴段）控制单元、杏花河控制单元、支脉河滨州控制单元	4
合计		18

5.1.2 生态环境保护工作进展

历史上小清河水质清澈，具有泄洪、灌溉、航运等多种功能。20 世纪 70 年代以来，随着流域内工业化和城市化进程的加快，小清河污染日趋严重，逐渐变成了一条河水恶臭、鱼虾绝迹的“大污河”，生态环境逐步恶化。2000 年，流域化学需氧量（COD）平均浓度高达 340 mg/L，主要支流织女河、猪龙河 COD 浓度一度高达 1 200 mg/L，人民群众对此反映强烈。在历届省委、省政府和沿线各级党委、政府及各有关部门、全社会的共同努力下，从 2003 年起小清河进入水环境质量稳定改善期。特别是“十一五”以来，省委省政府始终把改善流域水环境质量作为推动小清河沿线地区经济、社会发展的关键环节，在严格执行《山东省小清河流域水污染防治条例》的基础上，发布实施了分阶段、逐步加严的《山东省小清河流域水污染物综合排放标准》，初步构建了“治、用、保”流域治污体系，使小清河流域在 GDP 年均增长 14.6%的情况下，污染物排放总量逐年削减，水环境质量得到持续改善。2010 年，流域 COD 和氨氮年均浓度分别降至 49.9 mg/L 和 5.5 mg/L（图 5-2），与 2002 年相比分别下降了 81%和 80%，干流及主要支流均恢复了鱼类生长，对水质有严格要求的赤眼鳟和银鱼等水生生物也相继出现，小清河流域水生态实现重要转折。

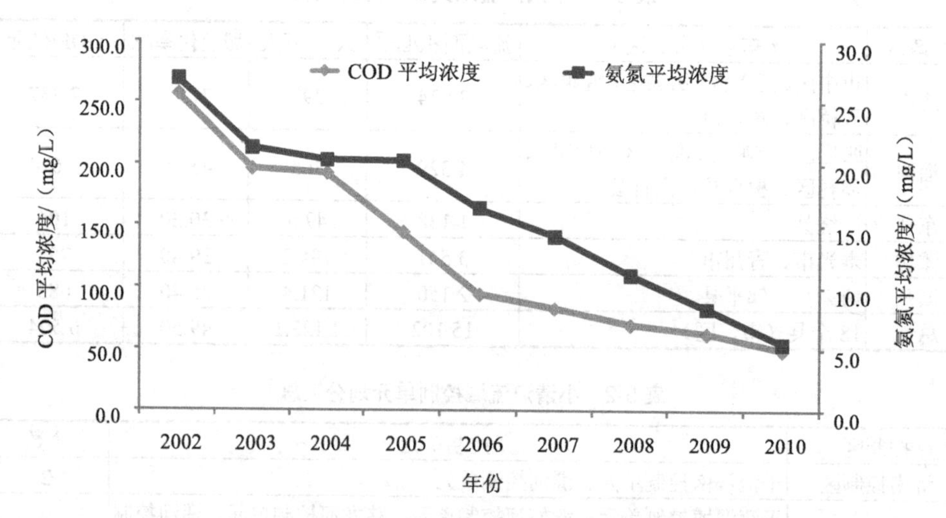

图 5-2 2002—2010 年小清河流域主要污染物质量浓度下降趋势

图 5-3　2010 年支脉河上捕鱼场景

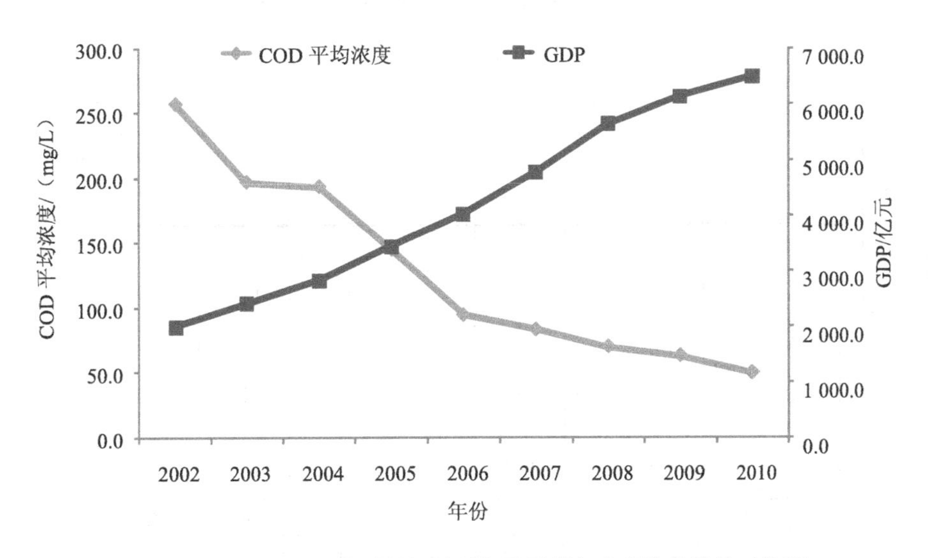

图 5-4　2002—2010 年小清河流域经济增长与水质改善趋势对比图

5.1.3　面临的形势与问题

5.1.3.1　面临的形势

虽然小清河流域水环境质量持续改善，但仍是我省污染最重的流域，COD、氨氮等主要污染物年均浓度比全省平均水平分别高出 43%和 139%。小清河干流和支流 17 个跨界断面中，除支脉河道旭渡和陈桥 2 个断面水质符合地表水环境质量标准Ⅴ类标准外，其余 15 个断面水质均劣于Ⅴ类标准。其中，小清河干流辛丰庄、唐口桥、西闸、王道闸和支流孝妇河袁家桥、猪龙河入小清河处、织女河西水磨桥、张僧河八面河和支脉河辛沙路桥等 9 个跨界断面属达标边缘断面（即断面 COD 质量浓度≥45 mg/L、氨氮浓度≥4.5 mg/L）。长期的污染和生态破坏使小清河流域水生态系统脆弱，自然修复功能差。小清河生态环境问题不仅成为制约全省流域生态环境改善的瓶颈，而且影响着流域沿河环湖新经济带的成长和发展。

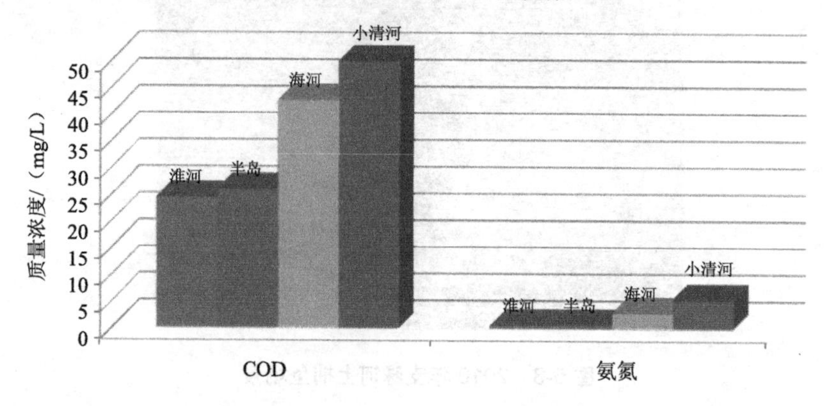

图 5-5　2010 年全省四大流域水质对比示意图

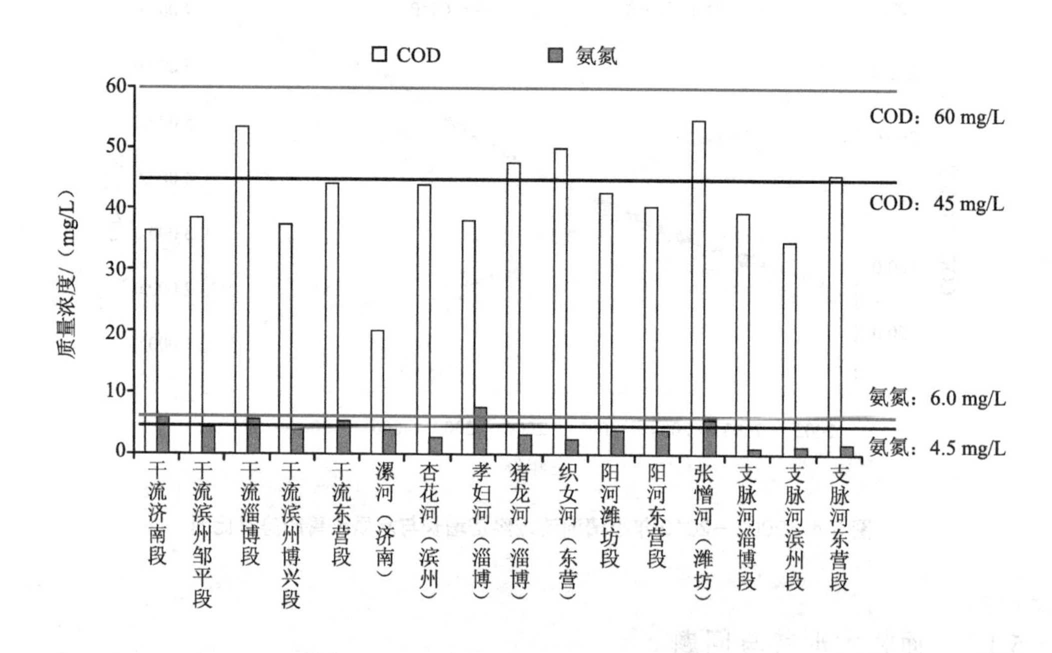

图 5-6　2010 年主要河流达标边缘断面情况

5.1.3.2　存在的主要问题

（1）流域工业结构性污染较为突出

小清河流域产业结构偏重，第二产业以石油化工、建材、纺织、造纸等为主，2010 年流域内石油化工、造纸、纺织、食品等行业工业增加值比重为 44.2%，但其主要水污染物排放量却占到全流域工业排放量的 90%以上，结构性污染特征明显。流域污染负荷大，COD 和氨氮等污染物排放量超出环境容量 3.5 倍和 11.8 倍，随着流域经济总量的进一步增加和城市化水平的提高，流域内 COD、氨氮排放量预计分别新增 19.1%和 16.7%，减排压力巨大。

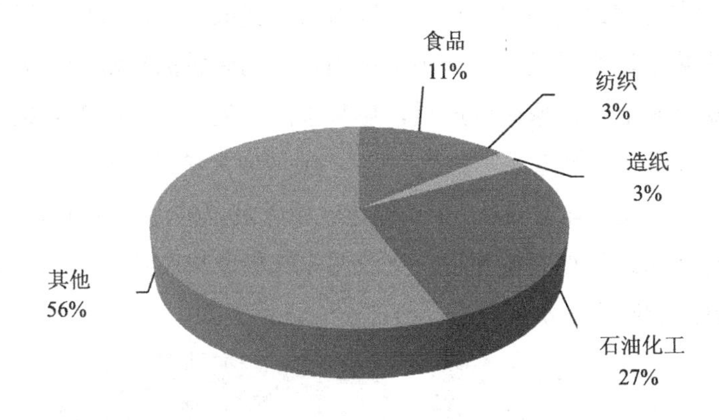

流域主要污染行业工业增加值比重

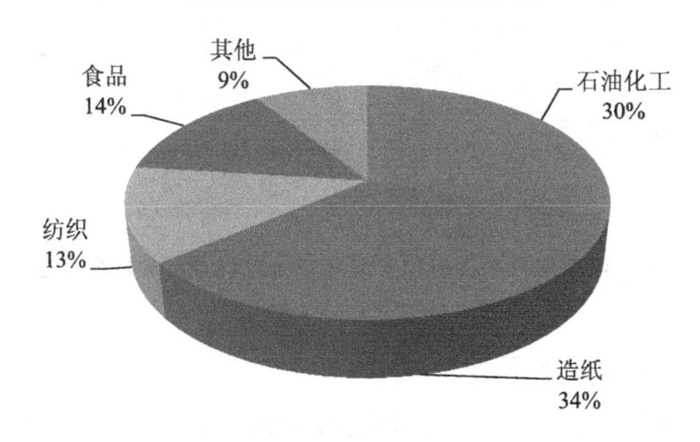

流域主要污染行业 COD 排放比重

图 5-7　流域内主要污染行业工业增加值、COD 排放比例图

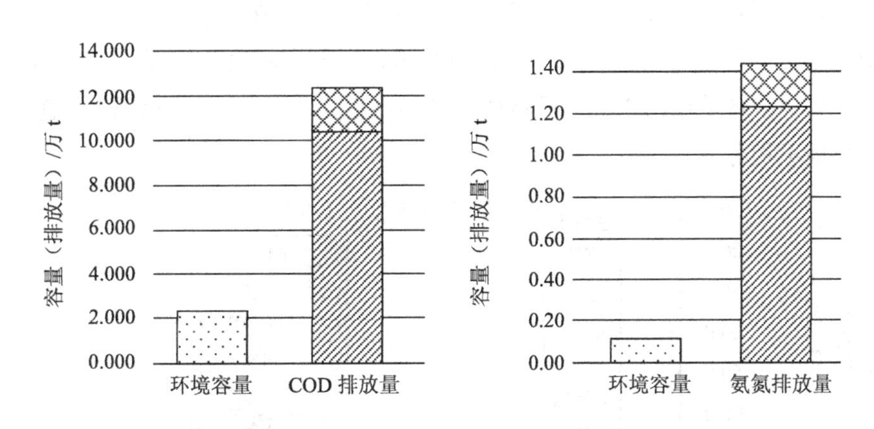

图 5-8　流域环境容量与污染物排放情况对比

（2）城乡环境基础设施不能满足需求

流域内城镇污水管网建设相对滞后、密度偏低，建成区污水直排环境现象依然比较突出，严重影响水环境质量。由于历史原因，早期建设的污水管网大部分为雨污合流制，跑冒滴漏和老化现象比较严重，影响了污水处理厂的处理效果。污泥厂外处置较为简单，容易对环境造成“二次污染”。流域内县域经济发达，但污水、垃圾处理处置等环境基础设施建设滞后，94%的建制镇无规范的污水处理设施，大量的乡镇和农村生活污水未经处理直排环境，支流两岸垃圾乱堆乱放现象较为普遍，汛期垃圾进入水体直接影响河流水质。

图 5-9 流域内污水直排和支流两岸垃圾乱堆乱放现象普遍

（3）再生水循环利用水平不高

小清河水资源匮乏，仅占全省水资源量的 5.8%，人均水资源量约为 220 m^3，为全省平均水平的 68%。相对南水北调沿线，小清河流域再生水循环利用体系尚未建立。城镇污水处理厂再生水利用进展缓慢，由于缺乏有效激励机制，造成再生水回用设施建设不足，再生水用户难以落实。辖区内再生水截蓄导用工程相对较少，未能有效拦蓄、回用达标的再生水。各市再生水循环利用程度不平衡，且整体水平较低，2010 年，流域城镇污水处理厂再生水利用率仅为 7%左右，与流域水资源严重短缺的形势极不相称。

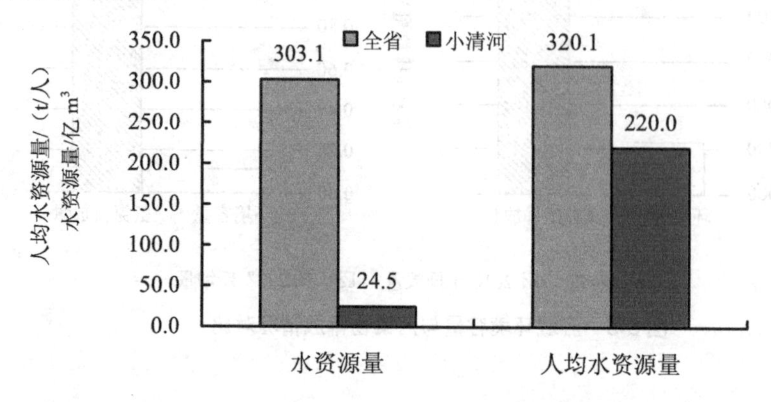

图 5-10 小清河流域与全省水资源对比

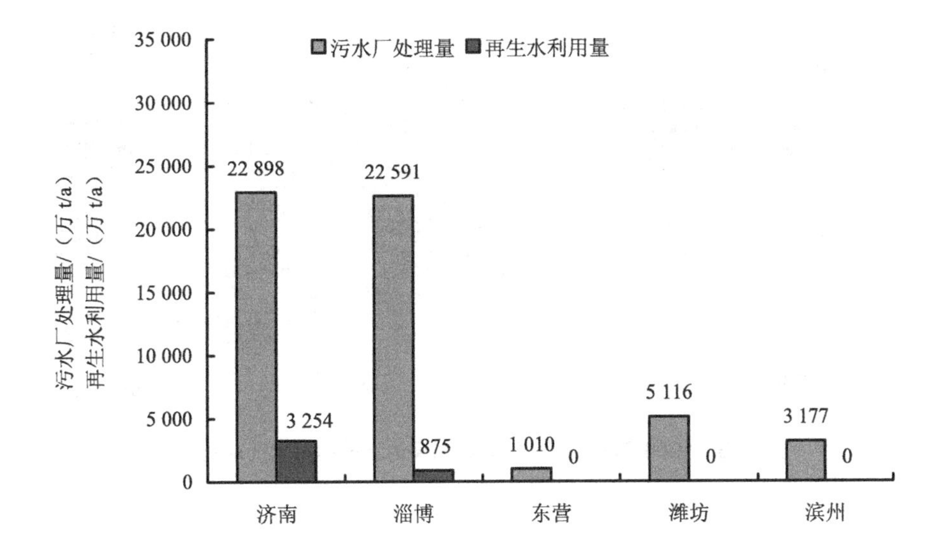

图 5-11 各市污水处理厂废水排放量及再生水利用量情况

（4）流域生态系统功能严重受损

小清河干流、孝妇河、织女河、猪龙河等河流由于长期污染，水系生态系统遭到严重损害，生物多样性减少。部分河流采取砌石护岸等传统河道整治措施，致使河流水陆生态系统之间的连续性被隔绝，河道自然生态功能基本丧失。流域内沿河环湖造田现象比较突出，主要河流、湖泊防洪大堤以内的原生湿地遭到严重破坏，农药、化肥等面源污染较重。为避免污染，马踏湖等部分湖泊的入湖河流改变了历史走向，湖泊水位下降，湿地功能减退。近 25 年，白云湖、马踏湖水面湿地面积分别减少了 82.3%和 38.6%。

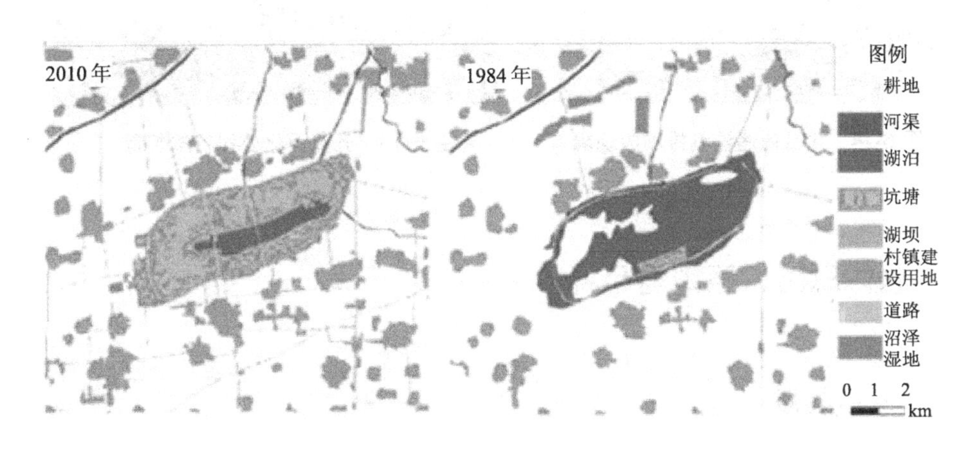

图 5-12 1984 年和 2010 年白云湖周边土地利用状况对比

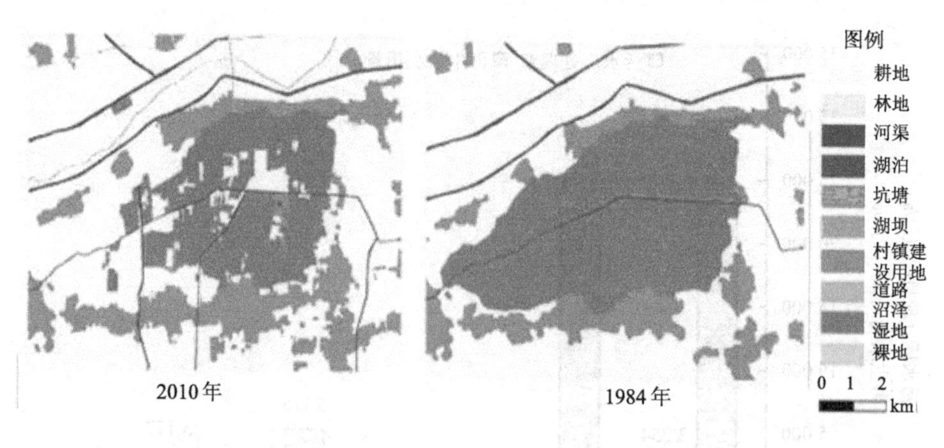

图 5-13　1984 年和 2010 年马踏湖周边土地利用状况对比

（5）环境安全形势严峻

小清河流域部分河道长期流淌污水，河道底泥受到重金属和有机物的双重污染，底泥中重金属污染物不断累积，对水环境造成了二次污染。流域内环境风险企业相对集中，化学原料及化学制品制造行业共有企业 211 家，涉重金属企业 45 家，大量危险化学品及新化学品的生产、运输、使用，带来了环境安全事故隐患，加之部分企业环境法制意识淡薄，偷排偷放和恶意倾倒事件时有发生，环境安全形势严峻。

图 5-14　流域内违法偷排偷放现象

图 5-15　齐鲁石化公司乙烯装置

5.2　总体思路、原则与目标

5.2.1　总体思路

深入贯彻落实科学发展观，坚持依法治污方针，突出流域性、系统性、综合性要求，实行统筹规划、上下游联动、条块结合方式，全面构建“治、用、保”系统推进的科学治污体系，综合提升小清河水系的生态、防洪等功能，努力把小清河流域建设成沿河环湖大生态带、让江河湖泊休养生息示范区、“蓝黄”两区和省会城市群新的经济增长极。

5.2.2 基本原则

5.2.2.1 流域性

以全流域为单位，河流、湖泊统筹考虑，上下游协同推进，以典型工程为示范，率先突破关键问题和重点区域，一年一变样，三年大变样，带动流域生态环境质量的整体改善和提升。

5.2.2.2 综合性

以治污为基础，全面推进流域内经济结构调整、污染治理、生态保护与建设、水资源循环利用、防洪除涝、通航、旅游等各项工作，恢复小清河的多功能作用。

5.2.2.3 系统性

全面构建 “治、用、保”系统推进的科学治污体系，在省政府统一领导下，完善部门之间、部门与地方之间协同推进的工作机制，发挥地方主体作用，条块结合、整合资源，形成合力。

5.2.3 目标

在2013年6月底前率先解决城市（含县城）建成区污水直排问题。到2015年，基本解决小清河流域污染问题，干流达到水环境功能区标准，主要支流消除劣V类水体；流域内构建起较为完善的污染治理体系和再生水循环利用体系，基本建成沿河环湖大生态带，水资源循环利用水平和环境承载力明显提高；流域防洪除涝工程体系进一步完善，航运、旅游等相关产业更加繁荣，小清河流域成为让江河湖泊休养生息示范区、“蓝黄”两区和省会城市群新的经济增长极。

5.3 主要任务

5.3.1 加大产业结构和经济调整力度

5.3.1.1 坚决遏制高排放行业增长

提高产业准入门槛，严格执行国家及省相关产业政策，控制产业发展导向目录内禁止和限制的工艺、产品。严格执行环境影响评价和“三同时”制度。积极推进重点行业、重点企业集团、县级工业集中区规划环评工作。流域内从严审批高耗水、高污染物排放、产生有毒有害污染物的建设项目。饮用水水源保护区内、小清河干流和重点湖泊防洪大堤以内设为核心保护区，禁止开展破坏生态环境的各类开发活动；防洪大堤以外 5 km 区域设为重点保护区，实行分阶段逐步加严的资源环境管理制度，建立小清河干流沿线 5 km 范围内造纸、化工等重污染企业退出机制和城市建成区现有涉重金属企业逐步退出机制。

5.3.1.2 尽快淘汰落后生产工艺和设备

逐步推行和实施重点行业工业企业单位增加值或单位产品污染物产生量评价制度，不断降低单位产品污染物产生强度，实现节能降耗和污染减排的协同控制。加大高耗水行业的淘汰力度，建立高耗水、高污染行业新上项目与淘汰落后产能相结合的机制，造纸、纺织印染、皮革、化肥等行业新建、扩建项目，按照新增产能实行产能规模等量或减量置换。加快淘汰造纸、化工、印染、食品等重点排污行业落后工艺、技术、设备和产品，到 2015 年，淘汰落后产能项目 103 个。对没有完成淘汰落后产能任务的地区，暂停其新增主要污染物排放总量的建设项目环评审批。

5.3.1.3 大力发展循环经济

按照企业、园区、社会三个层次，开展循环经济试点与示范。以“两高”行业为重点，推动工业园区和工业集中区生态化改造。建设一批循环经济型企业、循环经济示范园区、清洁生产示范园区和生态工业园区，促进企业内部和企业之间副产物和废物交换、能量和废水梯级利用。

5.3.2 强化流域污染治理

5.3.2.1 深化工业污染治理

按照新修订的排放标准要求，以造纸、纺织印染、化工、制革、农副产品加工、食品加工和饮料制造等行业为重点，开展新一轮限期治理工作，实施工业点源废水治理工程 106 项。到 2012 年年底，重点完成济南明鑫制药股份有限公司污染深度治理、淄博山东新华制药城东园污水处理系统改造、潍坊山东晨鸣纸业集团污水处理厂技改、滨州魏桥纺织股份有限公司污水治理等 18 项工程。从 2013 年起，小清河干流大堤之内的全部区域以及小清河支流与干流交汇口上溯 5 km 的汇水区域内排水企业 COD、氨氮排放浓度限值分别不得超过 50 mg/L、5 mg/L，其他区域 COD、氨氮排放浓度限值分别不得超过 60 mg/L、10 mg/L。对不能按期达标排放的企业，依法实施限产治理，限产治理仍然达不到要求的，依法采取限产限排或者停产整治措施。

不断加大清洁生产审核力度，积极鼓励、引导企业自愿开展清洁生产审核，加快先进成熟技术的推广应用，以造纸、化工、印染、食品等重点排污行业为重点，推广制浆无元素氯漂白、酒精糟液废水全糟处理、酯化废水乙醛回收再利用技术、氮肥生产污水零排放等清洁生产技术。依法对“双超”“双有”企业和未完成节能减排任务的单位实施强制性清洁生产审核及评估验收，把清洁生产审核作为环保审批、环保验收、核算污染物减排量、安排环保项目的重要依据。到2015年，实施清洁生产审核项目81个。

5.3.2.2 加快城乡环境基础设施建设

将解决城市（含县城）建成区污水直排环境问题作为小清河流域生态环境综合治理的基础，抓好城镇污水处理厂升级改造、管网敷设、污泥处理设施建设，努力提高管网覆盖范围和污水集中处理能力。流域内所有新（扩、改）建的城镇污水处理厂执行一级A排放标准，新（扩、改）建城镇污水处理厂16座、建制镇污水处理厂44座，新增（改造）处理能力136万t/d；加快建成区污水收集管网建设，优先解决已建污水处理厂配套管网不足的问题，配套污水管网 1 091 km，加大对现有雨污合流管网系统改造力度，难以实施分流改造的要采取截流、调蓄和处理措施；将城镇周边村庄纳入城镇污水统一处理系统，集中连片的村庄建设规范的污水处理设施，居住分散的村庄因地制宜建设小型人工湿地、氧化塘等妥善的污水处理设施；强化污泥安全处置处理，建设污水处理厂污泥处置工程9项，新增污泥处置能力1 285 t/d，使污泥基本得到无害化处置。2012 年年底，重点完成济南光大水务三厂扩建工程、24 条市区河道截污整治项目、淄博博山环科污水处理有限公司建设工程、寿光市污水处理厂升级改造工程等31项城乡环境基础设施建设项目，确保到2013年6月底前解决城市（含县城）建成区污水直排环境问题；到2015年，城市和县城污水集中处理率达到90%，城市污水处理厂运转负荷率平均达到80%以上，流域内80%以上的建制镇驻地建成污水集中处理设施，建制镇污水处理率平均达到30%。

基本解决城乡垃圾污染问题。提高城镇垃圾无害化处理能力，建立完善的城市生活垃圾收集、运输系统，到2015年，新建垃圾处理工程7项，新增垃圾处理能力6 050 t/d，新建生活垃圾转运站239座，新增转运能力4 200 t/d。建设一批符合农村实际的垃圾收集处置设施，到2015年，流域内乡镇全部建成垃圾收集、转运、处置体系。

5.3.2.3 加强农业污染治理

积极推动畜禽养殖污染减排。优化畜禽养殖污染布局，鼓励养殖小区、养殖专业户和散养户进行适度集中，对污染物进行统一收集和治理。在饮用水水源一级保护区和超标严重的水体周边等敏感区域内禁止新建规模化畜禽养殖项目。在小清河干流沿岸以及重要水库和水源地上游区域，严格控制畜禽养殖规模，合理划定养殖区域。加强规模化畜禽养殖场治理，实施规模化畜禽养殖场治理项目145个，到 2015 年，规模化畜禽养殖场和养殖小区配套完善固体废物和污水贮存处理设施，畜禽养殖污染治理率和废弃物综合利用率达到70%以上，解决畜禽粪便流失造成的水体污染问题。

削减面源污染。调整与优化种植结构，积极发展节地、节水、节肥、节药、节种的节约型农业，高效、循环与安全利用农业资源，在高产田小麦、玉米、棉花和蔬菜生产区，实施清洁种植和生态农业示范工程项目 93 项，示范面积 5.8 万 hm^2。推进农业"两减三保"计划，积极引导和鼓励农民科学施肥、使用生物农药或高效、低毒、低残留农药，大力推广测土配方施肥、绿色植保和专业化统防统治技术，实施农业面源污染防治项目 89 个，努力解决化肥、农药造成的农业面源污染问题。

5.3.3 构建再生水循环利用体系

5.3.3.1 大力推进再生水截蓄能力建设

利用流域内季节性河道、蓄滞洪区和闲置洼地，因地制宜地建设各类不同规模的调蓄水库，拦蓄汛期河水和辖区内再生水，解决周边工业用水和农业灌溉用水需求，最大限度地实现行政辖区内部再生水资源的充分循环。在漯河和绣江河新建 4 座橡胶坝，实现绣江河、漯河、白云湖（排污控制区）联合调蓄；在杏花河新建橡胶坝 2 座，利用青纱湖调蓄下泄再生水；在孝妇河、猪龙河分别新建橡胶坝 9 座和 15 座，新建再生水水库 2 座和 1 座，新增调蓄库容共计 4 043 万 m^3，利用马踏湖调蓄下泄再生水；在淄河新建橡胶坝 6 座、再生水水库 1 座，新增调蓄库容 719 万 m^3；在织女河新建再生水水库 1 座，新增调蓄库容 489 万 m^3；在阳河、张僧河分别新建橡胶坝 9 座和 8 座，利用巨淀湖调蓄下泄再生水。

5.3.3.2 积极推进再生水回用工程建设

加大电力、化工、造纸、冶金、纺织、机械等 7 大用水行业节水技术改造力度，推广先进节水工艺和设备，实行行业用水定额管理。提高工业企业再生水循环利用水平，减少工业新鲜水取水量，到 2015 年，实施工业节水和再生水循环利用项目 27 个，规模以上工业用水重复利用率达到 80%以上。其中，2012 年年底重点完成济南黄台电厂、淄博山东东佳集团、潍坊寿光鲁清石化有限公司等 9 个工业企业再生水循环利用项目。

加大城镇再生水循环利用基础设施力度，城市新区建设规划要补充纳入再生水循环利用基础设施建设内容，市、县城市总体规划中要确保建设污水处理及再生水利用设施建设用地需求，完善城市再生水输水管网系统，在城市绿化、环境卫生、景观生态等领域，加大再生水使用比例。新建建筑面积在 2 万 m^2 以上的大型公共建筑、房屋建筑面积达到 10 万 m^2 以上的住宅小区应就近接入市政再生水管线，无条件接入的应配套建设污水处理回用设施。到 2015 年，实施城市污水处理厂再生水利用项目 15 个，新增再生水规模 36.5 万 t/d。

大力推进农业节水和回用。调整农业种植结构，在保证粮食安全的前提下，发展高效节水特色农业。停止大水漫灌的用水方式，推广微喷、渗灌和滴灌等科学的节水灌溉制度和灌溉技术，节水灌溉率达到 70%以上，基本形成节水型农业生产框架体系。到 2015 年，实施农业节水项目 7 项。结合再生水截蓄工程，实施农业灌区再生水提水、导流、回用工程 10 项，新建农业灌溉提水泵站 121 座，灌溉农田面积 176.9 万亩，非汛期拦蓄河道再生水满足农业灌溉要求。

5.3.4 强化流域生态保护

5.3.4.1 加快人工湿地水质净化工程建设

在小清河干流济南段、孝妇河、淄河、猪龙河、阳河、织女河等河流的支流入干流处，以及马踏湖、白云湖、巨淀湖等主要湖泊的汇水河流入湖口，因地制宜地建设人工湿地水质净化工程 73 项，进一步截留和降解入河污染物质，恢复和增强河流自然净化功能。其中，2012 年年底重点完成白云湖、马踏湖、巨淀湖、支脉河、乌河、阳河、小清河河口、寿光市中冶华天水务公司污水处理厂等 16 个主要湖泊、支流和重要排污口下游人工湿地建设项目。

5.3.4.2 全面开展生态修复

加强济南南部山区、小清河源头湿地等重点区域生态保护；采取生态补水、生物水质净化、生态自然修复等措施，保护现有湖泊湿地，逐步恢复湿地功能，提升自然净化能力，防止湿地因人为活动影响而进一步退化；强化湿地公园、保护区管护能力，建设检查站、界碑界牌等管护设施。到 2015 年，实施现有湿地保护项目 6 个，保护面积 3.5 万 hm^2。

重要水体防洪大堤以内全面开展生态修复，构建沿河环湖生态屏障。在主要湖泊防洪大堤以内开展湿地修复，种植有较高经济价值的本土湿地植物，引导农民调整种植结构，减少面源污染；实施马踏湖湿地、小清河河口生态修复项目 6 个，修复受损的河口和湖滩生态系统。积极恢复马踏湖、白云湖、巨淀湖等主要湖泊入湖河流历史走向，以马踏湖为重点实施恢复河流历史走向项目 5 个，恢复孝妇河、猪龙河、乌河等入湖河流的历史走向，发挥湖泊原有生态功能；选择城市近郊及有条件的河段，在满足防洪、除涝要求的基础上，开展生态河道建设，通过河道清淤、生态护坡和植被体系建设等措施，使河道水面增加，沿河植被和水生物得到恢复，增强河道自然净化能力。到 2015 年，实施生态河道建设项目 22 项。

5.3.4.3 进一步完善水系防护林体系

在主要河流、湖泊、水库边缘外延 5 km（5 km 范围涉及山丘，则延伸到第一层山脊内的区域）构建水系防护林带，沿河每侧营造主林带宽度不低于 50 m，大型湖、库周围营造主林带宽度不低于 500 m、中型水库不低于 200 m、小型水库不低于 30 m。到 2015 年，实施水系防护林建设项目 27 个，新增造林绿化面积 2.27 万 hm^2，其中，到 2012 年年底，重点完成小清河干流济南段、潍坊段、滨州段以及支脉河、张僧河等河段水系防护林建设。

治理水系破损山体。加大对河流、湖泊周边及沿线可视范围内破损山体治理力度，采用植树造林、工程治理等综合措施，消除泥石流灾害隐患，改善生态地质环境，到2015年，实施23个破损山体治理工程，完成破损山体平面治理面积546.88万 m^2，立面42.21万 m^2。

5.3.5 完善防洪、调水工程体系

5.3.5.1 完善小清河防洪除涝工程体系

在小清河济南市区段按100年一遇标准治理的基础上，根据治理历次规划确定“截流、扩挖、分洪、固尾”的总体方案，对小清河济南市区以下段，实施小清河干流河道全线扩挖筑堤工程和分洪道开挖复堤工程，提高干流及分洪道防洪标准，治理长度共计289.7 km，其中干流治理起点为济青高速公路桥，终点为寿光市入海口，长度为206.4 km；分洪道治理范围自分洪道入口至芦清沟，长度为83.3 km；加强蓄滞洪区建设，对济南市区段的小李家滞洪区、华山洼以及下游的白云湖、芽庄湖、青纱湖、马踏湖、巨淀湖等蓄滞洪区，采取湖堤加固、湖内清障、退田还湖等整治措施，新建、加固围堤共计130.1 km，提高湖泊洼地滞蓄能力，充分发挥蓄滞洪区调蓄支流洪水、削减干流洪峰的作用，使小清河全线洪水设防标准不低于50年一遇，保护两岸地区工农业生产及人民生命财产安全。

5.3.5.2 开展小清河引水补源

实施引水保泉工程，在济南玉符河下游玉清湖水库沉沙池建设橡胶坝，存蓄玉符河区间来水、腊山分洪与卧虎山水库的洪水，涵养地下水源。

实施引水补源工程。沿玉符河建补源管道，经睦里闸自向小清河补水，补源规模5.0 m^3/s；利用田山引黄灌区泵站提水，配套建设进水闸，实现引黄供水与济平干渠连通，补源规模5.0 m^3/s；利用济平干渠将东平湖汛期弃水引入小清河补充水源，每年非汛期（11月—次年6月）按5 m^3/s 流量调水1亿 m^3，汛期（7—10月）按10 m^3/s 流量调水1亿 m^3，增加河道生态流量。在孝妇河、淄河、张僧河上游新建补源水库5座，汛末引水调蓄，非汛期下泄，以维持河道生态流量。

5.3.6 健全环境安全防控体系

5.3.6.1 加强饮用水水源地保护

严格饮用水水源保护区划分与管理。加快城市和县城所在镇集中式饮用水水源保护区的划定、批复和保护工作，到2013年年底，完成保护区划定、调整以及界限标识、隔离防护和警告设施建设工作。逐步开展建制乡镇政府所在地和村镇集中式饮用水水源保护区划定工作。完善饮用水水源地监测制度，注重生物毒性预警监测。

建立城镇集中式饮用水水源水质达标状况公示制度，接受公众监督。开展地下水基础环境状况调查评估，重点针对淄博大武水源地、济南泉域、齐鲁化学工业园等重点水源地、典型区域和风险源，进行地质水文状况、水质状况、管理状况和风险源等调查评估工作。开展农村饮用水水源水质状况调查、监测和评估。

强化饮用水水源保护区整治。禁止在饮用水水源一级保护区内新建、改建、扩建与供水设施和保护水源无关的建设项目，禁止在饮用水水源二级保护区内新建、改建、扩建排放污染物的建设项目。禁止在水源保护区内建设工业固废集中贮存、处置的设施、场所和生活垃圾填埋场。管线所属企业在设计阶段应尽量避让水源地，无法避让确需跨越水源地的，要完善风险防范措施。依法取缔水源保护区内违法建设项目和排污口，清除准保护区和保护区外汇水区工业已建成的产生和排放第一类污染物的工业企业，切实消除各种环境安全隐患。加强饮用水水源保护区畜禽养殖、网箱养殖、生活垃圾、农业非点源及农村生态环境治理，禁止在饮用水水源一级、二级保护区内进行网箱养殖等可能污染水体的活动，减少面源污染。制定并实施大武水源地等环境风险大的饮用水水源地综合整治方案，实施饮用水水源地综合整治项目 17 项。

建立水源地风险防范和应急预警机制，防范影响饮用水水源的突发环境事故。加强饮用水水源安全风险隐患排查和管理，全面排查饮用水水源保护区及上游地区的污染源，加强对可能影响饮用水水源安全的重点行业、重点污染源的监督管理。加强石油类和危险化学品运载监管，饮用水保护区内禁止运输危险品车辆驶入。各市制定饮用水水源应急预案，建立饮用水水源的污染来源预警、水质安全应急处理和水厂应急处理三位一体的饮用水水源应急保障体系，实现“一市一案”，并定期开展预警应急演练。对于单一水源的城镇，加快推进备用水源工程建设，提高饮用水安全保障水平。做好流域枯水期和汛期污染联防，防止发生重大水污染事故。

5.3.6.2 建立环境安全防控体系

以重金属、危险废物、涉核行业等风险源管理为重点，建立完善全防全控的环境监管和安全防控体系，有效保障流域环境安全。加快各级环境监控中心、环境应急中心建设，强化流域环境监测预警能力和应急监测能力，在流域内 5 个市级和 18 个县级环保机构配备环境安全预警和应急监测仪器。

开展重点风险源和环境敏感点调查。摸清环境风险的高发区和敏感行业。调查排放重金属、危险废物、持久性有机污染物和生产使用危险化学品的企业，建立环境风险源分类档案和信息数据库，实行分类管理、动态更新。开展重点河流、湖库、河流入海口和滩涂底泥重金属污染状况调查，通过布点监测，全面、系统、准确地掌握底泥重金属污染状况，实施重金属污染治理和修复。

建立新建项目环境风险评估制度。所有新、扩、改建设项目全部进行环境风险评价，提出并落实预警监测措施、应急处置措施和应急预案。在规划环评和建设项目环评审批中明确防范环境风险的要求，研究制定企业环境风险防范、应急设施建设标准和规范，确保环境风险防范设施建设与主体工程建设同时设计、同时施工、同时运行。落实环境隐患定期排查制度，各级环保部门对辖区内所有已建项目，每年进行一次环境风险源排查，及时更新环境风险源动态管理档案。对重点风险源、重要和敏感区域定期专项检查，对于高风险企业要挂牌督办，限期整改或搬迁，不具备整改条件的，坚决关停。

5.3.7 促进小清河通航和生态旅游

5.3.7.1 推动小清河通航工作

结合《山东省内河航道与港口布局规划》等相关规划，逐步推动实现小清河航运功能的全线恢复，在济南机场高速公路桥下—羊口段建设Ⅲ级标准河道，建设柴庄、水牛韩、金家堰、金家桥、王道船闸等5座Ⅲ级标准船闸，改造桥梁40座、管线20条，建设输水涵洞8座，规划建设5个港区。在满足水上交通运输功能的前提下，选择重点河段进行生态航道建设，结合城市规划，把绿化、景观等内容融入航道建设，将小清河建设成为集交通、防洪、生态、景观、文化为一体的黄金水道。

5.3.7.2 大力发展生态旅游

整合小清河沿线区域优势旅游文化资源，加快旅游基础设施建设，以生态环境质量改善、文化内涵挖掘，促进小清河沿线旅游业的发展，通过游船和陆路等方式，将小清河建设成为一条生态观光、休闲体验的绿色生态旅游带。重点建设八大旅游区：①济南滨河新城旅游区。以城市旅游一体化理念，大力发展旅游休闲，打造滨河新区现代服务业体系。②白云湖乡村旅游区。依托白云湖及乡村旅游资源，开发观光、采摘及城乡互动的乡村旅游产品。③历史文化与温泉度假区（邹平、高青）。深度开发邹平范公祠、袁紫兰故居、高青陈庄西周古城遗址，发挥丰富的温泉资源优势，建设温泉养生文化产业基地。④马踏湖湿地旅游区（桓台、博兴）。结合马踏湖生态环境综合治理成果，进一步挖掘历史文化、民俗文化、生态文化，建设齐韵文化区、湿地观光体验区等，丰富旅游产品体系。⑤孙子文化与红色旅游区（广饶）。以孙武湖生态资源为依托，以孙子文化为主题，重点建设孙子文化旅游区，以广饶刘集支部旧址纪念馆为核心，建设刘集红色文化旅游景区和张太恒上将纪念馆。⑥环鲁山生态旅游区。以鲁山良好的生态旅游资源为核心，重点建设桃花溪—志公坪生态旅游区、博山镇有机农业观光带、源泉生态旅游区等项目。⑦青州乡村旅游区。发挥青州弥河银瓜、青州蜜桃、敞口山楂等果品和花卉产业优势，规划发展乡村旅游，形成特色乡村旅游区。⑧寿光入海口生态休闲区。依托30万亩盐田形成的盐田风光、15万亩滩涂原生态湿地、双王城水库1.2万亩水面、林海生态博览园1

万亩林地、巨淀湖 2 万亩湿地、海洋资源及双王城盐业遗址等独特优势，建设成为以生态观光、生态休闲、生态度假、科普学习为一体的生态休闲旅游区。

充分发挥生态环境优势和航运旅游优势，科学规划小清河沿线新区建设，有效带动沿线交通、文化、住宿餐饮、房地产、物流等相关产业发展，促进服务业拓宽领域、扩大规模、优化结构、提升层次，为打造“蓝黄两区”和省会城市群新的经济增长极奠定坚实基础。

5.4 重点项目与投资

《小清河流域生态环境综合治理规划方案》共实施污染防治、再生水循环利用、生态保护、防洪除涝、小清河通航与旅游、饮用水安全与环境安全防控等 6 大类 1 017 个项目，总投资 710.2 亿元。其中，到 2012 年年底前，以解决流域内城市（含县城）建成区污水直排环境问题、建设人工湿地和完善“治、用、保”流域治污体系等为重点，完成 88 个综合治理重点项目。

5.4.1 污染防治项目

5.4.1.1 工业污染治理项目

实施工业污染治理项目 290 个、投资 92.4 亿元。其中：清洁生产项目 81 个、投资 67.2 亿元；落后产能淘汰项目 103 个；工业点源深度治理工程 106 个、投资 25.2 亿元。

5.4.1.2 城乡环境基础设施建设项目

实施城市、县城和建制镇污水处理厂及配套设施建设项目 85 个、投资 55.6 亿元。其中：污水处理厂新（扩、改）建项目 60 个、投资 37.6 亿元；城镇污水管网建设项目 16 个、投资 12.6 亿元；城镇污泥处理处置工程项目 9 个、投资 5.4 亿元。

实施城乡垃圾收集转运设施及处理场建设工程 18 个、投资 32.8 亿元，其中：城乡垃圾收集转运设施建设工程 11 个、投资 3.6 亿元；城镇垃圾处理场工程 7 个、投资 29.2 亿元。

5.4.1.3 农业污染防治项目

实施畜禽养殖污染治理、农业面源污染防治和生态农业示范项目等农村环境保护项目 327 个、投资 57.7 亿元，其中：畜禽养殖污染治理项目 145 个、投资 4.7 亿元；农业面源污染防治项目 89 个、投资 16.1 亿元；生态农业示范项目 93 个、投资 36.9 亿元。

5.4.2 再生水循环利用体系建设项目

实施再生水截蓄、循环利用工程项目62个、投资97.6亿元。其中：再生水拦蓄及农业回用工程项目13个、投资76.2亿元；工业点源再生水资源循环利用项目24个、投资9.4亿元；城镇污水再生利用工程项目15个、投资3.8亿元；实施农业、工业节水示范工程10个、投资8.2亿元。

5.4.3 生态保护项目

实施人工湿地水质净化工程项目73个、投资95.5亿元。

实施沿河环湖生态带建设项目88个、投资48.9亿元。其中：现有湿地保护与开发项目6个、投资3.4亿元；河口湖滩生态系统恢复项目6个、投资2.9亿元；河道历史走向恢复项目5个、投资1.7亿元；生态河道建设项目22个、投资21.2亿元；水系生态林带建设项目26个、投资13.4亿元，水系破损山体修复项目23个、投资6.2亿元。

5.4.4 防洪、调水项目

实施防洪、调水项目13个、投资56.6亿元。

5.4.5 小清河航运与生态旅游项目

实施小清河航运项目5项、投资87.8亿元；实施小清河生态旅游建设项目15项、投资75.2亿元。

5.4.6 饮用水安全与环境安全防控项目

实施饮用水水源地保护项目17个、投资7.0亿元。其中：地下水饮用水水源地保护项目14个、投资5.6亿元；地表水饮用水水源地项目2个、投资0.4亿元；实施地下水基础环境状况调查评估项目、投资1.0亿元。

实施市、县级环境监测机构环境应急监测能力建设项目23个、投资0.8亿元；实施底泥重金属污染状况调查与治理项目、投资2.3亿元。

5.5 综合保障

5.5.1 加强组织领导

要以总量减排、国家海河流域治污考核、生态山东建设等重点工作为抓手，巩固和完善党委领导、人大政协监督、政府负责、部门齐抓共管、全社会共同努力的流域生态环境综合治理工作大格局。省政府成立小清河流域生态环境综合治理工作领导小组，负责综合治理工作的统筹协调与组织领导。领导小组办公室设在省环保厅，承担领导小组日常工作。流域内各级政府要把小清河流域生态环境综合治理列入重要议事日程，组织编制实施相关规划方案，明确目标、落实责任。各级人大、政协要加强执法检查和监督工作。各级纪检监察机关和行政业务主管部门要加强对流域治理各项措施贯彻情况的监督检查，确保省委、省政府的决策落到实处。

5.5.2 健全法规政策体系

加强法制建设，健全地方污染物排放标准。继续完善和实施分阶段逐步加严的地方排放标准，使排放标准和环境质量标准有机衔接。探索制定清洁生产地方标准，逐步建立健全覆盖生产、流通、消费全过程的标准体系，引导绿色生产、绿色流通和绿色消费。实行最严格的水资源管理制度，实行区域用水总量控制、用水效率控制和水功能区限制纳污“三条红线”管理。规划项目实施应本着“节约集约用地和保护耕地”的原则，控制用地面积，尽量不占或少占耕地，使有限的土地资源发挥最大的经济、社会、生态效益。

按照分级负责和“谁投资、谁受益”的原则，建立政府引导、市场推动、多元投入、社会参与的投入机制。加大项目资金整合力度，在资金用途不变、拨付渠道不变的前提下，明确和落实整合项目资金来源，统筹安排资金用向，捆绑使用，形成合力，优先支持小清河流域生态环境综合治理；流域内各级政府应加大综合治理资金投入力度，根据财政状况安排建立小清河流域综合治理专项补助资金。充分利用省部合作共建让江河湖泊休养生息示范省的有利契机，积极争取国家专项资金、基建资金、贴息贷款和国际金融组织贷款；积极鼓励市场化投资主体参与污水处理等治污基础设施的投资、建设和运营。

发挥价格杠杆作用，出台再生水价格，逐步理顺再生水价格、水资源费、排污费等费价关系；进一步完善污水处理收费制度，收费标准要逐步满足污水处理设施稳定运行和污泥无害化处置需求，加强污水处理费征收管理，收费不到位的市、县政府必须安排专项财政补贴资金，确保污水处理和污泥处置设施正常运行。完善生态补偿政策，进一步完善“以奖代补”“以奖促治”制度。建立城市（含县城）饮用水水源保护区生态补偿机制，完善跨界河流水质水量目标考核与补偿办法，实行水环境质量改善生态补偿。

5.5.3 加大科技支撑

整合资源优势，建立以企业为主体、市场为向导，政府、企业、高校、科研院所、金融部门等共同参与的环保科技创新联盟。促进节能环保产业发展，围绕节能减排、环境基础设施建设、废弃物循环利用、生态修复、日用环保等领域，实施一批产业发展示范工程，扶持和培育一批节能环保产业基地。

加强行业和部门统筹，发挥各自优势，集中力量突破制约小清河流域经济社会可持续发展的重大环境瓶颈。针对制约化工、造纸等重点行业可持续发展的环境瓶颈，开展废水深度治理、资源化利用等方面的科研攻关，制定政策法规、标准和技术等破解环境瓶颈的综合方案，针对流域内城市化进程、新农村建设过程中面临的环境瓶颈，开展供水安全防范、农村生产生活废物处置及资源化利用等方面的科研攻关与工程示范，进而突破小清河治污的技术瓶颈。结合国家污染防治重大专项的实施，开展再生水利用的生物安全和化学安全、湿地植物综合利用、农村固体废物综合利用等前瞻性、基础性和关键性技术研究，加大先进实用治污技术推广力度。

5.5.4　强化生态环境监管

以落实地方环境标准为抓手，确保涉水单位稳定达标排放。对不能稳定达到《山东省小清河流域水污染物综合排放标准》（DB 37/656—2006）及其修改单要求的排污单位实施限期治理；限期治理仍不能达标，实施限产治理；限产治理仍不能达标，将实施关停或者转产，确保所有排水企业稳定达标排放。对超过污染物总量控制指标的地区，暂停审批新增污染物排放量的建设项目。严格执行“超标即应急”制度，自 2012 年 7 月 1 日开始，对超过达标边缘河流断面的责任地区涉水建设项目实施限批，2015 年年底对达不到水质目标的河流断面的责任地区涉水建设项目实行从严审批或限批。

以环保执法为抓手，严厉打击环境违法犯罪行为。严格落实关于加强环境监管的“四个办法”，加强日常环境监管。把小清河主要河流断面、重点企业、城市污水处理厂和群众来信来访反映的环境问题作为环境监管的重点。持续开展环境安全监察，消除环境安全隐患。所有闸坝等水利设施一律纳入环境突发事故工程防范体系，实行“一岗双责、并行管理”。强化部门协作，打好执法“组合拳”，采取专项检查、挂牌督办、定期通报、限批、约谈等综合措施，整治重点区域、行业的突出环境问题，推动小清河流域生态环境综合治理工作取得更大的成效。

5.5.5　加强社会协同

各级党委、政府要广泛听取公众关于小清河综合治理的意见和建议，推行阳光政务和企业环境报告书制度，保障社会公众的环境知情权、议事权和监督权。完善环境信息公开和新闻发布会制度，定期公布重点断面的水质变化情况，及时宣传先进，曝光破坏环境的违法行为。充分发挥基层党组织、工会、共青团、妇联和其他团体的作用，带动各行各业关注、支持和参与小清河流域生态环境综合治理工作。完善环保舆情监测体系，实施全方位动态监控，做到正确甄别筛选，科学分析研判，确保及时处理反映属实的突出问题，并积极做好正确的舆论方向引导，积极化解舆论危机。完善 12369 热线、网站举报平台，拓宽公众参与环境保护的渠道，调动全社会的积极性推动综合治理任务的实施，为实现小清河流域生态环境综合治理目标而共同努力。

5.6 实施与考核

明确职责分工。流域内各市政府是《方案》实施的责任主体，要加强组织领导，强化落实措施，确保各项工作扎扎实实地向前推进。省直各有关部门要围绕小清河流域生态环境综合治理规划目标和任务，研究提出加强流域生态环境综合治理的政策建议，抓好流域内各市综合治理工作的督导和推进，进一步完善部门之间、部门与地方之间协同推进工作的良好机制，形成齐抓共管、合力推进的工作局面。省发展改革委负责把小清河流域生态环境综合治理任务和项目纳入国民经济和社会发展年度计划，并争取国家相关政策和资金支持；省经济和信息化委负责有关产业结构调整、推进清洁生产指导和督促工作，加大企业技术改造力度，严格行业准入，完善落后产能退出机制；省监察厅负责协同省环保厅对流域综合治理工作进行监督和考核；省国土资源厅负责控制生态用地的开发，加强矿产资源开发的环境治理恢复，重点支持环境保护重点工程建设用地，对规划项目建设用地情况进行指导和监督；组织实施流域内破碎山体治理和地下水基础地质状况调查评估工作；省财政厅负责财政资金筹措，整合有关资金集中用于综合治理，并对列入《方案》的项目予以重点支持；省住房城乡建设厅负责城市污水处理厂（含配套管网）、再生水回用设施和城镇生活垃圾处理设施的建设工作，指导和促进城市环境基础设施企业化、专业化、社会化工作，促进污水处理和垃圾处理收费机制的良性循环；省交通运输厅负责加强指导和督促有关船舶污染防治工作，制定实施有关航运船舶、码头污染防治管理办法；省水利厅负责有关流域水资源的合理配置，统一调度和调水、节水、清淤、水土保持等工作，负责再生水截蓄导用工程建设及管理、滞洪区生态治理工作，加强水闸防污调控，对主要水库和主要闸坝实施环境、资源和安全评估工作，严格入河排污口管理，加强水资源管理和保护，强化水土流失治理；省农业厅负责加强对科学施用肥料、农药的指导和引导，加强畜禽养殖污染防治、农业节水、渔业水域和草地生态保护；省海洋与渔业厅负责渔业水域生态环境保护工作。组织实施在开放水域禁止投饵养殖工作，加强小清河入海口水域的生态环境保护；省林业厅负责加强林业生态建设力度，指导和监督水系生态林、湿地建设工作；省环境保护厅具体承担领导小组办公室日常工作，负责对流域生态环境综合治理工作的指导、协调、监督及检查考核。会同相关部门和有关市，确定示范工程，明确省直牵头部门，加强对有关工程的指导督查和技术及资金的支持与帮助；省旅游局负责旅游资源的合理开发和旅游区环境保护工作。

制订年度实施计划。流域内各级政府和省直有关部门要根据《方案》确定的目标任务，制订分年度实施计划。2012—2013 年着重做好三项重点工作：①着力解决流域内城市（含县城）建成区污水直排环境问题。流域内各市要按照目标要求，切实加快污水管网和污水处理厂建设进度，努力提高管网覆盖范围和污水集中处理能力，确保 2013 年 6 月底前率先解决城市（含县城）污水直排环境问题。②在建设人工湿地和生态河道方面取得大的突破。流域内各市要积极借鉴我省南四湖流域治污经验，在重点排污口、河流入湖口、支流入干流处因地制宜建设人工湿地水质净化工程，切实发挥湿地系统在净化水质、改善生态环境、防止污染事故蔓延等方面的综合作用。③着力抓好示范工程建设。领导小组办公室组织相关部门和有关市，每年在每个市选择两个左右的项目作为示范工程，明确牵头的省直部门，加强对工程的指导督查和技术及资金的支持与帮助。示范工程以市县为主，条块结合、整合资源，形成合力。要在坚持资金筹措渠道不变、用途不变、拨付渠道不变的前提下综合施力，各记其功。

加强调度考核。领导小组办公室要加强对综合治理工作的调度和督查，定期分析、通报综合治理任务完成情况和跨界断面水质改善情况，做到有部署、有措施、有检查、有成效，督促各项任务落到实处。同时，要强化对流域内各市政府综合治理工作完成情况的年度考核，将考核结果纳入科学发展综合考核评价体系。考核结果报经省政府同意后，作为各市政府政绩考核的重要内容，并向社会公布。2014 年适时对规划骨干工程项目进行中期调整。

第6章

南水北调东线一期工程山东段水质达标补充实施方案

南水北调工程是党中央、国务院做出的重大战略部署。实施南水北调东线工程重点在山东，关键在治污。自《南水北调东线工程治污规划》（以下简称《治污规划》）和《南水北调东线一期工程山东段控制单元治污方案》（以下简称《治污方案》）实施以来，在党中央、国务院的正确领导和国家有关部委的关心支持下，山东省委、省政府高度重视南水北调治污工作，把“确保一泓清水北上”作为重要的政治任务来抓，将治污责任层层落实到各市、县和重点污染企业，纳入县域经济社会发展考核体系，通过积极构建“齐抓共管”的工作大格局，探索完善“治、用、保”系统推进的科学治污体系，建立健全政策、法规和标准体系，构建务实高效的环境执法和监管体系等一系列措施，省辖南水北调工程沿线治污工作取得明显成效。

从规划项目进展情况看，截至2010年年底，《治污方案》确定的324个治污项目，已建成308个，占95.1%，已完成治污投资99亿元，投资完成率为105.8%。在此基础上，“十一五”期间，我省还自我加压，新上包括工业治理、城市污水处理及相关设施建设、重点区域污染防治等各类治污项目430多个，涉及总投资103亿元。从水质情况看，2010年，我省南水北调沿线高锰酸盐指数和氨氮浓度分别比《治污规划》基准年2002年改善了70.4%和90.5%；与2009年相比，又分别下降了13.0%和31.8%。2010年，按国家确定的考核指标（高锰酸盐指数和氨氮）评价，我省输水干线南四湖、东平湖及韩庄运河等9个测点，已基本达到地表水Ⅲ类标准；汇入输水干线的20个支流测点，除1个断流外，有10个达到国家规划水质目标要求。多年未见的小银鱼、毛刀鱼、麻婆鱼等敏感水生生物又重现南四湖，调水沿线水生态环境明显改善。

2010年6月，国务院南水北调办公室、国家发展改革委、监察部、环境保护部、住房城乡建设部、水利部联合印发了《关于进一步深化南水北调东线工程治污工作的通知》（综环保函〔2010〕223号），要求江苏、山东两省在巩固已有治污成果的基础上，进一步推进南水北调东线工程沿线治污工作。同年9月，国务院南水北调办公室、国家发展改革委和环境保护部转发了《国务院领导批示和开展东线治污评估工作的函》（综环保函〔2010〕338号），要求江苏、山东两省针对东线治污面临的新问题，进一步完善规划，有针对性地采取综合治理措施，确保一泓清水北送。

为此，按照国家要求，我省针对当前面临的突出环境问题，对尚未达标断面和水质不稳定的断面逐一进行解析，对各控制单元“治、用、保”各个环节逐一进行梳理，有针对性地提炼了部分治污项目，编制了《南水北调东线一期工程山东段水质达标补充实施方案》（以下简称《补充实施方案》）。

6.1 范围及基准年

《补充实施方案》范围为山东省辖南水北调东线一期工程黄河以南段，包括枣庄、济宁、泰安、菏泽4市涉及的15个控制单元（附表1）。基准年为2010年。

6.2 总体思路

深入贯彻落实科学发展观，把南水北调治污作为调水沿线转变经济发展方式的重要着力点，积极构建齐抓共管的南水北调治污工作大格局，全面落实“治、用、保”系统推进的科学治污策略，着力构建全防全控的环境安全防控体系，综合运用规制、市场、科技、行政、文化“五种力量”，深入推进调水沿线污染综合治理，全力确保南水北调东线工程水质如期达标。

6.3 水质目标

到2013年通水前，按照国家确定的考核指标（高锰酸盐指数和氨氮）综合评价，山东省南水北调东线一期工程黄河以南段输水干线达到地表水III类标准，各控制单元监测断面达到《治污规划》和《治污方案》确定的水质目标要求。

6.4 编制原则

6.4.1 确保南水北调水质如期达标

全面落实“治、用、保”系统推进的科学治污策略，对尚未达标或不稳定达标的断面进行逐一分析，对“治、用、保”各个环节进行逐一梳理，查漏补缺，有针对性地提出解决措施，补充相应的规划项目，以充分发挥“治、用、保”治污体系综合效能。同时，健全完善相应政策和法规体系，积极推进农业面源、渔业养殖、畜禽养殖和航运等污染综合治理，大力削减入输水干线污染负荷。

6.4.2 保障南水北调水环境安全

围绕预防、预警和应急三大环节，完善环境风险评估、隐患排查、事故预警和应急处置四项工作机制，建设环境安全防控体系项目，构建全防全控环境安全防控体系。督促重点风险企业建设完善应急事故池、排污口拦截闸、应急拦截坝等应急处置设施，确保事故状态下，超标废水控制在支流不进入干线。

6.4.3 与相关规划紧密衔接

与《总量减排“十二五”规划》《重点流域“十二五”水污染防治规划》等有关规划做好衔接，实现减排目标和水质改善目标的协调统一。

6.5 现状与问题分析

6.5.1 水质现状

根据山东省环境监测中心站监测数据，按照国家确定的考核指标（高锰酸盐指数和氨氮）综合评价，2010 年南四湖的南阳、岛东、前白口、二级坝、大捐，东平湖的湖南、湖北、湖心及韩庄运河台儿庄大桥等南水北调输水干线上的 9 个测点，均基本达到地表水Ⅲ类标准，但总氮、总磷指标仍为Ⅳ类或Ⅴ类。

20 个入输水干线的支流监测断面，除 1 个断流外，有 10 个已达到《治污规划》水质目标要求。洙赵新河喻屯、泗河尹沟、光府河东石佛、泉河牛庄闸、洙水河 105 公路桥、老运河西石佛、老运河微山段、梁济运河邓楼、京杭运河李集等 9 个断面尚未达标或不能稳定达标。

6.5.2 《治污方案》项目完成情况

截至 2010 年年底，《治污方案》确定的 324 个治污项目，已建成 308 个，占 95.1%，在建 16 个，占 4.9%。

6.5.3 存在的问题

虽然我省南水北调输水干线水质已基本达标，但仍有部分入输水干线支流断面水质尚未达标，个别已达标断面水质还不稳定。当前面临的主要问题：

（1）部分控制单元内“治、用、保”治污体系尚不健全，“用”和“保”的环节缺少必要的治污项目，影响“治、用、保”治污体系综合效能的发挥。

（2）《治污规划》未重点涉及的农业面源、航运、渔业和畜禽养殖等污染问题逐渐凸显，成为当前进一步改善水质的制约因素。农药、化肥等造成的氮、磷污染已由次要矛盾上升为影响水质的主要矛盾。

（3）调水沿线部分区域存在城镇污水管网不配套、雨污管网未分流等问题，部分控制单元内沿河村镇污染较为突出，农业废弃物和生活垃圾沿河堆放，汛期时极易随雨水冲刷入河，对水质造成较大影响。

（4）调水沿线环境安全管理仍需进一步加强。东线工程建成通水后，进一步加大环境执法和监管力度，建设全防全控的环境安全防控体系十分必要。

6.6 水质达标补充实施方案

重点针对 2010 年水质不能达标或不能稳定达标的洸府河、老运河（济宁段）、泗河、泉河、洙水河、梁济运河（济宁段）、梁济运河（梁山段）、老运河（微山段）、洙赵新河 9 个控制单元逐一进行分析，确定治污任务。

6.6.1 洸府河控制单元

原因分析：

（1）控制单元内“治、用、保”体系不完善，济宁市截污导流工程和洸府河人工湿地水质净化工程尚未运行，“用”和“保”的效益未得以充分发挥。

（2）辖区再生水循环利用水平不高。控制单元内兖州市和济宁高新区污水处理厂排放的达标中水，大多未得以回用，直排洸府河。加之，洸府河东石佛断面距离污水处理厂较近，除污水处理厂中水外，基本无生态径流，河道自净能力较弱。

（3）控制单元内部分区域环境基础设施能力不足，城镇污水管网不配套，未实现雨污分流，生活污水集中处置率不高。济宁市高新区黄（屯）王（因）片区和任城区接庄、石桥片区污水直排环境问题较突出。

（4）沿河农村污染问题逐渐凸显。施肥季节，农田退水对洸府河水质影响较大；沿河村镇生活垃圾、农业秸秆、畜禽粪便等乱堆乱放，汛期时极易随雨水冲刷入河，造成水质超标。

（5）上游来水对洸府河东石佛断面水质也造成一定影响。

拟采取的措施：

（1）健全完善“治、用、保”流域治污体系。加快济宁市截污导流工程和洸府河人工湿地水质净化工程建设和运行进度，督促早日运行发挥效益；加大生态保护和修复力度，积极引导农民在河滩地实施“退耕还湿”，建设生态屏障。

（2）建设济二、济三、杨村煤矿中水回用工程，加大中水回用量；同时，研究中水回用政策，积极落实中水用户，提高控制单元内污水处理厂再生水回用水平。

（3）建设济宁市任城新区污水处理工程和兖州市污水管网工程等，提高污水集中处理率，解决城市（含县城）建成区污水直排环境问题。

（4）实施兖州市污水处理厂中水调泗河工程，减小对洸府河水质的影响。

（5）大力开展沿河村镇农村环境连片综合整治，对河道两岸 “三大堆”（草堆、粪堆、垃圾堆）等进行集中清理，减少农村污染对水质造成的影响。

6.6.2 老运河（济宁段）控制单元

原因分析：

（1）控制单元内"治、用、保"体系不完善。济宁市截污导流工程和老运河入湖口人工湿地虽已建成，但均未投入运行发挥效益。

（2）控制单元内再生水循环利用水平不高。济宁市污水处理厂 8 万 t/d 中水回用工程虽然已基本建成，但因部分管道未连接，目前仅能回用 2 万 t/d，仍有 6 万 t/d 中水未能回用。

（3）控制单元内城镇污水管网不配套，济宁任城区、市中区、北湖度假区城中村生活污水直排现象较为突出，部分地段雨污分流不彻底，汛期时污水外溢，直排河道。

（4）沿河餐饮、屠宰等污水直排问题亟待解决。由于老运河穿城而过，城区段沿河两岸小饭馆、小屠宰作坊、小摊贩等较为集中，产生的大量生活污水未经处理直排老运河，对老运河水质造成影响。

（5）面源污染影响逐渐凸显。沿河两岸村庄较为集中，农村生活污水和畜禽养殖废水未经收集处理直接入河。特别是北湖区航运新村有部分养殖场，养殖废水未经治理直排老运河。

拟采取的措施：

（1）加快济宁市截污导流工程和老运河人工湿地水质净化工程投运进度，确保工程稳定运行发挥效益。

（2）积极落实中水用户，尽快解决济宁污水处理厂 6 万 t/d 中水回用问题。

（3）加大任城区、市中区、北湖度假区管网配套力度，建设济宁市北湖污水处理工程，解决污水直排环境问题。

（4）加大农村环境连片综合整治力度，清理沿河两岸"三大堆"，加大畜禽养殖污染治理力度。同时，严格规范沿河两岸商贩生产经营活动，严禁污水直排河道。

6.6.3 泗河控制单元

原因分析：

（1）控制单元内"治、用、保"治污体系不完善，泗河入湖口湿地修复和水质改善工程尚未建成投运发挥效益。

（2）控制单元内城镇污水管网配套不完善，未完全实现雨污分流，曲阜段、兖州段、泗水段均存在污水直排环境问题，造成部分废水未经处理直排入河，影响河流水质。

（3）再生水循环利用水平不高，污水处理厂中水尚未得到有效利用，工业企业深度治理和中水资源化尚有较大潜力。

（4）河道拦蓄水能力偏低，季节性缺水导致生态自净能力下降；部分河段底泥淤积严重，汛期水量较大时，极易冲刷河底淤泥影响水质。

拟采取的措施：

（1）按照《〈山东省南水北调沿线水污染物综合排放标准〉（DB 37/599—2006）修改单》要求，对太阳纸业股份有限公司等企业实施废水治理再提高工程，外排废水达到 COD≤60 mg/L、氨氮≤6 mg/L。

（2）大力建设曲阜市、泗水县、兖州市污水管网工程，严查封堵非法排污口，最大限度地收集居民生活污水，完善城区雨污分流，提高城市生活污水集中处理率。

（3）加大污水处理厂中水回用力度，积极落实中水用户，鼓励现有企业落实清洁生产和再生水循环利用措施，建立节水型工业。

（4）积极开展生态河道治理，对泗水段河道进行疏浚整治，建设泗河河道走廊人工湿地净化工程；对曲阜段内淤积严重河道进行清淤整治；在兖州市天仙庙建设橡胶坝，通过拦截上游来水，增加河道生态流量，栽种水生植物，加强生态修复，提高水体自净能力。

6.6.4 泉河控制单元

原因分析：

（1）控制单元内“治、用、保”治污体系不完善，泉河河道走廊人工湿地水质净化工程尚未建成投运发挥效益。

（2）控制单元内存在污水管网配套不完善，未完全实现雨污分流，汛期时，或污水外溢造成河流断面超标，或雨水进入管网造成污水处理厂进水偏低。

（3）沿河农业面源和畜禽养殖等污染问题逐渐凸显。

拟采取的措施：

（1）加快泉河人工湿地水质净化工程建设和运行，充分发挥“治、用、保”治污体系的综合效能。

（2）建设汶上县污水管网工程，清理取缔入河违法排污口，大力解决污水直排环境问题。

（3）大力开展农村环境连片综合整治，积极推广行之有效的农村环境基础设施建设和运行管理模式以及农业生产废弃物综合利用技术，解决沿河农村环境突出问题。

6.6.5 洙水河控制单元

原因分析：

（1）控制单元内“治、用、保”治污体系不完善，《治污方案》未规划建设人工湿地水质净化工程，截污导流工程虽已建成但未运行发挥效益。

（2）控制单元内再生水循环利用水平低，嘉祥县污水处理厂中水未得以回用，工业企业深度治理和中水资源化尚有较大潜力。

（3）航运码头污染问题较为突出。洙水河沿岸仍存在部分散乱的小码头，过往船只生活污水和垃圾直排河道，对水质造成影响。

（4）面源污染问题逐渐凸显。洙水河流域沿岸多为乡镇农村，农灌施肥期，大量农田退水对河流水质影响较大。沿河两岸畜禽养殖厂和屠宰作坊较为密集，大量废水未经处理直排河流。

拟采取的措施：

（1）完善“治、用、保”治污体系，加快嘉祥县再生水截蓄导用工程运行进度，加快建设洙水河、洙赵新河人工湿地水质净化工程，确保项目早日投运，充分发挥“治、用、保”治污体系的综合效能。

（2）加快嘉祥县第二污水处理厂和嘉祥县污水管网配套工程，大力解决污水直排环境问题。

（3）加大沿河小码头的清理取缔力度，依法打击非法采砂等活动，进一步加大船舶垃圾和污水的收集、转运、处置力度，加强船舶污染治理项目运行和监管，形成防范、管控和处置一体化的污防机制。

（4）加大农村环境连片综合整治力度，清理沿河两岸“三大堆”，加大畜禽养殖污染治理力度。同时，严格规范沿河两岸屠宰厂生产经营活动，严禁污水直排河道。

6.6.6 梁济运河（梁山段、济宁段）控制单元

原因分析：

（1）控制单元内“治、用、保”治污体系不完善，《治污方案》未规划建设人工湿地水质净化工程，梁山县截污导流工程虽已建成但未运行发挥效益。

（2）梁济运河梁山段、济宁市区段城镇污水管网配套不完善，污水集中处理率不高，生活污水直排环境问题较为突出。

（3）沿河农村污染问题逐渐凸显，两岸部分乡镇、村的生活污水未经处理直排入河；生活垃圾、农业秸秆、畜禽粪便沿河两岸随意堆放，极易随雨水冲刷入河道。

（4）航运船舶码头污染较为突出。梁济运河是重要的航运通道，南四湖和梁济运河内的各类运输船舶约 1.1 万艘，年货物运量 1 897 万 t，往来船只生活垃圾、废水直排入河，对水质造成直接影响。

拟采取的措施：

（1）完善“治、用、保”流域治污体系。加快梁山县截污及污水资源化工程投

运进度，加快建设梁山金码河人工湿地、汶上县小汶河河道走廊人工湿地、京杭大运河入湖口人工湿地等工程，确保早日建成投运，充分发挥“治、用、保”治污体系的综合效能。

（2）进一步完善管网配套建设，封堵城区污水排污口，最大限度地收集城区生活污水，降低生活污水对河流水质的影响；嘉祥县新建污水管道 22.65 km，改建污水管道 4.73 km，新建雨水管道 12.49 km，改建雨水管道 15.16 km，最大限度地收集城区生活污水，实现雨污分流。加快任城新区污水处理厂建设及配套管网建设，提高对任城新区新增生活污水和园区新增工业废水收集率。

（3）加大梁济运河、新赵王河、泉河、天宝寺沟沿岸及河道综合整治力度，加大农村生活垃圾集中收集处理力度，禁止在河流两岸堆积生活垃圾，禁止河道内从事畜禽养殖，清理河道网箱养鱼；严禁河流沿岸村庄畜禽养殖废水和农村生活污水直排河流。新建汶上县康驿镇处理厂 1.5 万 t/d 的污水处理工程，改变汶上县沿河村庄生活污水直排入泉河的现状。

（4）进一步加强航运船舶的规范化管理，启动森达美港的垃圾收集和污水集中处理设施，集中收集船舶生活垃圾及生活污水，提高航运污水集中处理率，严禁船舶清理污水及生活污水直排入河。

6.6.7 老运河（微山段）控制单元

原因分析：

（1）流域内畜禽养殖和投饵性渔业养殖问题较为突出，直接影响老运河水质。

（2）航运码头船舶污染对水质影响较大。老运河岸边集中多处小码头，煤炭装卸过程中的煤尘、油污水等直接入湖；该县 37 个运输公司共有驳船、拖船和客船近 3 000 艘，生活污水、垃圾未经收集处理直排入河，对水质造成影响。

（3）湖区内源污染逐渐凸显。南四湖湖区内微山岛、南阳岛和独山岛共有居民 3.2 万人，每年约 140 万 t 生活污水和大量生活垃圾未经处理直排南四湖，对湖区水质造成较大影响，岛上未建设污水和垃圾集中处理设施。

拟采取的措施：

（1）对山东省七五生建煤矿、山东省岱庄生建煤矿、济宁金源煤矿等企业废水进行深化治理，确保企业外排水达到接纳水体功能区划标准。

（2）加快微山县污水管网建设进度，大力解决城区生活污水直排环境问题。

（3）加大农村环境连片综合整治力度。微山县被省政府列为全省首批农村环境连片整治示范县，境内沿湖 9 个乡镇（街道）、1 个省级经济开发区的共 121 个村庄集中开展农村环境连片整治，加大生活垃圾集中清运处理、生活污水集中收集处理和规模化畜禽养殖污染防治等工作。

6.6.8 洙赵新河控制单元

原因分析：

（1）控制单元内“治、用、保”治污体系不完善，《治污方案》未规划建设人工湿地水质净化工程。

（2）洙赵新河接纳了菏泽市、郓城县、东明县、鄄城县、巨野县等多家污水处理厂和近 30 家工业企业处理达标的中水，河道纳污量大，环境容量小，自净能力较弱。

（3）控制单元内城区管网不完善，管网未完全实现雨污分流，部分县（市、区）建成区污水直排环境问题较为突出。

（4）沿河两岸农业面源和畜禽养殖污染问题逐渐凸显，河道两侧有多家养鸭场，粪便极易随雨水入河，对水质造成较大影响。

拟采取的措施：

（1）完善“治、用、保”流域治污体系。加快定陶县定陶新河人工湿地、东明县五里河人工湿地、巨野县老洙水河人工湿地、鄄城县吉山河人工湿地、赵王河人工湿地、牡丹区安兴河人工湿地、郓城宋金河人工湿地、嘉祥县洙水河洙赵新河人工湿地等工程建设，确保早日建成投运，充分发挥“治、用、保”治污体系的综合效能。

（2）以河流断面倒逼控制单元内工业企业执行更加严格的排放标准，开展新一轮的限期治理。

（3）加大污水管网配套力度，建设郓城县、巨野县、鄄城县、定陶县、东明县污水配套管网工程，提高生活污水集中处理率，大力解决污水直排环境问题。

6.7 主要任务和重点工程

我省在《治污方案》基础上，有针对性地重点补充部分治污项目，2013 年通水前：确保南水北调东线一期工程山东省黄河以南段输水干线达到地表水Ⅲ类标准，建立基本的流域治污和环境安全防控体系，共计 140 个项目，需要治污资金 50.5 亿元。

6.7.1 继续深化点源污染治理

严格执行新加严的《〈山东省南水北调沿线水污染物排放标准〉（DB 37/599—2006）修改单》，督促工业企业实施废水治理“再提高”工程，掀起新一轮限期治理工作。鼓励涉水企业建设再生水循环利用设施，提高再生水循环利用率。新上工业污染源深度治理及中水回用项目 31 个，投资 7.1 亿元。

进一步加大城镇污水处理厂和配套管网建设，提高污水集中收集和处理率，力争 2012 年年底前在全省率先解决污水直排问题。城镇污水处理和配套管网建设项目 63 个，投资 26.1 亿元。

6.7.2 加快构建再生水资源循环利用体系

科学制订区域性再生水资源循环利用规划，因地制宜地建设中水截蓄导用工程，研究推进再生水循环利用的措施意见和相关政策，培育中水回用市场，增加中水回用量，最大限度地实现行政辖区内部再生水循环利用。

6.7.3 加快人工湿地水质净化工程项目建设

加强生态保护和修复，因地制宜建设人工湿地水质净化工程，充分发挥湿地系统在削减面源污染、增加环境容量等方面的综合功能。严格按照基建程序，补充《治污方案》未纳入的人工湿地水质净化工程，充分发挥“治、用、保”治污体系的综合效能。建设人工湿地水质净化及综合治理工程项目 39 个，投资 16.7 亿元。加强人工湿地水质净化工程的运行维护和管理。

实施规模化退耕还湿，组织农民在人工湿地用地范围内调整种植结构，调整生态补偿政策，调动农民积极性。

6.7.4 加大航运污染治理力度

加快实施《京杭运河山东段航运污染防治建设方案》，进一步加快航运码头搬迁、主航道作业区防污技术改造、船舶生活和油污水接收处理装置建设。尽快完善船舶垃圾收费等经济政策，明确船舶垃圾收集和转运机制，将船舶垃圾纳入城乡综合整治，就近送入城市生活垃圾处理场进行处理。保障船舶污染打捆项目稳定运行发挥效益。加快内河航运污染防治立法工作，加强禁运危险化学品管理，保障调水安全。

6.7.5 开展湖区渔业养殖污染防治工作

加快实施《南四湖渔业功能区划与养殖总量控制规划》。实行湖区功能区划制度，将南四湖的渔业功能划分为：常年禁渔区、生态恢复区和生态养殖区 3 个功能区，规划常年禁渔区 10 万亩、生态修复区 65.5 万亩、生态养殖区 38 万亩。根据南四湖水环境容量和水环境功能要求，实行养殖总量控制制度，规划生态养殖区的网围生态养蟹区 10 万亩、非投饵性网箱养鱼区 3 万亩和湖滨池塘生态养殖区 25 万亩。取消人工投饵性鱼类网箱、围网等养殖方式和养殖区以外的其他人工养殖措施。推进养殖许可制度建设，健全补偿安置保障机制。

6.7.6 进一步加强面源污染治理和村镇污染防治

积极引导农业种植结构调整，利用科技手段，推广有机食品种植。大力实施农业“两减三保”措施，降低农药、化肥施用量，农田测土平衡施肥覆盖面积达到100%；加大畜禽养殖污染防治力度，规模化畜禽养殖场粪便无害化处理率达到 80%。结合社会主义新农村建设，大力推进农村环境连片综合整治，积极推广行之有效的农村环境基础设施建设和运行管理模式以及农业生产废物综合利用技术。

6.7.7 加快构建环境安全防控体系

在调水沿线地区建立环境风险源动态档案并定期更新，督导环境隐患企业尽快完成环境风险评估，把环境风险评估纳入环境影响评价，切实把好环评关口；在重要河流和环境敏感区域设置环境安全预警监测点位，建立环境安全预警监测体系；明确禁运化学品名录，加强航运污染应急演练；进一步完善环境应急预案和应急处置设施建设，特别是要建设好化工企业厂内应急事故池和厂外河道应急拦截坝，并抓好应急演练和物资储备工作。建设环境安全防控体系项目 7 个，投资 0.6 亿元。

6.8 可达性分析

根据 2002 年批复实施的《南水北调东线工程治污规划》，上述 9 个控制单元 COD 排放量需要控制在 30 755 t 以内，氨氮排放量需要控制在 2 878 t 以内。根据环境统计数据，2010 年 9 个控制单元 COD 排放量为 38 017 t，氨氮排放量为 3 886 t。

本方案实施后，可以新增 COD 减排能力 2.2 万 t、氨氮减排能力 1.1 万 t，其中工业污染源深度治理、污水处理厂建设和升级改造项目新增 COD 减排能力 1.6 万 t、氨氮减排能力 0.8 万 t，人工湿地水质净化工程新增 COD 减排能力 0.6 万 t、氨氮减排能力 0.3 万 t。项目完成后，可以确保 COD、氨氮排放量达标。

6.9 保障措施

6.9.1 巩固和完善环保工作大格局

以国家考核为抓手，强化监督，充分调动地方政府和各级各部门的积极性，进一步完善党委领导、人大政协监督、政府负责、部门齐抓共管、全社会共同努力的环保工作大格局，推动环保事业再上新台阶。

6.9.2 进一步健全完善相关法规和规范

结合山东实际，研究出台人工湿地水质净化工程技术规范。加快内河航运污染防治立法工作，完善有关航运法规制度。

6.9.3 完善配套经济政策

探索完善规模化退耕还湿的推进机制和生态补偿政策，推动环湖沿河生态带建设；协调有关部门研究制定再生水资源循环利用价格政策，推动再生水资源循环利用；完善“以奖代补”和生态补偿政策。

6.9.4 明确各类治污工程的资金渠道和来源

坚持政府引导、市场为主、公众参与的原则，建立政府、企业、社会多元化投入机制，拓宽融资渠道，明确和落实各类治污项目资金来源，促进各类治污工程加快进度，尽早发挥环境效益。

6.9.5 制定严格的奖惩考核机制

继续实施“以奖代补”和“生态补偿”办法，对污染防治工作成效明显的地区给予奖励，以调动各级各部门治污的积极性和主动性。对没有完成水污染防治工作的地区，实施建设项目限批，对水污染防防治工作不力、造成重大社会影响的责任地区负责人实施问责制。

6.9.6 开展相关的环保瓶颈技术研究

开展前瞻性、基础性和关键性技术研究，开展河流自净能力研究和南四湖水生态健康评价体系构建与示范，为流域环境管理提供科技支撑。探索建立“政、产、学、研、金”有机结合的环保科技创新联盟，水环境瓶颈问题解析与科技攻关，服务转方式、调结构。

6.9.7 强化治污工作督查、督办

一是加强对突出环境问题的督查督办。在“一月一调度、一月一通报”的基础上，通过定期召开调度会或现场督办等形式，组织不达标河流断面责任市环保局、县（市、区）政府、部门及企业负责同志，面对面地调度突出环境问题整改落实情况，研究整改措施，并跟进督办落实。加强各有关部门的沟通协调，定期对突出环境问题进行研究磋商，协同督促地方政府强化措施，解决相关突出问题。对超标责任地区突出环境问题进行现场督查或对整改落实情况进行后督查。二是严格落实约

谈、限批、问责等机制。在2012年上半年对调水沿线超标断面责任地区新建涉水项目实施从严审批的基础上，下半年对超标河流断面责任地区涉水建设项目实施区域限批。同时，对超标责任地区政府负责同志实施约谈，对2012年12月底仍未达标的河流断面，按相关规定追究相关责任人的责任。三是打好“组合拳”。每月定期分析南水北调沿线治污工作形势，筛选突出环境问题，并确定超标断面责任地区，从严审批或限批该区域。对突出环境问题进行现场督查，并跟进督办整改落实情况。结合环保专项行动，加大对南水北调沿线治污工作的执法检查力度。加大对南水北调沿线考核断面的监测力度，及时掌控调水沿线水质状况。

附表 1 规划范围

序号	控制单元	控制断面	水质目标	断面控制辖区
1	西支河	北外环桥	Ⅳ	济宁鱼台县
2	光府河	东石佛	Ⅲ	泰安宁阳县、济宁兖州市、高新区、市中区、任城区
3	老运河济宁段	西石佛	Ⅲ	济宁市中区、任城区、北湖新区
4	洙水河	公路桥下	Ⅲ	济宁嘉祥县、市中区
5	赵王河	杨庄闸上	Ⅲ	济宁嘉祥县、市中区
6	梁济运河	李集	Ⅲ	济宁市中区
7	梁济运河	邓楼	Ⅲ	济宁梁山县
8	老运河微山段	老运河微山段	Ⅲ	济宁微山县
9	白马河	马楼	Ⅳ	济宁邹城市
10	泗河	尹沟	Ⅲ	济宁泗水县、曲阜市、邹城市、兖州市、微山县
11	东渔河	西姚	Ⅳ	菏泽牡丹区、定陶县、成武县、单县、曹县
12	老万福河	老万福河口	Ⅳ	济宁金乡县、鱼台县
13	洙赵新河	喻屯	Ⅲ	菏泽牡丹区、定陶、东明、郓城、巨野、鄄城县
14	泉河	牛村闸上	Ⅲ	济宁汶上县
15	东平湖	湖心	Ⅲ	泰安市东平县

第7章

南四湖生态环境保护试点总体实施方案（2011—2015年）

7.1 南四湖概况

7.1.1 试点范围

本次试点范围包括南四湖湖区及南四湖流域，涉及枣庄、济宁、泰安、莱芜、菏泽5市，12个区、6个县级市、17个县（详见附表1）。

7.1.2 流域概况

南四湖位于东经 116°34′～117°21′，北纬 34°27′～35°20′，是微山湖、昭阳湖、独山湖和南阳湖四个相连湖泊的总称。湖面面积 1 266 km^2，占全省淡水水域总面积的45%，是山东省最大的淡水湖泊，为我国第六大淡水湖泊。湖面南北狭长约120 km，东西宽5～25 km。

南四湖流域涉及济宁、枣庄、菏泽、泰安、莱芜5市，包括济宁任城、市中（济宁）、市中（枣庄）、台儿庄、薛城、峄城、山亭、菏泽牡丹、泰安岱岳、泰山、莱芜莱城、钢城12区，邹城、兖州、曲阜、滕州、肥城、新泰6市，微山、鱼台、金乡、嘉祥、泗水、梁山、汶上、曹县、定陶、成武、单县、巨野、郓城、鄄城、东明、宁阳、东平17县。流域面积34 800 km^2，主要入湖河流53条，人口总数2 689.1万人。2010年该流域国民经济总产值为7 654.41亿元（占全省的19.4%），人均GDP为28 464.6元（为全省人均GDP的69.1%）。

南四湖的湖腰二级坝枢纽工程将南四湖分成上、下级湖。二级坝闸上为上级湖（北湖），湖面面积606 km^2，二级坝闸下为下级湖（南湖），湖面面积660 km^2。上级湖设计蓄水位为34.0 m，下级湖设计蓄水位为32.8 m，湖内平均水深不足2 m，为典型的湖盆浅水型湖泊，总库容为53.7亿m^3，常年蓄水量为15.5亿m^3。

南四湖多年平均入湖径流量29.60亿m^3（最大年入湖径流量97.72亿m^3），多年平均出湖径流量19.20亿m^3。径流量年内分配极不均匀，其中80%以上集中在汛期。南四湖多年平均地表水可利用量为12.73亿m^3，其中上级湖为10.37亿m^3，下级湖为2.36亿m^3，上、下级湖的库容和承担的来水面积极不平衡，上级湖库容占南四湖总库容量的41.5%，下级湖库容占南四湖总库容的58.5%。

1960—2003年南四湖入湖径流量呈明显减少的趋势，其减少速率为515×10^8 m^3/（10a）。据统计，该区域20世纪70年代为径流量的丰期，1971年曾出现年径流量为8 918×10^8 m^{3}的记录。但是进入80年代以来，入湖径流量持续下降，连续几年处于近干涸状态。1915—1982年南四湖多年平均年径流量为2 916×10^8 m^3，而近50年年均入湖径流量只有1 916×10^8 m^3，年均损失达10×10^8 m^3。南四湖年入湖径流量的丰枯，有明显的持续性，特枯年份持续时间多为 4～6 年，近 50 年来径流量特别稀少的年份为：1965—1969 年、1987—1990 年、1998—2002 年，后两个时期均出现了严重的湖泊干涸事件。进入 2004 年以来南四湖则进入了丰水期，同时伴随南水北调东线工程的实施，加强了南四湖水资源的科学管理和合理配置，南四湖水位处于相对较高的稳定状态。

根据南四湖 1953—2004 年连续水文观测，南四湖水位年际变化较大，干旱年湖水水位较低。近年来南四湖出现湖水干涸比较频繁，湖床大面积裸露，水生物锐减，草类植物丛生。上级湖最高月平均水位多年平均为 34.8 m，最低月平均水位多年平均为 33.4 m。最高月平均水位为 1957 年 8 月的 36.8 m；下级湖最高月平均水位多年平均为 33.0 m，最低月平均水位多年平均为 31.0 m。最低水位年为 1989 年、2002 年，大片湖底干涸，仅有水面的高程为 29.8 m，最高与最低水位变幅为 5 m。

历史资料显示，南四湖最大水深为 2.76 m，平均水深为 1.46 m，自 2004 年以来南四湖进入丰水期，同时伴随南水北调工程的实施，南四湖水深情况发生了较大改变，湖区水深普遍得到提高。南四湖湖区水深调查结果如图 7-1 所示。上级湖区的平均水深为 2.33 m，最大水深为 5.5 m，最小有效水深为 1.18 m；下级湖区的平均水深为 2.35 m，最大水深为 7.05 m。上级湖区最大水深位于昭阳湖和独山湖之间的运河航道内，最小水深位于昭阳湖西岸附近；下级湖区最大水深位于二级坝下方附近区域的运河航道；最小水深位于微山湖东岸附近。

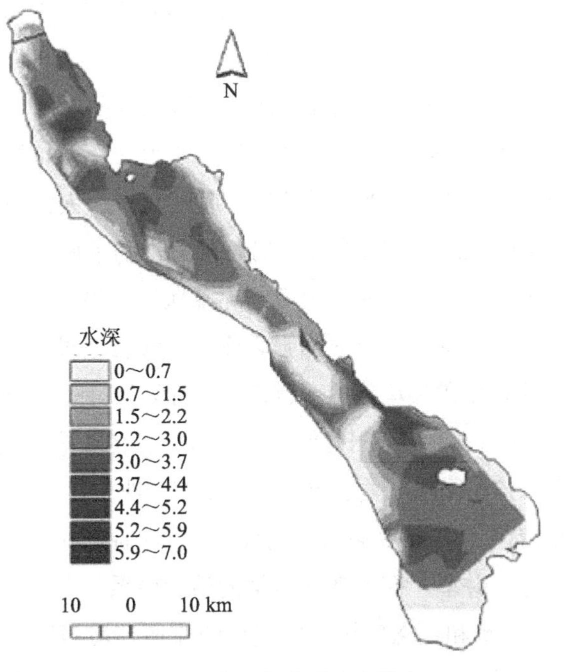

图 7-1　南四湖水深分布情况

7.1.3 南四湖水环境与生态环境治理工作基础

南四湖是山东省最大的淡水湖泊，是南水北调东线工程的输水干线和重要调蓄水库。南水北调东线调水空间布局及南四湖作为输水干线的区位特点决定了南四湖水质改善是东线调水水质的关键。山东省委、省政府历来高度重视南四湖水污染防治及生态保护工作，按照胡锦涛总书记提出的“让江河湖泊休养生息”的要求，深入贯彻落实科学发展观，切实将南四湖流域水污染防治作为转方式调结构、惠民生促和谐的重要着力点，务实创新“治、用、保”系统推进的流域污染综合治理策略，认真组织实施国家重点流域水污染防治专项规划，南四湖流域水污染防治工作实现重大突破。

（1）坚定科学发展理念，巩固和完善环保工作大格局

山东省委、省政府高度重视南四湖水环境保护工作，坚持把环境保护作为加快转变经济发展方式的重要着力点，以治污减排倒逼转方式、调结构。姜异康书记明确提出，“推进节能减排和环境保护，是转方式、调结构的必然要求和成果体现”。姜大明省长多次强调，“所谓约束性指标，就是完不成任务要摘乌纱帽的指标”。“十一五”期间，我省南四湖共淘汰造纸产能 90 多万 t，水泥产能 6 000 多万 t，酒精产能 21 万多 t，印染产能近 2 亿 m。2010 年山东省 COD 排放强度为 0.75 kg/万元工业增加值，明显低于江苏（1.18 kg/万元）、浙江（1.78 kg/万元）和广东（1.10 kg/万元）。2011 年，国务院通报表扬了我省“十一五”污染减排工作，在减排工作成绩突出的 8 个省市中，我省位列第一。同年，中国社科院发布中国环境竞争力发展报告，我省环境竞争力居全国之首。山东省注重发挥政治体制的优势，将治污减排责任层层落实到各市、县和重点污染企业，把治污减排任务作为约束性指标，纳入县域经济社会发展考核体系，较好地构建了“党委领导、政府负责、人大政协监督、部门齐抓共管、全社会共同努力”的环保工作大格局，有力推动了南四湖水污染防治工作的深入开展。2011 年 6 月，山东省人民政府与环境保护部签署了《环境保护战略合作框架协议》，明确了省部间从六个方面加强合作，把我省建设成为“让江河湖泊休养生息的示范省”和“探索中国环境保护新道路的先行区”，有力助推了全省环保事业的发展。2012 年 1 月 10 日，我省召开了历史上最高规格的生态山东建设大会，出台了《中共山东省委、山东省人民政府关于建设生态山东的决定》，确定要全力以赴打好南水北调治污攻坚战，确保今年年底调水沿线水质如期达标，扎实推进生态山东建设。

（2）“治、用、保”并举，探索建立科学的治污体系

针对高污染、高耗水和生态破坏三类突出的流域环境问题，山东在实践中逐步探索出一套“治、用、保”并举的科学治污体系。一是污染治理（治）。通过结构调整、清洁生产、末端治理、环境基础设施建设、环境安全防控等在内的全过程污染

控制，落实生态监管措施，使流域内一切排污单位达到常见鱼类稳定生存再排向环境的治污水平。2011 年，我省又加严了四大流域水污染物综合排放标准，规定自 2013 年起，将重点保护区 COD、氨氮排放浓度限值分别调整为 50 mg/L、5 mg/L，一般保护区分别调整为 60 mg/L、10 mg/L，倒逼污染源开展新一轮限期治理。二是再生水循环利用（用）。因地制宜地建设中水截、蓄、导、用设施，加大再生水回用，减少废水排放，最大限度地实现行政辖区再生水资源循环利用。山东每年产生的再生水资源高达 44 亿 m^3，这些水资源的循环利用对于我国北方地区意义重大。截至 2011 年年底，省辖南水北调沿线已建成中水截蓄导用工程 21 个，年可消化中水 2.1 亿 m^3，有效改善农灌面积 200 多万亩。三是生态修复和保护（保）。依托人工湿地水质净化工程和退耕还湿，建设环湖沿河沿海大生态带，打造生态屏障。截至 2011 年年底，我省南水北调沿线建成人工湿地 13.7 万亩，修复自然湿地 14.8 万亩。从运行效果看，湿地工程对水体氮、磷的去除率达到 60%以上，出水能够达到Ⅲ类水质要求。四是开展航运船舶和渔业养殖污染防治。流域内淘汰了所有水泥船，完成了对钢质挂浆机船的拆解改造任务，清理取缔梁济运河污染严重的散乱码头 34 个；实施航运污染治理打捆项目，投资 1 000 多万元，在沿线建设了 5 个垃圾回收转运站及污（油）水处理站。累计清理人工投饵性养殖网箱 3 000 亩、网围 1 万亩，改造养殖网箱 5 000 亩、网围 1.2 万亩，建立净水型增殖水域 100 多万亩，每年可转移湖区水体中的氮、磷 200 多 t。累计人工增殖放流鱼类苗种 8 267.8 万尾，湖区捕捞产量年达 5 万 t，从湖区转移碳 3.63 万 t，有效降低湖水富营养化程度，延缓了南四湖的沼泽化过程。

（3）健全地方法规标准，为治污工作提供坚实的法律保障

2006 年，省政府报经省人大常委会审议通过了《山东省南水北调工程沿线区域水污染防治条例》，从山东治污实际出发，以地方立法的形式对水污染防治工作进行了规范，为确保调水水质提供了坚实的法律基础。同年，我省发布实施了全国第一个流域性标准《山东省南水北调沿线水污染物综合排放标准》，以科学的标准值将“治、用、保”并举的治污策略环环相扣，形成了层层递进、有机结合的流域治污体系。其中 COD 排放标准最高严于 2006 年国家行业标准 6 倍多，氨氮排放标准最高严于国家行业标准 7 倍。又先后发布了省辖海河、小清河、半岛等流域性综合排放标准，先后用 8 年时间，分 4 个阶段，逐步实现从行业排放标准到流域标准的过渡，从实质上取消了高污染行业的“排污特权”，实现了污染物排放标准与流域水环境质量标准的衔接，自 2010 年 1 月 1 日起，全省所有流域均执行最后时段的排放标准。在地方标准的引导下，各大造纸企业投入巨资开展科技攻关，对重大环境瓶颈问题进行解析，攻克了一批具有全局性、带动性的污染治理关键共性技术。以造纸行业为例，2010 年全省纸制品总产量是 2002 年的 2.5 倍，利税是 2002 年的 4.7 倍，而造纸行业 COD 排放量却同比减少了 62%，山东造纸行业走上了又好又快的良性发

展轨道。

（4）完善经济政策，运用市场机制加快推进治污设施建设

省政府先后印发了《关于提高污水处理费征收标准促进城市污水处理市场化的通知》《山东省城市污水处理费征收使用管理办法》，对提高污水处理费标准和征收、使用、管理等进行了调整和规范。目前，调水沿线黄河以南段所有设区城市都已将污水处理费征收标准提高到 1 元/t，所有县（市、区）均至少建成 1 座污水处理厂，全部执行一级排放标准。省住房城乡建设、监察部门建立了正常检查、抽查、暗访和调度相结合的督察检查制度，对污水处理厂建设及运行情况实行一月一调度，一月一检查，一月一通报，为保障城市污水处理厂和污水管网的建设、运行发挥了重要作用。截至 2010 年年底，省辖南水北调沿线已建成 80 座污水处理厂，全部正常运行一年以上，总日处理能力为 355.2 万 t，平均污水负荷运转率达到 87%以上。

（5）注重科技支撑，解析和突破环境瓶颈问题

立足于山东实际，从造纸、印染、化工等重点行业入手，对经济社会发展中重大环境瓶颈问题进行解析，攻克了一批具有全局性、带动性的污染治理关键共性技术，目前已有 100 余项成果进入产业化推广阶段，有效突破了部分污染行业的环保瓶颈。我省自主研发的重大科技专项“造纸废水深度处理与回用技术研究”取得重要突破，目前已在山东、湖北、江西、天津、吉林等 7 个省市得到推广应用。山东华泰集团自主和联合开发的“制浆和碱回收过程优化控制系统的研究与应用”“草浆生物预漂白和酶法改性技术”等多项技术获国家科技进步二等奖。山东泉林纸业集团环保和循环经济类的专利已达 166 项，被国务院领导命名为“泉林模式”。2009 年，环境保护部在山东举办了全国造纸行业水污染物排放标准宣贯暨治污经验交流会，肯定推广了山东地方标准和造纸行业污染防治经验。

（6）加强行政监管，构建务实高效的执法监督体系

①积极构建环境安全防控体系。以重金属、危险化学品和放射源为重点，围绕预防、预警和应急三大环节，建立完善环境风险评估、隐患排查、事故预警和应急处置四项工作机制，构建了行之有效的环境安全防控体系。2011 年 10 月，我省组织开展了环境应急演练暨监察监测技术比武活动，锻炼了应急队伍，提升了应急能力。②严把环境准入关。按照“先算、后审、再批”的环评审批程序，有效地控制了新增污染物排放。“十一五”期间，全省共拒批或暂缓审批涉水建设项目 1 400 多个，涉及总投资 440 亿元。③加强环境执法监管。坚持部门联合执法、环境日常监管和专项行动相结合，厉打击各类环境违法行为；建设全省环境自动监控体系，共设置 1 738 个自动监控站点，安装自动监测设备 5 100 台（套），实现了国家、省、市和县四级联网，具备了对全省 90%以上的污染源和主要水气环境质量实时监控的能力。④打好环保执法“组合拳”。“十一五”以来，共组织开展环保专项行动 13 次，对 402

件突出环境问题进行了挂牌督办，始终保持了环境执法的高压态势。在全国率先建立了“超标即应急”零容忍工作机制和“快速溯源法”工作程序，全省环境监管逐步走上了制度化、经常化和数字化的轨道。

在水质实现持续改善的同时，流域生态环境也得到明显改善。目前，南四湖流域已建成人工湿地 15 万亩，年可削减 COD 6 200 t、氨氮 840 t，对水质和生存环境要求极其严格的白枕鹤、桃花水母出现在南四湖。

7.2 水环境与生态环境现状及问题

7.2.1 水环境现状与变化趋势

7.2.1.1 水环境现状

2010 年，南四湖流域 22 条主要入湖河流中有 13 个已达国家要求。按水质类别划分，II类的占 17.6%，III类的占 32.4%，IV类的占 44.1%，V类和劣V类的各占 2.9%，以III类和IV类为主。南四湖湖区 5 个监测点位基本达到III类水质目标。

7.2.1.2 南四湖水质空间监测

为进一步系统掌握南四湖水环境质量状况及变化趋势，省环保厅在南四湖湖区和入湖河口网格状布设了 108 个监测点，于 2006 年、2007 年、2010 年和 2011 年组织开展了 4 次南四湖水质空间分布监测。监测结果显示，南四湖湖区和入湖河口 COD、氨氮、总氮、总磷等指标均得到明显改善。

（1）入湖河流水质

南四湖 29 条入湖河口水深/流量/水质监测结果统计见表 7-1。

表 7-1 南四湖入湖河口水深/流量/水质监测结果统计

年份	水深/m	温度/℃	pH	COD_{Cr}/(mg/L)	NH_3-N/(mg/L)	TP/(mg/L)	TN/(mg/L)	COD_{Mn}/(mg/L)	透明度/cm	电导率/(μS/cm)	总流量/(亿 m^3/a)
2006	3	18.2	7.87	34.9	2.82	0.24	4.55			1 115.3	6.8
2007	2.73	18.95	8.09	42.4	2.58	0.26	5.54			1 203.0	4.26
2010	3.21	11.46	7.75	31.23	0.97	0.191	3.26	7.79	35.54	1 391	5.53
2011	2.67	22.25	8.36	29.57	1.07	0.191	2.86	6.91	38.94	1 484	3.47

2011 年比较 2006 年，29 条主要入湖河流的 COD、氨氮、总磷、总氮平均入湖总量分别下降 57%、81%、59%和 68%，入湖污染负荷呈现大幅度下降趋势。

图 7-4、图 7-5 分别给出了 2010 年和 2011 年按河口水质等标污染负荷比逆排序污染负荷贡献最大的 10 条河流。

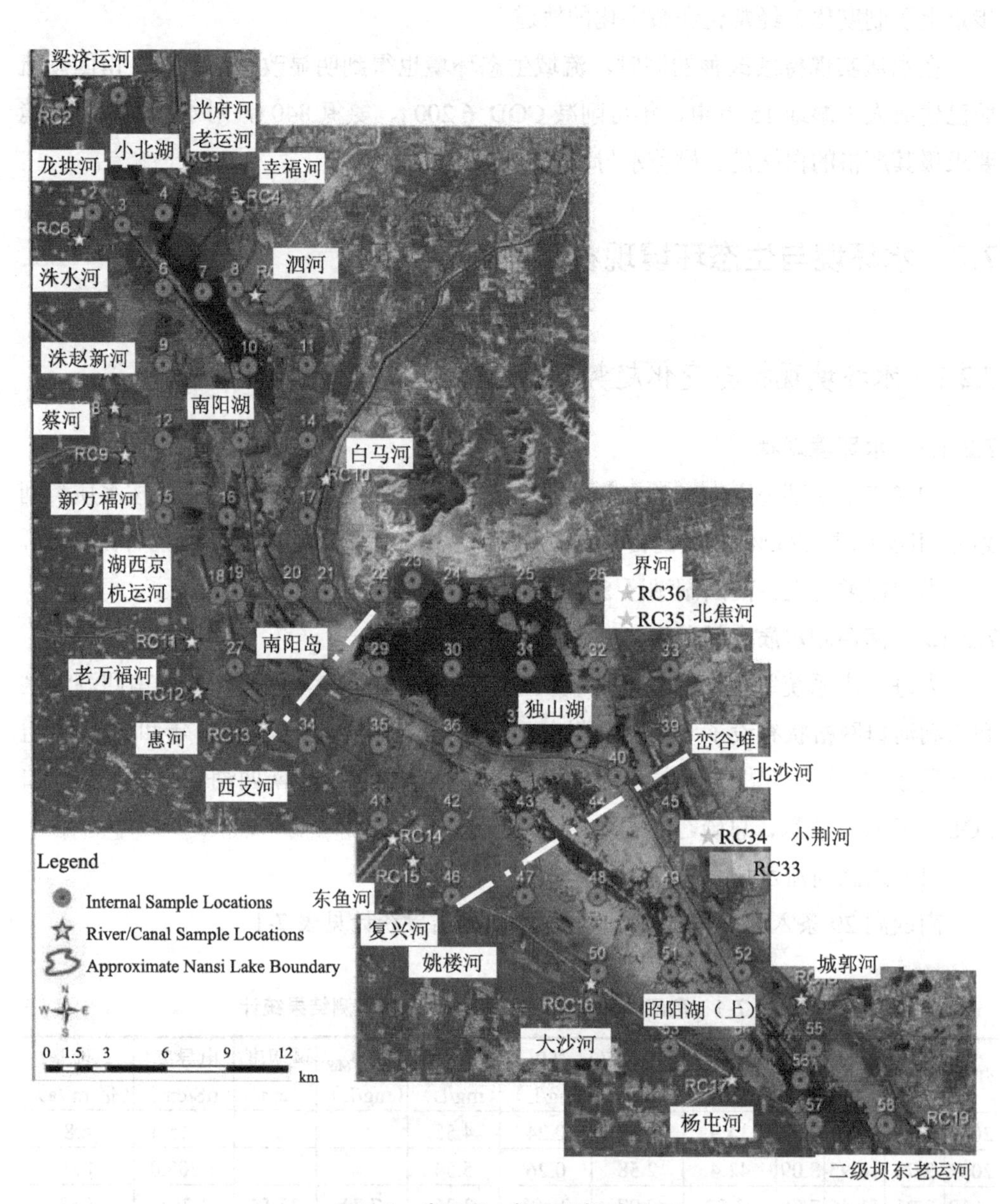

图 7-2　南四湖上级湖网格采样点

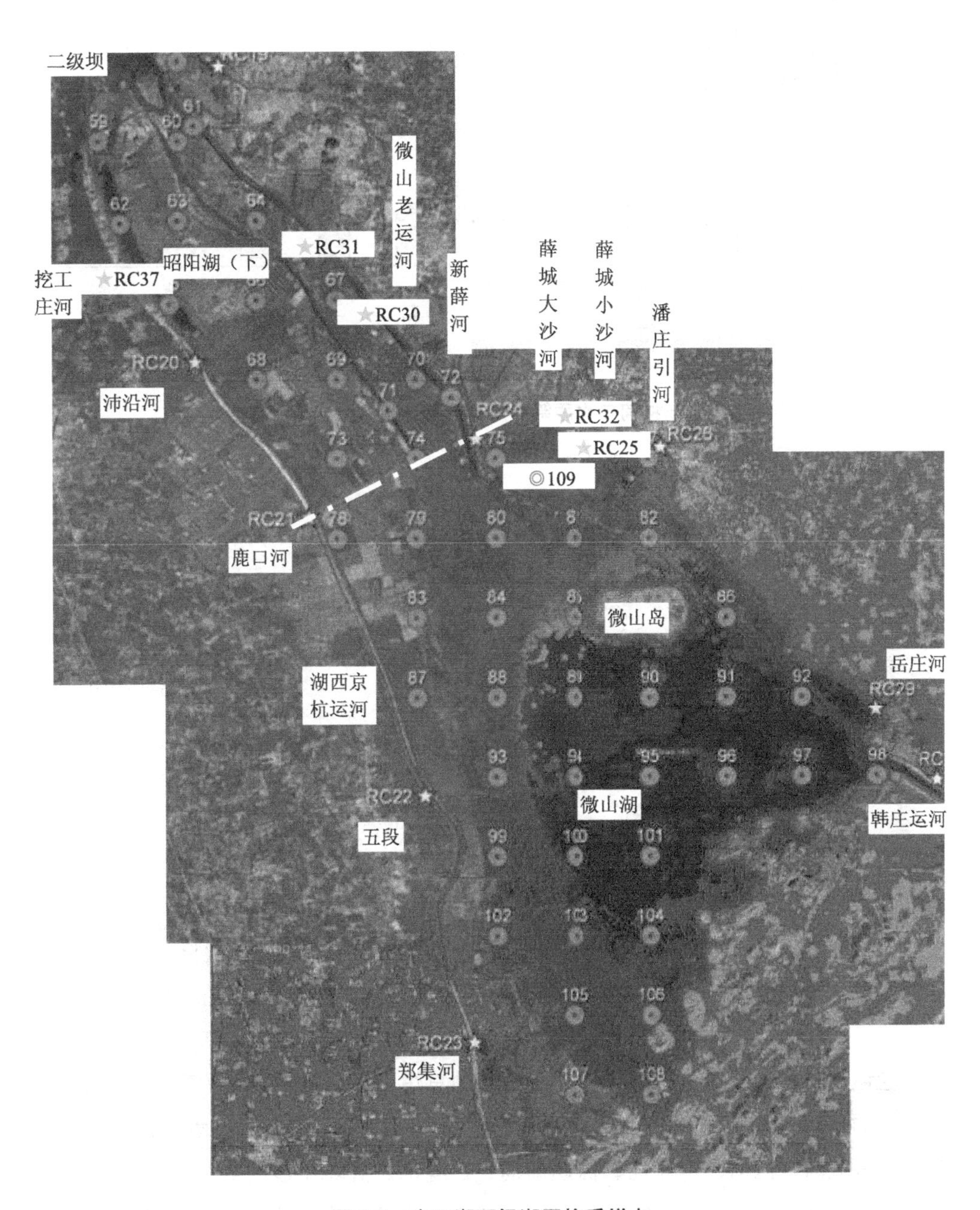

图 7-3　南四湖下级湖网格采样点

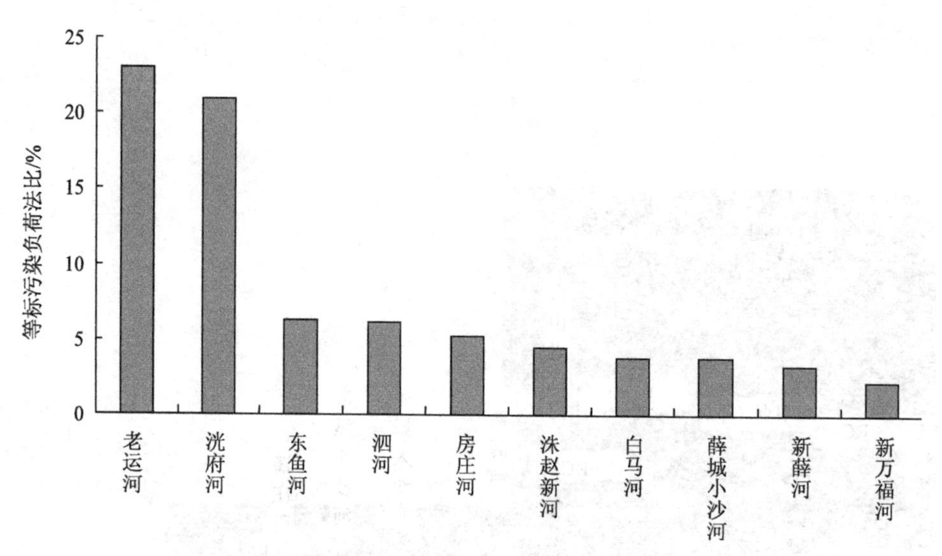

图 7-4　2010 年按河口水质等标污染负荷比逆排序污染贡献最大河流

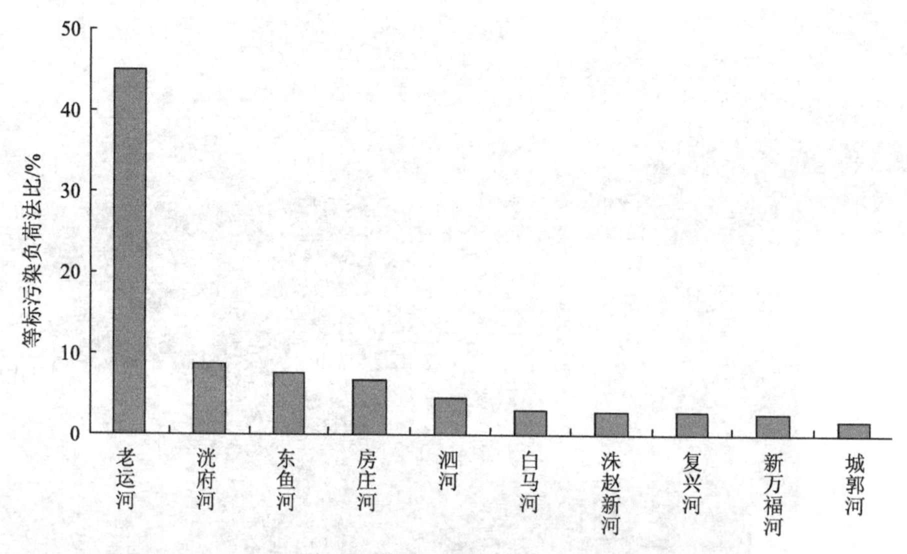

图 7-5　2011 年按河口水质等标污染负荷比逆排序污染贡献最大河流

老运河、洸府河的等标污染负荷占南四湖总污染负荷的 48.8%，老运河、洸府河来水中的各污染物浓度普遍较高，河流流量较大，污染负荷贡献接近全湖的一半，其次是东渔河、泗河、房庄河、洙赵新河、白马河、薛城小沙河等。

2010 年 COD_{Cr}、NH_3-N、TP、TN、COD_{Mn} 污染负荷贡献较大的 10 条河流依次为老运河、洸府河、东渔河、泗河、房庄河、洙赵新河、白马河、薛城小沙河、新薛河、新万福河。

2011 年 COD_{Cr}、NH_3-N、TP、TN、COD_{Mn} 污染负荷贡献较大的 10 条河流依次为老运河、洸府河、东渔河、房庄河、泗河、白马河、洙赵新河、复兴河、新万福河、城郭河。

（2）湖区水质

南四湖湖区水深/水质监测结果统计见表 7-2。

表 7-2　南四湖湖区水深/水质监测结果统计

年份	水深/m	温度/℃	pH	COD_{Cr}/（mg/L）	NH_3-N/（mg/L）	TP/（mg/L）	TN/（mg/L）	COD_{Mn}/（mg/L）	透明度/cm	电导率/（μS/cm）	叶绿素 a/（mg/m^3）
2006	2.8	18.1	8.13	36.13	0.64	0.12	2.17		56	839	12.9
2007	3.1	11.4	7.6	29.1	0.34	0.1	1.94		83	1 016	9.19
2010	3.10	11.37	7.63	21.64	0.28	0.086	0.97	5.59	49.90	1 151	10.87
2011	2.74	20.94	7.51	24.24	0.30	0.085	1.04	6.24	62.87	1 263	10.99

2011 年比较 2006 年，湖区 COD、氨氮、总磷、总氮平均值分别下降 33%、53%、29%和 52%，湖区水质改善明显。

四项主要水质指标中，总磷问题比较突出，其他几项指标基本达标。氨氮达标率 90%以上，COD_{Mn} 达标率 70%左右，总氮达标率 60%左右，总磷达标率低于 10%。

总体而言，水质最差的区域集中在上级湖的最北端，即老运河、洸府河入湖口。另外，下级湖薛城小沙河入湖口的 COD_{Mn}、总氮、总磷偏高（Ⅳ类）。

（3）湖区底泥与营养元素

南四湖沉积物为黏土质粉砂，全湖区底泥厚度较大，其中大湖面沉积物软泥厚度为 10～20 cm。沉积物中有机质含量（以 TOC 计）为 1.1%～14.7%，其中水生植被较发育的湖区沉积物中有机质含量基本大于 6%，无水生植被的湖区有机质含量大多小于 3%，含量较高区域多分布在上级湖，且含量较高的采样点多位于养殖区附近。在鱼塘台田区，原为湖底的沉积物现变为台田的土壤或泥土，经过长期的暴露，底泥中不仅不少速效有机质充分大量丧失，而且土地硬质化的趋向比较严重，结果造成很多鱼塘台田区土壤发生物理性和化学性退化。

底泥重金属污染监测结果见表 7-3，各项重金属含量指标全部可以达到《农用污泥中污染物控制标准》（GB 4284—84），南四湖底泥重金属污染呈现出明显的方向性，从西北向东南依次减轻，即南阳湖污染最重，独山湖为中等污染区，昭阳湖为轻污染区。这与湖水由北向南的汇聚方向一致，说明来自济宁市的城市污水和工业废污水是南四湖上级湖现代污染的主要来源。

表 7-3 南四湖底泥监测结果

采样点位	砷	汞	铬	镉	铅	铜
前白口	4.96	未检出	57	未检出	31	12
南阳	7.71	0.012	65.4	0.17	27	20
二级坝	6.42	0.021	41.9	未检出	20	29
大捐	5.74	0.023	51.5	0.08	10	12
岛东	6.03	0.01	49.6	0.08	34	34
国标	75	15	1 000	20	1 000	500

南四湖底泥中营养盐的含量中等偏高，是潜在的富营养释放源。TN 含量 0.18～7.08 g/kg，平均 2.97 g/kg；南阳湖西南湖区、独山湖、微山湖中部至湖西区域、微山湖韩庄闸处 TN 含量较高。TP 含量 0.30～1.29 g/kg，平均 0.68 g/kg；与国内其他湖泊（巢湖 0.52 g/kg，玄武湖 1.58 g/kg，西湖 1.22 g/kg，太湖 1.21 g/kg、武汉东湖 1.50 g/kg）相比，TP 处于中等水平。与 2006 年 11 月进行的底泥监测结果（底泥 TP 的含量百分比为 0.030%～0.129%，平均 0.68 g/kg）对比，南四湖底泥所有采样点中的 TP 含量普遍上升，平均升高了 83.5%，因此，南四湖流域入湖河流排入 TP 和底泥磷富集与释放是南四湖 TP 的主要来源。

7.2.2 生态环境现状及变化趋势

7.2.2.1 湿地植被群落

（1）湿地植被群落种类和分布特征变化

南四湖现有水生植物共 32 科 68 种，其中双子叶植物 21 科 40 种，单子叶植物 8 科 24 种，蕨类植物 3 科 4 种。结果见表 7-4。在已发现的 60 种水生高等植物中，挺水植物 32 种，浮水植物 16 种，沉水植物 12 种。挺水植物芦苇、莎草，浮水植物莲、水鳖，沉水植物聚草、黑藻、金鱼藻、竹叶眼子菜、篦齿眼子菜、马来眼子菜四湖均有分布。群落种类较单一的为独山湖，大面积分布着眼子菜，占到采样点的 90%以上面积，只有少量金鱼藻和菹草、水鳖组合于其中（水鳖为围网养育逸出而来）。

1983—1984 年的调查结果显示，南四湖水生植物现有 74 种，分别隶属于 28 科 45 属。其中以单子叶植物最多，约占总数的 66%。如按植物的生活类型划分，则挺水植物有 41 种；浮叶植物有 12 种；漂浮植物有 8 种；沉水植物有 13 种。1995—1996 年的调查结果显示，南四湖的水生维管束植物有 73 种，分别隶属 29 科，与 1983—1984 年的调查结果相比基本没有大的变化。

从近 30 年的湿地植物群落演化趋势可知，南四湖湿地植物种群组成分布产生了一定的变化，南四湖水生植物种类数量有所减少，作为优势种群的湿生（挺水）植物数量明显减少，其他水生植物数量相对保持稳定。

表 7-4　南四湖水生植物的种类组成

序号	科名	种名	学名
1	大麻科	葎草	*Humulus scandens*（Lour.）Merr.
2	蓼科	红蓼	*Polygonum orientale* L.
3		水蓼	*Polygonum hydropiper* L.
4		萹蓄	*Polygonum aviculare* L.
5		两栖蓼	*Polygonum amphibium* L.
6	藜科	藜	*Chenopodium album* L.
7		地肤	*Kochia scoparia*（L.）Schrad.
8	苋科	绿穗苋	*Amaranthus hybridus* L.
9		喜旱莲子草	*Alternanthera philoxeroides*（Mart.）Griseb.
10		青葙	*Celosia argentea* L.
11	睡莲科	莲	*Euryale nucifera* L.
12		睡莲	*Numphaea tetragona* Georgi.
13		芡实	*Euryale ferox* Salisb. ex Konig et Sims.
14	金鱼藻科	金鱼藻	*Ceratophyllum demersum* L.
15		五刺金鱼藻	*Ceratophyllum oryzetorum* Kom.
16	豆科	野大豆	*Glycine soja* Sieb.et Zucc.
17	十字花科	蔊菜	*Rorippa indica*（L.）Hiern.
18	蔷薇科	朝天委陵菜	*Potentilla supina* L.
19	锦葵科	苘麻	*Abutilon theophrasti* Medicus
20	菱科	菱	*Trapa* sp.
21		二角菱	*Trapa bicornis* var. bispinosa（T.bispinosa）.
22		四角菱	*Trapa quadrispinosa* Roxb.
23	小二仙草科	穗状狐尾藻	*Myriophyllum spicatum* L.
24		轮叶狐尾藻	*Myriophyllum verticillatum* L.
25	龙胆科	荇菜	*Nymphoides peltatum*（Gmel.）O.Kuntze
26	萝藦科	萝藦	*Metaplexis japonica*（Thunb.）Makino
27	旋花科	圆叶牵牛	*Pharbitis purpurea*（L.）Voigt
28		牵牛	*Pharbitis hederacea*（L.）Choisy
29	茄科	挂金灯	*Physalis alkekengi* L. var. francheti（Mast.）Makino
30	唇形科	益母草	*Leonurus japonicus* Houtt.
31	玄参科	北水苦荬	*Veronica anagallis-aquatica* L.

序号	科名	种名	学名
32	车前科	车前	*Plantago asiatica* L.
33	葫芦科	小马泡	*Cucumis bisexualis*
34		盒子草	*Actinostemma lobatum*（Maxim.）Maxim.
35	菊科	大狼杷草	*Bidens frondosa* L.
36		苍耳	*Xanthium sibiricum* Patrin
37		鳢肠	*Eclipta prostrata*（L.）L.
38		女菀	*Turczaninowia fastigiata*（Fisch.）DC.
39		花叶滇苦菜	*Sonchus asper*（L.）Hill.
40		旋覆花	*Inula japonica* Thunb.
41	香蒲科	长苞香蒲	*Typha angustata* Bory. et Chaub.
42	眼子菜科	竹叶眼子菜	*Potamogeton malaianus* Miq.
43		菹草	*Potamogeton crispus* L.
44		篦齿眼子菜	*Potamogeton pectinatus* L.
45	茨藻科	茨藻	*Najas marina* L.
46	泽泻科	野慈姑	*Sagittaria trifolia* L.
47	水鳖科	黑藻	*Hydrilla verticillata*（L. f.）Royle
48		苦草	*Vallisneria natans*（Lour.）Hara
49		水鳖	*Hydrocharis dubia*（Bl.）Backer
50	莎草科	水莎草	*Juncellus serotinus*（Rottb.）C．B．Clarke
51		藨草	*Scirpus triqulter* L.
52		碎米莎草	*Cyperus iria* L.
53		水葱	*Scirpus validus* Vahl
54	浮萍科	浮萍	*Lemna minor* L.
55		紫萍	*Spirodela polyrrhiza*（L.）Schleid.
56		凤眼莲	*Eichhornia crassipes* Solms
57	禾本科	芦苇	*Phragmites australis*（Cav.）Trin.ex Steud.
58		牛筋草	*Eleusine indica*（L.）Gaertn.
59		狗尾草	*Setaria viridis*（L.）Beauv.
60		狗牙根	*Cynodon dactylon*（L.）Pers.
61		稗	*Echinochloa crusgalli*（L.）Beauv. var. erusall.
62		马唐	*Digitaria sanguinalis*（L.）Scop.
63		菰	*Zizania latifolia*（Griseb.）Turcz.
64		长芒稗	*Echinochloa caudata* Roshev.
65	木贼科	节节草	*Equisetum ramosissimum* Desf

序号	科名	种名	学名
66	苹科	苹	*Marsilea quadrifolia* L.
67		槐叶苹	*Salvinia natans*（L.）All.
68	满江红科	满江红	*Azolla imbricate*（Roxb.）Nakai
合计	32	68	

（2）湿地景观类型演化

1987—1991 年，南四湖湿地以挺水植物区退化最为显著，分别转化为农业用地、台田-坑塘、人工养殖区和敞水区，同时又有 86.7 km^2 的敞水区转化为挺水植物区。从区域分布上，退化挺水植物区主要分布于南四湖的近岸地带，其中芦苇-农业用地的转化主要分布于南阳湖、微山湖区的西部；芦苇-台田-坑塘（人工养殖区）的转化主要分布于上级湖区东部、下级湖北部与西部湖区。新增挺水植物区主要位于南阳湖和微山湖区，即退化挺水植物区-湖心之间的过渡区。

1991—1999 年，湿地景观类型的转化较为复杂，有 23.9 km^2 农业用地转化为台田-坑塘和人工养殖区，主要分布于独山湖区东部，微山湖东西两侧；同时又分别有 17.7 km^2、15.3 km^2 的敞水区和挺水植物区转化为农业用地，主要分布于南阳湖西侧，下级湖西部与北部湖区。台田-坑塘与人工养殖区以增加为主，主要由敞水区和挺水植物区转化而成，全湖均有分布，主要是位于 1987 年挺水植物区范围内。挺水植物区转化为农业用地、台田-坑塘、人工养殖区以及敞水区的同时，也有 109.9 km^2 敞水区转化为挺水植物区，新增挺水植物区主要分布于南阳湖南阳岛以北，微山湖微山岛以北、以西区域。

1999—2010 年，这一时期以挺水植物区的退化和人工养殖区的增加最为显著。挺水植物区转化为人工养殖区、敞水区、台田-坑塘和农业用地；退化的挺水植物区主要分布于上级湖西部，下级湖中部、北部及东南部湖区。新增的农业用地主要分布于南阳湖西部、东北部；转化为台田-坑塘的农业用地零散分布于南四湖的近岸地区。

从以上三个阶段南四湖湿地景观格局的变化过程可以看出，受人为活动的影响（其中围垦、围网养殖是主要因素），南四湖湿地景观格局发生了较大程度的改变，其中，南四湖自然湿地景观面积逐渐缩减，自然湿地景观经历了先被农业用地、台田-坑塘、人工养殖区等人为湿地景观分割，然后被蚕食的过程，景观逐渐被分割，景观的板块密度增加，破碎度加大。

图 7-6 南四湖湿地水生植物

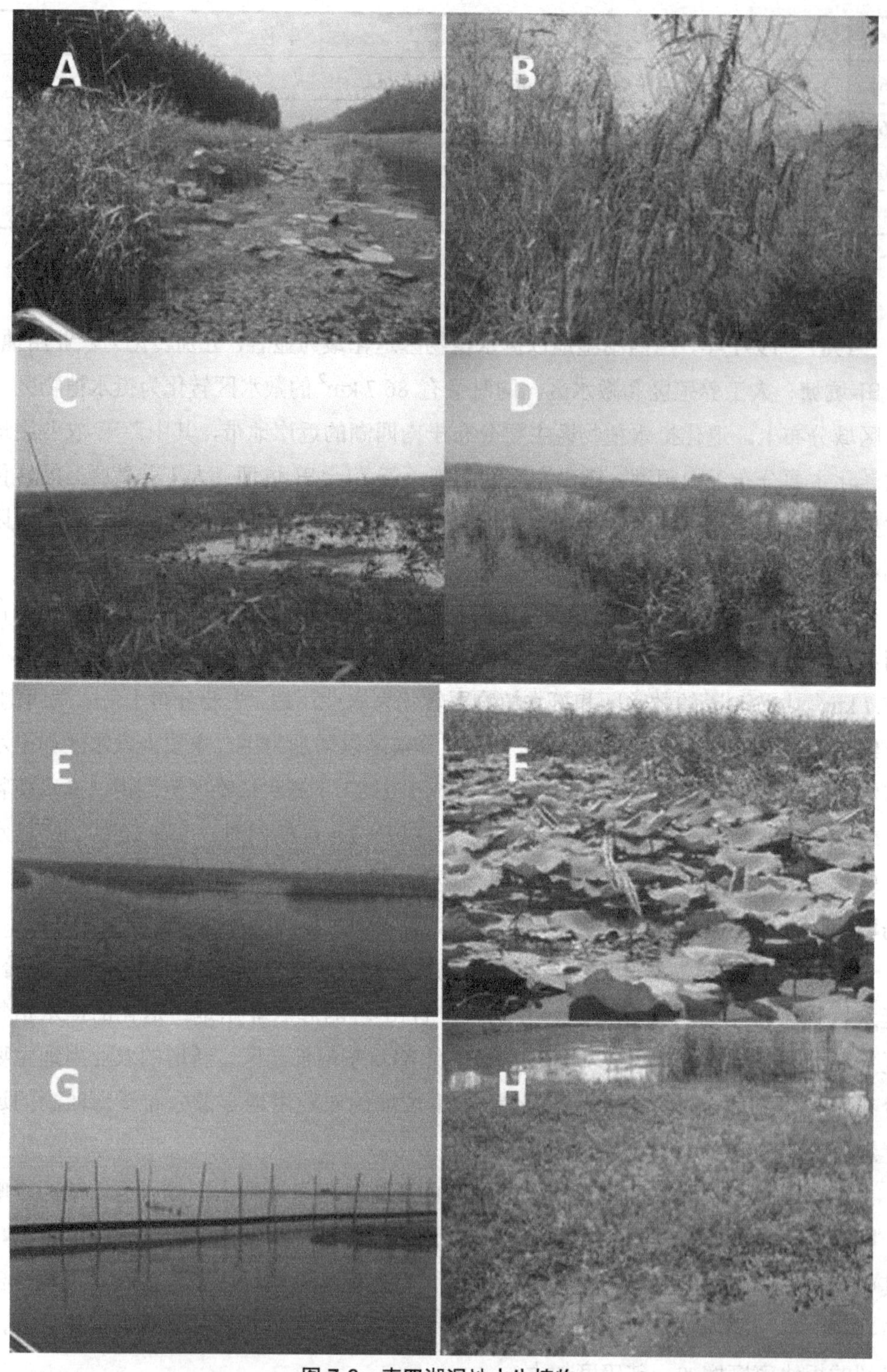

图 7-6 南四湖湿地水生植物

注：A～B—分布于沟谷、坑塘近岸区的挺水/湿生植物区；C～E—自然湿地植被；F—人工湿地景观；G—围网养殖；H—外来物种水花生。

7.2.2.2 浮游生物

（1）浮游植物的种类组成分析

南四湖共现有浮游植物 52 属 104 种，其中绿藻门种类最多，共 40 种，占浮游植物种类的 38.5%，其次为硅藻门共 29 种，占浮游植物种类的 27.9%，再次为蓝藻门，计 22 种属，占 21.2%。南四湖浮游植物种类组成如图 7-7 所示。可见，南四湖浮游植物的种类较少，且主要种类的组成发生了一定的变化。如图 7-7 所示，绿藻门是南四湖主要的优势种群，次优势种群为硅藻门，第三优势种群则为蓝藻门，然后依次是裸藻门、甲藻门、金藻门、隐藻门和黄藻门。

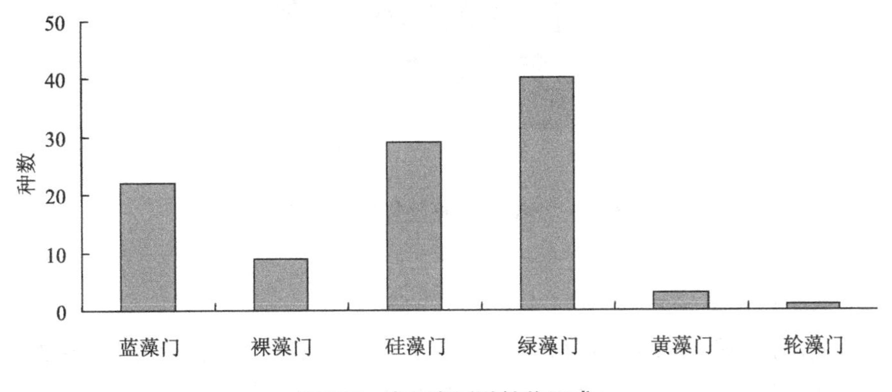

图 7-7　南四湖浮游植物组成

（2）浮游动物的种类组成分析

调查数据显示，浮游动物共有 4 类 77 种，其中原生动物 14 种，占浮游动物总量的 18.2%，轮虫类 7 科 34 种，占浮游动物总量的 44.2%，枝角类 6 科 9 种，挠足类 2 科 10 种。

（3）浮游生物种群变化趋势

1983 年南四湖浮游植物的种类组成为 8 门 46 科 116 属，主要为绿藻门、硅藻门、蓝藻门；浮游动物的种类组成为 249 种。与以上历史数据相比，南四湖浮游植物减少为 6 门 52 属，其中仍以绿藻门最多，其次是硅藻门，然后是蓝藻门；浮游动物的种类大幅减少，有 140 余种浮游动物消失。可见，经过 20 多年的发展变化，南四湖浮游动植物的种类大幅减少，浮游动植物优势种群的组成结构则相对稳定。

7.2.2.3 底栖动物

（1）南四湖底栖动物的种类组成分析

南四湖底栖动物分类如图 7-8 所示。南四湖底栖动物共 14 科 34 种，调查水域以软体动物为最多，计 7 科 20 种，占全部种类的 58.9%；虾类 3 科 6 种，占全部种类的 17.6%；水生昆虫 2 科 5 种，占全部种类的 14.7%；寡毛类 1 科 2 种；蟹类 1 科 1 种；底栖动物优势种属中出现频率高低次序依次为田螺、水丝蚓、扁旋螺、摇蚊亚科、直突摇蚊亚科。

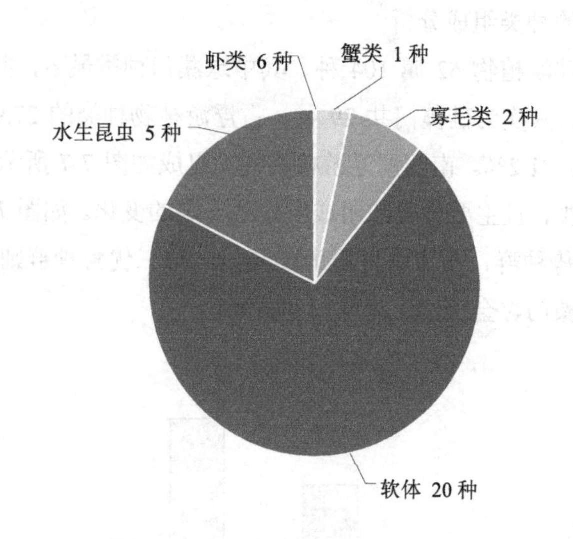

图 7-8 南四湖底栖动物的种类组成

（2）底栖动物密度分析

调查显示，南四湖底栖动物的密度为 1 579.945 个/m^2，生物量为 102.923 g/m^2。其中以软体动物的密度和生物量最高，分别为 936.5 个/m^2 和 97.8 g/m^2，约占总生物量的 95.02%；水生昆虫次之，生物量为 2.823 g/m^2，占 2.74%（图 7-9）。

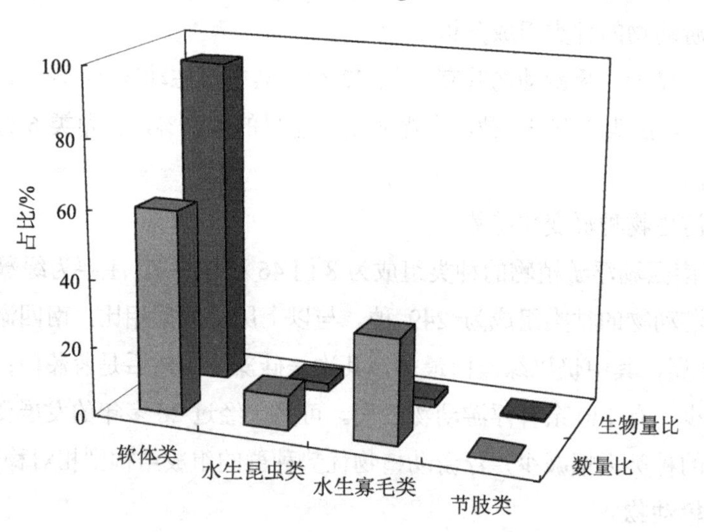

图 7-9 南四湖底栖动物的种群特征

（3）底栖动物种群变化趋势

20 世纪 80 年代软体动物门的 36 种，节肢动物门甲壳纲的 9 种，环节动物门的 8 种和昆虫纲的 15 个科，共约 84 种。其中以软体动物的生物量最高，占总生物量的

91.64%；昆虫生物量次之，占 3.89%；甲壳动物又次，占 3.47%。

与历史数据相比，南四湖水域现有底栖动物的区系组成、优势种分布变化不大。南四湖水域多年来底栖动物群落结构组成和功能仍保持相对稳定，但随着南四湖经济社会的快速发展，水环境发生了一定程度的改变或受到污染，其底栖动物种类总数和优势种比例明显降低，种群数量降低。

7.2.2.4 鱼类资源

（1）南四湖鱼类资源种类、组成及分布

目前南四湖的鱼类种类共 14 科 52 种。其中以鲤科为主，共 32 种，占总数的 59.6%。鳅科 4 种，塘鳢科 2 种，银鱼科 3 种，鮠科 2 种，胡子鲶科、鲶科、鮨科、虾虎鱼科、丝足鲈科、鳢科、合鳃鱼科、鱵科、鳀科各 1 种，见表 7-5。其中，沙鳢［*Odontoburis obscura*（Temminck et Schlege）］为第一次报道，并发现银鱼和毛刀鱼。

表 7-5　南四湖鱼类资源种类

序号	科名	种名	学名
1	合鳃鱼科	黄鳝	*Monopterus albus*（Zuiew）
2	胡子鲶科	胡子鲶	*Clarias batrachus*（Linnaeus）
3	鲤科	鲤鱼	*Cyprinus*（*Cyprinus*）*carpio* Linnaeus
4		鲫鱼	*Carassius auratus auratus*（Linnaeus）
5		麦穗鱼	*Pseudorasbora parva*（Temminck et Schlegel）
6		黑鳍鳈	*Sarcocheilichthys nigripinnis nigripinnis*（Gunther）
7		棒花鱼	*Abbottina rivularis*（Basilewsky）
8		青鱼	*Mylopharyngodon piceus*（Richardson）
9		草鱼	*Ctenopharyngodon idellus*（Cuvier et Valenciennes）
10		马口鱼	*Opsariichthys uncirostris bidens* Gunther
11		长春鳊	*Opsariichthys uncirostris bidens* Gunther
12		团头鲂	*Megalobrama amblvcephaia* Yih
13		红鳍鲌	*Culter erythropterus* Basilewsl
14		翘嘴红鲌	*Erythroculter ilisaeformis*（Bleeker）
15		青梢红鲌	*Erythroculter dabryi*
16		蒙古红鲌	*Erythroculter mongolicus*（Basilewsky）
17		中华鳑鲏鱼	*Rhodeus sinensis* Gunther
18		兴凯刺鳑鲏	*Acanthorhodeus chankaensis*（Dybowsky）
19		多鳞刺鳑鲏	*Acanthorhodeus polylepis* Woo
20		越南刺鳑鲏	*Acanthorhodeus tonkinensis* Vaillant
21		彩石鳑	*Pseudoperilampus lighti* Wu
22		高体鳑鲏	*Rhodeus ocellatus*（Kner）
23		鲢鱼	*Hypophthalmichthys molitrix*（Cuvier et Valendennes）
24		鳙鱼	*Aristichys nobilis*（Ricardson）
25		参子鱼	*Hemicculter Leuciclus*（Basilewaky）
26		青梢红鲌	*Erythrocul ter dabryi dabryi*（Bleeker）

序号	科名	种名	学名
27	鲤科	逆鱼	*Acanthobrama simoni*（Bleeker）
28		铜鱼	*Coreius heterodon*（Bleeker）
29		光唇蛇鮈	*Jaurogobio gymnocheilus* Lo，Yao et Chen
30		蛇鮈	*Saurogobio dabryi* Bleeker
31		鳡	*Elopichthys bambusa*
32		寡鳞飘鱼	*PseudOlaubuca engraulis*（Nichols）
33		银鲴	*Xenocypris argentea* Gunther
34		油鲹	*Hemiculter bleekeri bleekeri warpachowsky*
35	鳢科	乌鳢	*Bostrichthys sinensis*（Lacepede）
36	鲶科	鲶鱼	*Silurus cochinchinensis* Cuvier et Valencien neses
37	鳅科	花鳅	*Cobitis sinensis Sauvage* et Dabfy
38		泥鳅	*Misgurnus anguillicaudatus*（Cantor）
39		大鳞泥鳅	*Paramisgurnus dabryanus*（Sauvage）
40		刺鳅	*Mastacembelus aculeatus*
41	丝足鲈科	圆尾斗鱼	*Macropodus chinensis*（Bloch）
42	塘鳢科	黄蚴	*Hypseleotris swinhonis*（Gunther）
43		沙鳢	*Odontoburis obscura*（Temminck et Schlegel）
44	鮠科	黄颡鱼	*PSeudobagrus fulvldraco*（Richardson）
45		光泽黄颡	*PseudObagrus nitidus* Sauvage et Dabry
46	虾虎鱼科	虾虎鱼	*Ctenogobius chengtuensis*（Chang）
47	银鱼科	银鱼	*Heemisalanx prognathus*
48		短吻银鱼	*Neosalanx tangkehkeii taihuensis*
49		大银鱼	*Protosalanx hyalocranius*
50	鮨科	鳜鱼	*Siniperca chuatsi*（Basilewsky）
51	鱵科	小鳞鱵	*Hemirhamphus sajori*
52	鳀科	刀鲚	*Coilia ectenes*
合计	14	52	

（2）南四湖鱼类资源变化趋势

1983 年济宁市科委调查显示，南四湖共有鱼类 78 种，分隶于 8 目 16 科 53 属。其中鲤科鱼类 48 种，占总种数的 61.54%；其次为鮈科 6 种，其余是鳅科，有 5 种；银鱼科、虎鱼科和鮨科各 3 种；鳗鲡科、鲶科、鳉科、针鱼科、合鳃鱼科、塘鳢科、攀鲈科、鳢科及刺鳅科各有一种。鲫占全湖渔获量的 69.15%，平均尾重仅 23.5 g，其次为黄颡鱼，占 12.7%，29.0 g/尾；再次是乌鳢、鲶鱼、鲤鱼及其他小杂鱼等。

1996—1998 年，根据山东鱼类志，通过鉴定调查收集到的标本发现，目前南四湖鱼类共有 32 种，隶属 6 目 11 科 29 属。其中刺鳅科、鳢科、斗鱼科、合鳃鱼科、鲇科、塘鳢科、鳉科、青鳉科、银鱼科各 1 种，鳅科 3 种，其余为鲤科 20 种，占总种数的 62.5%。湖区中鱼类分布不一致，以鲫鱼分布最广，分布于四个湖区，且数量最多，占渔获物总量的 60%左右，捕到的鲫鱼体长以 2～7 cm 的最多。其次是鲤鱼，以微山湖偏多，其体长 3～30 cm 不等。黄颡在四个湖区都有分布，数量也较大；泥鳅、乌鳢、黄鳝在湖中也有分布。四个湖区相比，微山湖鱼类产量最多，独山湖次之，昭阳湖和南阳湖最低。

经过近 30 年的发展变化，受南四湖入湖河流水质下降、水量不足，干旱等天然灾害因素，工农业用水量的日益增加；渔民掠夺式的捕捞及外来物种的入侵等因素的影响，南四湖鱼类资源种类不断减少、组成及数量也趋于单一，其中，鲍科、虎鱼科、鳗鲡科、针鱼科和攀鲈科鱼类等未调查到，或数量较小，有些已经灭绝；优势科目鱼类鲤科种数大幅减少，渔获量降低，渔获趋于小型化，优势种群较单一。

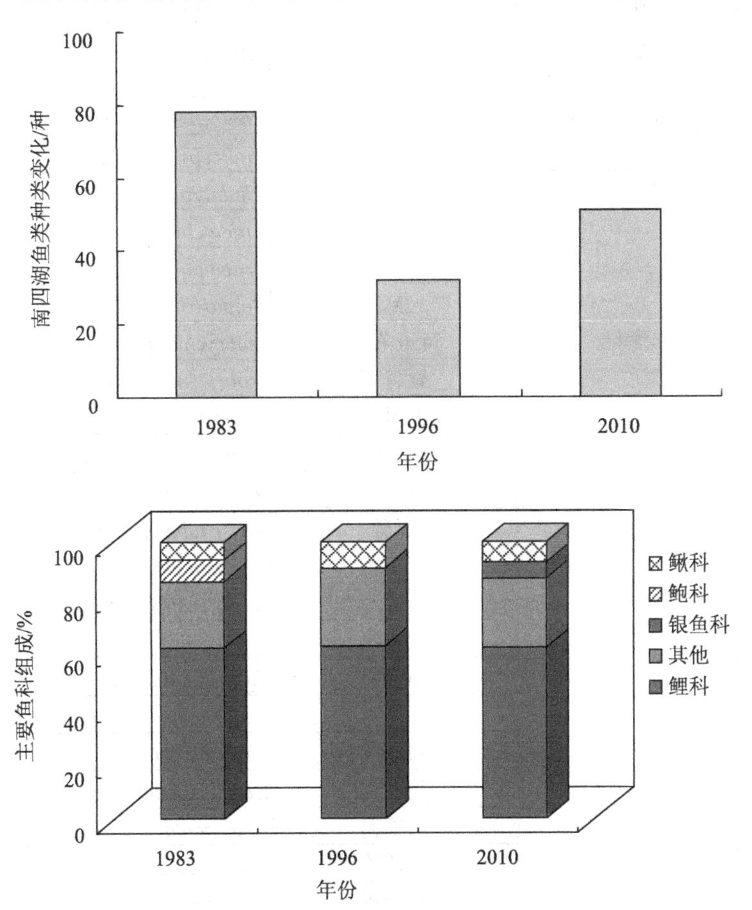

图 7-10　南四湖鱼类种类和主要鱼科组成的历史变化

7.2.2.5　鸟类资源

（1）鸟类的种类、数量及分布情况

南四湖现有鸟类共 196 种，13 个亚种，隶属于 16 目 43 科 6 亚科 103 属。其中留鸟 27 种，夏候鸟 47 种，冬候鸟 19 种，旅鸟 98 种；受国家保护的鸟类有大天鹅、鸳鸯、大鸨、长耳鸮、普通、红隼、白尾鹞、白头鹞、燕隼、纵纹腹小鸮、红角鸮计 11 种。按动物地理划分，南四湖属古北界、华北区、黄淮平亚区。根据调查结果，在调查到的 74 种繁殖鸟中，古北界的鸟类有 23 种，占 31.05%；东洋界的成分只有 11 种，占 14.86%；其余为广布种；南四湖以水禽类占多数，其中，鸭类有 23 种。鸟类的详细资料见表 7-6。

表 7-6 南四湖鸟类的种类组成

目科	科名	种名	学名
䴙目	䴙䴘科	小䴙䴘	*Podiceps ruficollis*
	亚种		*P.Y.capensis*
	亚种		*P.Y.poggei*
	亚种		*P.Y.philippensis*
	黑颈䴙䴘鸟		*Podiceps caspicus*
	风头䴙䴘鸟		*Podiceps cristatus*
鹈形目	鸬鹚科	普通鸬鹚	*Phalacrocorax carbo*
鹳形目	鹭科	苍鹭	*Ardea cinerea*
		草鹭	*Ardea purpurea*
		大麻鳽	*Botaurus stelaris*
		黄斑苇鳽	*Ixobrychus sinensis*
		紫背苇	*Ixobrychus eurhythmus*
		小苇鳽	*Ixobrychus minutus*
		栗苇鳽	*Ixobrychus cinnamomeus*
雁形目	鸭科	鸿雁	*Anser cygnoides*
		豆雁	*Anser fabalis sibiricus*
		斑头雁	*Anser indicus*
		白额雁	*Anser albifrons albifrons*
		大天鹅	*Cygnus cygnus*
		小天鹅	*Cygnus columbianus*
		赤麻鸭	*Tadorna ferruginea*
		翘鼻麻鸭	*Tadorna tadorna*
		琵嘴鸭	*Aans clypeata*
		针尾鸭	*Anas acuta*
		绿翅鸭	*Anas crecca*
		花脸鸭	*Anas formosa*
		罗纹鸭	*Anas falcata*
		绿头鸭	*Anas platyrhnchos*
		斑嘴鸭	*Anas poecilorhyncha*
		赤膀鸭	*Anas strepera*
		赤颈鸭	*Anas penelope*
		白眉鸭	*Anas querquedula*
		红头潜鸭	*Aythya ferina*
		青头潜鸭	*Aythya baeri*
		凤头潜鸭	*Aythya fuligula*

目科	科名	种名	学名
雁形目	鸭科	斑背潜鸭	*Nythya marila*
		赤嘴潜鸭	*Netta rufina*
		鸳鸯	*Aix galericulata*
		鹊鸭	*Bucephala clangula*
		斑头秋沙鸭	*Mergus albellus*
		普通秋沙鸭	*Mergus merganser*
		红胸秋沙鸭	*Mergus serrator*
		黑海番鸭	*Melanitta nigra*
隼形目	鹰科	普通鵟	*Buteo buteo*
		苍鹰	*Accipiter gentilis*
		白尾鹞	*Circus cyaneus*
	隼科	白头鹞	*C.aeruginosus*
		红隼	*Falco tinnuunculus*
		燕隼	*Falco subbuteo*
		游隼	*Falco peregrinus*
		红脚隼	*Faco vesperfinus*
鸡形目	雉科	石鸡	*Alectoris graeca*
		鹧鸪	*Francolinus pintadeanus*
		鹌鹑	*Coturnix coturnix*
		雉鸡	*Phasianus colchicus*
鹤形目	三趾鹑科	黄脚三趾鹑	*Turnix tanki*
	秧鸡科	普通秧鸡	*Rallus aquaticus*
		小田鸡	*Porzana pusilla*
		红胸田鸡	*Porzana fusca*
		亚种	*P.F.erythrothorax*
		斑胸田鸡	*Porzana porzana*
		黑水鸡	*Gallinula chloropus*
	鸨科	大鸨	*Otistarda dybowskii*
鸻形目	鸻科	凤头麦鸡	*Vanellus vanellus*
		金眶鸻	*Charadrius dubius*
		白领鸻	*Charadrius alexandrinus*
	彩鹬科	彩鹬	*Rostratula benghalensis*
	鹬科	青脚鹬	*Tringa nebularia*
		白腰	*Tringa ochropus*
		林鹬	*Tringa glareola*
		鹤鹬	*Tringa erythropus*
		针尾沙锥	*Capella stenura*
		扇尾沙锥	*Capella gallinago*
		矶鹬	*Tringa hypoleucos*
		小杓鹬	*Numenius borealis*
		白腰杓鹬	*Numenius arquata*
		中杓鹬	*Numenius phaeopus*
		丘鹬	*Scolopax rusticola*
	燕科	普通燕鸻	*Glareola maldivarum*

目科	科名	种名	学名
鸥形目	鸥科	白翅浮鸥	*Chlidonias leucopters*
		银鸥	*Larus argcntatus*
		黑尾鸥	*Larus crassirostris*
		红嘴鸥	*Larus ridibundus*
		白额燕鸥	*Sterna albifrons*
鸽形目	鸠鸽科	珠颈斑鸠	*Streptopelia chinensis*
		山斑鸠	*Streptopelia orienfalis*
		火斑鸠	*Openopopelia tranguebarica*
		灰斑鸠	*Streptopelia decaocfc*
鹃形目	杜鹃科	大杜鹃	*Cuculus canorus*
		四声杜鹃	*Cuculus micropterus*
		中杜鹃	*Cuculus saturatus*
鸮形目	鸱鸮科	长耳鸮	*Asio otus*
		短耳鸮	*Asio flammeus*
		红角鸮	*Otus scops stictonotus*
		纵纹腹小鸮	*Athen noctua*
		雕鸮	*Bubo bubo*
夜鹰目	夜鹰科	普通夜鹰	*Caprimulgus indicus*
佛法僧目	翠鸟科	普通翠鸟	*Alcedo atthis*
	戴胜科	戴胜	*Upupa epops*
	佛法僧科	三宝鸟	*Eurystomus orientalis*
䴕形目	啄木鸟科	黑枕绿啄木鸟	*Picus canus*
		大斑啄木鸟	*Dendrocopos major*
		星头啄木鸟	*Dendrocopos caniicapillus*
		蚁䴕	*Jynx torquilla*
		棕腹啄木鸟	*Dendrocopos hyperythrus*
雀形目	百灵科	凤头百灵	*Galerida cristata*
		云雀	*Alauda arvensis*
		小云雀	*Alauda gulgula*
	燕科	家燕	*Hirundo rustica*
		金腰燕	*Hirundo daurica*
	脊鹡科	黄脊鹡	*Motacilla flava*
		亚种	*Motacilla flava angarensis*
		亚种	*Motacilla flava macronyx*
		亚种	*M.f.plexa*
		灰鹡鸰	*Motacilla cinerea*
		白鹡鸰	*Motacilla alba*
		山鹨	*Anthus syluanus*
		田鹨	*Anthus novaeseelandiae*
		水鹨	*Anthus spinoletta*
		红喉鹨	*Anthus cervinus*
		树鹨	*Anthus hodgsoni*

目科	科名	种名	学名
雀形目	山椒鸟科	灰山椒鸟	*Pericrocotus divaricatus*
	鹎科	白头鹎	*Pycnonotus sinensis*
	太平鸟科	太平鸟	*Bombycilla garrulus*
	伯劳科	长楔尾伯劳	*Lanius sphenocercus*
		粟背伯劳	*Lanius collurioides*
		红尾伯劳	*Lanius cristatus*
		亚种	*L.C.speculigerus*
	黄鹂科	金黄鹂	*Oriolus oriolus*
		黑枕黄鹂	*Oriolus chinensis*
	卷尾科	黑卷尾	*Dicrurus macrocercus*
		发冠卷尾	*Dicrurus thottentottus*
	椋鸟科	灰头椋鸟	*Sturnus malabaricus*
		灰背椋鸟	*Sturnus sinensis*
		灰椋鸟	*Sturnus cineraceus*
	鸦科	灰喜鹊	*Cyanopica cyana*
		喜鹊	*Pica pica*
		秃鼻乌鸦	*Corvus frugilegus*
		白颈鸦	*Corvus torquatus*
		大嘴乌鸦	*Corvus macrorhynchus*
		寒鸦	*Corvus monedula*
	鹪鹩科	鹪鹩	*Troglodytes troglodytes*
	岩鹨科	棕眉山岩鹨	*Prunella montanella*
	鹟科	兰点颏	*Luscinia svecica*
	鸫亚科	红点颏	*Luscinia calliope*
		北红尾鸲	*Phoenicurus auroreus*
		亚种	*P.A.leucopterus*
		黑喉石	*Saxicola torquata*
		兰头矶	*Monticola cinclorhynchus*
		蓝矶鸫	*Moticola solitaria*
		虎斑地鸫	*Zoothera dauma*
		斑鸫	*Turdus naumanni*
		亚种	*T.n.eunomus*
		亚种	*T.n.naumanni*
		赤颈鸫	*Turdus ruficollis*
		灰背鸫	*Turdus hortulorum*
		红胁蓝尾鸲	*Tarsiger cyanurus*
	莺亚科	棕顶树莺	*Cettia brunnifrns*
		短翅树莺	*Cettia diphone*
		大苇莺	*Acrocephalus sutorius*
		长尾缝叶莺	*Orthotomus sutorius*
		白喉莺	*Sylvia curruca*
		戴菊	*Regulus regulus*

目科	科名	种名	学名
雀形目	莺亚科	巨嘴柳莺	*Phylloscopus schwarzi*
		棕腹柳莺	*Phylloscopus subaffinis*
		棕眉柳莺	*Phylloscopus armandii*
		极北柳莺	*Phylloscopus borealis*
		黄腹柳莺	*Phylloscopus affinis*
		淡脚柳莺	*Phylloscopus tenellipes*
		黄眉柳莺	*Phylloscopus inornatus*
		亚种	*Ph.I.humei*
		亚种	*Ph.J.mandellii*
		褐柳莺	*Phylloscopus fuscatus*
		棕扇柳莺	*Cisticola juncidis*
	鹟科	白腹姬	*Ficedula cyanomelana*
		白眉姬鹟	*Ficedula zanthopygia*
		鸲姬鹟	*Ficedula mugimaki*
		乌鹟	*Muscicapa sibirica*
		亚种	*M.S.cacabata*
	山雀科	绿背山雀	*Parus monicclus*
		大山雀	*Parus major*
		沼泽山雀	*Parus palustris*
		黄腹山雀	*Parus venustulus*
	旋木雀科	普通旋木雀	*Certhia familiaris*
	攀雀科	攀雀	*Remiz pendulinus*
	绣眼鸟科	暗绿绣眼科	*Zosterops Japonica*
		红胁绣眼科	*Zosterops erythropleura*
	文鸟科	山麻雀	*Passer rutilans*
		树麻雀	*Passer montanus*
	雀 科	燕雀	*Fringilla montifringilla*

（2）南四湖鸟类资源变化趋势

与 1983 年调查的历史数据相比，南四湖区域内鸟类资源除个别特有种和优势种有较大的减少外，其他数量较多的种及普通种变化不大。可见，经过 30 多年的南四湖开发利用，湖区湿地生态系统遭到一定程度的破坏，部分珍稀鸟类的生存环境受到的影响较大。

7.2.2.6 湖区富营养化及沼泽化程度

由图 7-11 可以看出 2006 年和 2007 年四个湖区富营养化指数 TLI 均超过 50，处于富营养化状态，下级湖略好于上级湖，上级湖甚至处于极度富营养化状态。与 2006 年相比富营养化的程度有所下降，但仍呈现明显的富营养化状态，中富营养区占 48%，集中在微山岛湿地公园周围、二级坝下游、十字河、鹿口河、沿河、东渔河、北沙河、郭河、老万福河入湖口和独山湖湖区围网周围；富营养区占 48%，集中在微山湖敞水区、蒋集河、薛河、纸厂河、西支河、大沙河、界河、惠河、新万福河、洙赵新河、泗河入湖口和梁济运河入湖区；重富营养区占 4%，靠近复兴河入湖口区域。从图 7-12 可以看出上级湖大部分区域为轻度富营养化状态。下级湖富营养化程度总体好于上级湖，整个湖区的营养程度主要处于中营养状态，但微山湖的中部和北岸部分湖区出现轻度富营养现象。

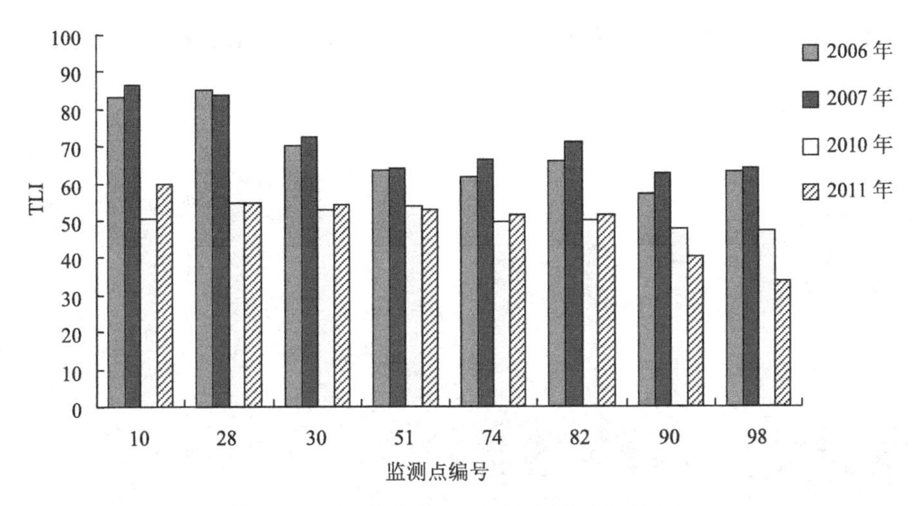

图 7-11　南四湖空间、时间富营养化指数分布

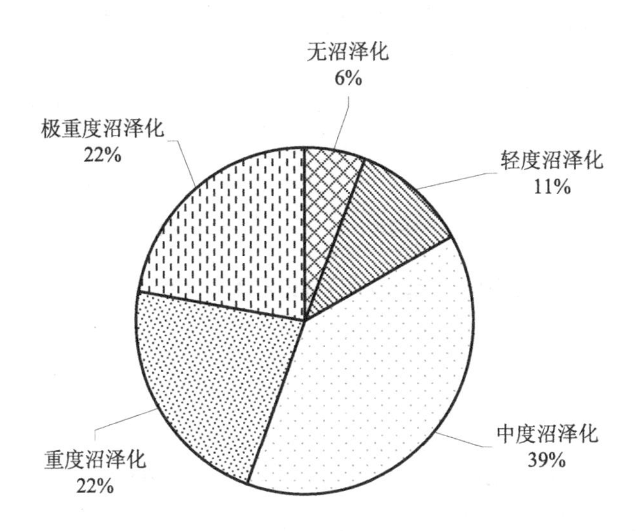

图 7-12　南四湖湖区沼泽化比例分配

进一步对南四湖沼泽化进行调查，发现在 23 个调查点中，仅微山岛保护区和船舶密集的界河口 2 个样点附近无沼泽化表征；运输繁忙的老万福河入湖口和南阳湖敞水区 2 个样点为轻度沼泽化；其他样点中 6 个中度沼泽化，12 个重度沼泽化，1 个极重度沼泽化。南四湖的沼泽化程度较高，中度沼泽化以上的比例占到了 83%，下级湖的沼泽化程度略好于上级湖。沼泽化程度与植被类型、淤泥深度和淤泥有机质含量显著性正相关，与 pH 和溶解氧呈显著负相关；淤积程度与总氮、总磷、淤泥有机质呈显著正相关，与化学需氧量显著负相关。高等水生植被的丰长进一步加速了泥沙的淤积，减小了水体的流动性，使得沼泽化更加严重。湖区水面 93%以上被围堰、围网、网箱及水生高等植被占据，这是沼泽化加剧的最主要因素。

图 7-13 河口和湖区部分沼泽化照片

7.2.3 流域产业结构现状

2010 年南四湖流域地区生产总值为 5 343 亿元，比 2005 年增长了 2 906 亿元，每年平均增长率为 17.08%，三次产业产值分别为 695 亿元、2 922 亿元和 1 726 亿元（表 7-7、图 7-14）。

表 7-7　2005—2010 年南四湖流域三次产业产值　　　单位：亿元

年份	南四湖流域			
	GDP	一产	二产	三产
2005	2 437	413	1 332	692
2006	2 852	443	1 585	824
2007	3 466	500	1 944	1 022
2008	4 185	578	2 362	1 245
2009	4 607	611	2 582	1 414
2010	5 343	695	2 922	1 726

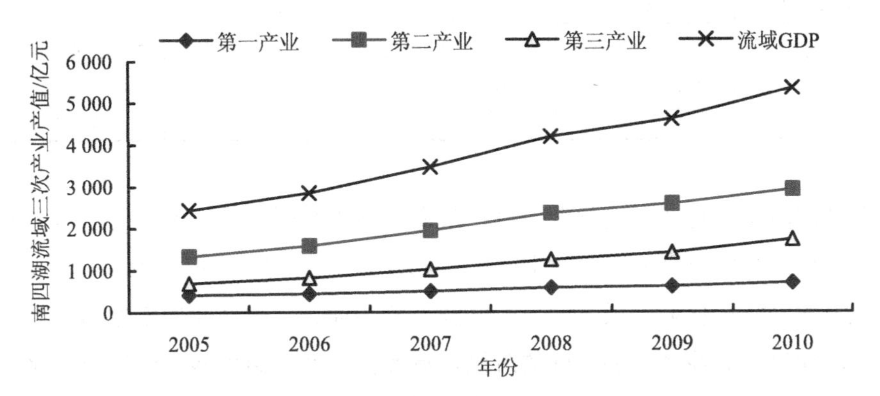

图 7-14　南四湖流域三次产业 GDP 变化趋势

南四湖流域三次产业结构比重从 2005 年的 17.00∶54.84∶28.49 演变为 2010 年的 13.38∶54.69∶32.30，见图 7-15。从图中可知：①2005—2010 年，南四湖流域保持着“二、三、一”的产业结构格局；②随着第三产业稳步上升，第一产业下降趋势明显，第二产业经历了缓慢的上升又下降的趋势。

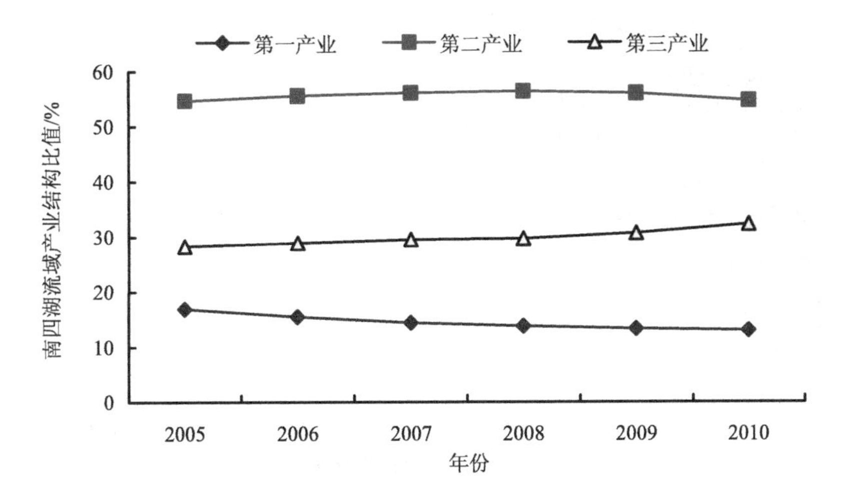

图 7-15　南四湖流域三次产业结构比重变化趋势

总体来看，全流域产业结构变化呈现，第一产业比重逐步降低，第三产业逐步上升，第二产业占据了主导地位，并且有缓慢降低的趋势。根据美国经济学家库兹涅茨等研究成果（表 7-8），三次产业结构发展经历五个阶段。南四湖流域处在工业化中级阶段，其中第一产业都＜20%，而且第二产业都大于第三产业。

表 7-8　库兹涅茨的工业化发展阶段判断

	准工业化阶段	工业化实现阶段			后工业化阶段（5）
	初级产品生产阶段（1）	工业化初级阶段（2）	工业化中级阶段（3）	工业化高级阶段（4）	
三次产业结构	第一产业＞第二产业	第一产业＞20%且第二产业＜第三产业	第一产业＜20%且第二产业＞第三产业	第一产业＜10%且第二产业＞第三产业	第一产业＜10%且第二产业＜第三产业

南四湖流域工业行业中石化业总产值最高，依次是煤炭业、冶金业、食品业和机械业，五个行业总产值占流域工业总产值 70%以上，见图 7-16。因此，2010 年南四湖流域形成了以石化业、煤炭业、冶金业、食品业为主导产业的工业体系。根据不同主导产业对应的经济发展不同的阶段，流域主导产业结构显示流域产业化阶段从工业社会向工业化中期阶段转化、生产要素从劳动密集型向基本密集型转型的过程中。

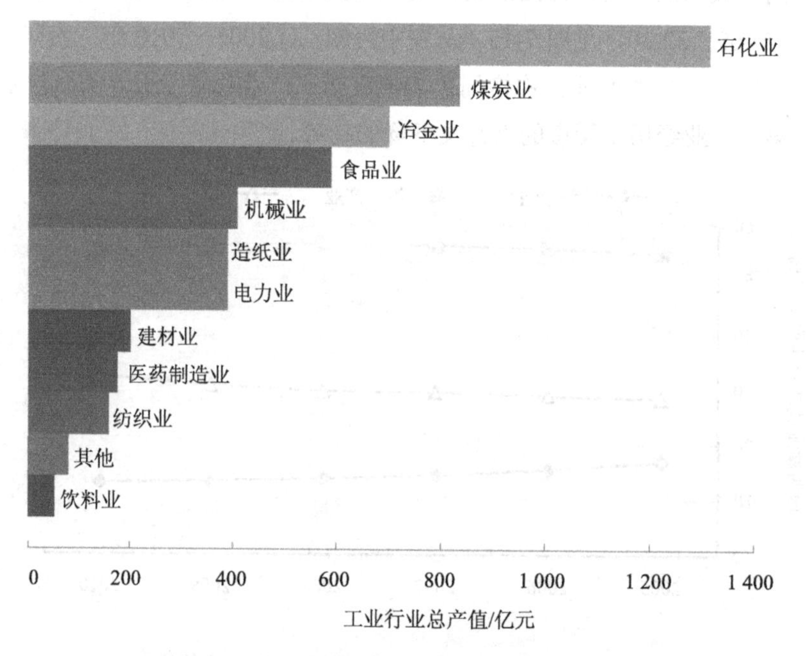

图 7-16　2010 年南四湖流域工业行业总产值

7.2.4 流域污染源解析

2012 年，南四湖流域废水排放量为 8.3 亿 t，COD 排放量为 11.64 万 t，氨氮排放量为 1.15 万 t。流域工业行业废水排放量最大的是造纸业，其次是煤炭业、食品业和石化业，这 4 个行业累计废水排放量约占全流域的 79%；流域工业行业 COD 排放量最大的是造纸业，其次是食品业、石化业和煤炭业，这 4 个行业累计 COD 排放量大约占全流域的 79%；流域工业行业氨氮排放量最大的是石化业，其次是食品业、造纸业和纺织业，这 4 个行业累计氨氮排放量大约占全流域的 82%。流域工业行业污染负荷贡献率如图 7-17、图 7-18 和图 7-19 所示。

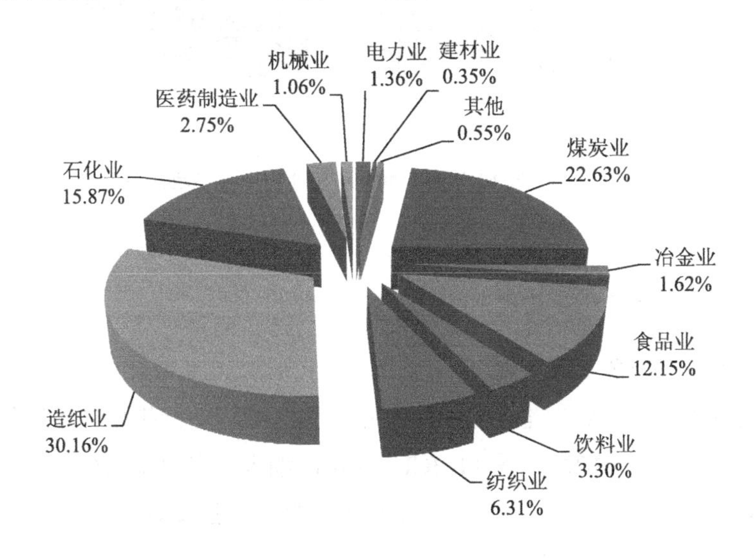

图 7-17　2010 年南四湖流域工业行业废水排放贡献率

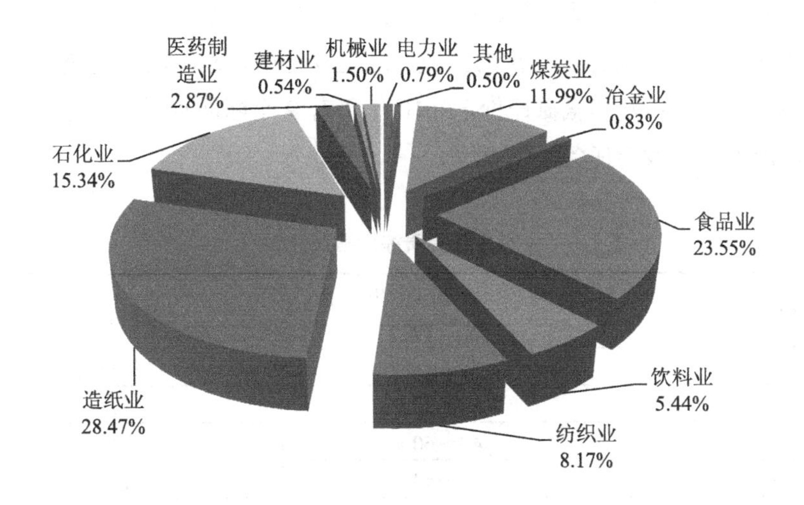

图 7-18　2010 年南四湖流域工业行业 COD 排放贡献率

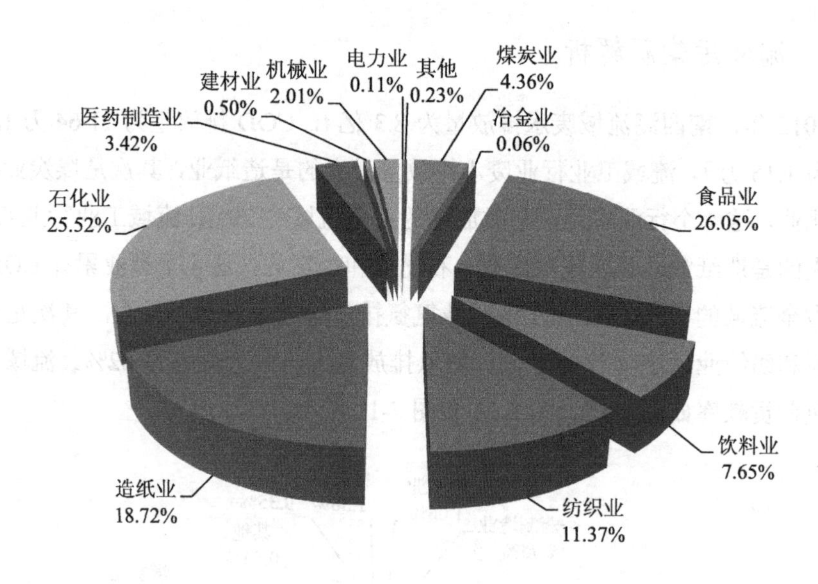

图 7-19 2010 年南四湖流域工业行业氨氮排放贡献率

7.2.5 南四湖生态安全评估

7.2.5.1 水生态安全健康评估

根据生态系统健康理论，采用生态系统健康结构功能指标体系评价方法，应用水生态系统健康综合指标体系（EHCI）对南四湖水生态健康进行评估。选取了 SD、DO、Chla、TP、TN、NH_4^+-N、COD、浮游植物、浮游动物、底栖动物 10 项物理化学和生态指标对南四湖湖区进行评价。

全湖的健康指数较低为中等偏好，健康指数为中等的湖区比例占 2%，其余的区域则表现为健康指数良好。上级湖健康指数低于下级湖，健康指数较低的值位于Ⅳ、Ⅴ类水质的重污染区、富营养区严重的区域，这主要是由入湖河流等高负荷点源汇入造成。按照高锰酸盐指数和氨氮评价，2010 年仍有 9 个断面水质尚未达到规划目标要求，入湖河流水质改善任务依然艰巨。

表 7-9 生态系统健康综合指数分级

分级	生态系统健康综合指数值（EHCI×100）	健康状况
Ⅰ	80～100	很好
Ⅱ	60～80	好
Ⅲ	40～60	中等
Ⅳ	20～40	较差
Ⅴ	0～20	很差

7.2.5.2 生态服务功能评估

南四湖湿地作为我国淮河以北地区面积最大、结构完整、保存较好的内陆大型淡水、草型湖泊湿地，先后被列入《中国重要湿地名录》和《中国湿地保护行动计划》。南四湖自然资源丰富，盛产鱼、虾、苇、莲等多种水生动植物，是北方典型的湿地生态系统和众多珍稀濒危鸟类及雁鸭类的重要栖息繁殖地以及春秋季节候鸟重要的迁徙必经停歇地。南四湖湿地不仅为人民生产生活提供了大量水资源，并在防洪抗旱、保护生物多样性及维护区域生态平衡等方面具有重要的战略意义。

运用生态系统学与生态经济学的方法对南四湖的主要生态系统服务功能进行了评价，采用直接价值与间接价值法对南四湖生态系统功能进行了价值评估。

（1）强大的蓄水防洪除涝能力

南四湖属暖温带、半湿润季风区大陆性气候区，降水集中在汛期，多为气旋雨或台风雨，极易造成洪涝灾害。1958—1973 年在微山湖和昭阳湖之间兴建了二级坝枢纽工程，把南四湖分成上下二级湖，上级湖包括昭阳湖、独山湖和南阳湖，面积为 606 km^2，设计蓄水位为 34.0 m，允许最高水位为 36.5 m；下级湖仅微山湖，面积为 660 km^2，设计蓄水位为 32.8 m，允许最高水位为 35 m。全湖总调蓄库容为 14.58 亿 m^3，防洪库容为 47.31 亿 m^3，兴利库容为 17.02 亿 m^3，可承受来水流域面积为 31 700 km^2。种植粮食耕地 16 730 hm^2，综合农业受灾损失按 5 532.9 元/hm^2 计，则生态系统调蓄洪水功能的总价值为 0.93 亿元。

（2）供水服务功能

南四湖水资源颇为丰富，多年平均入湖径流量为 28.77×10^8 m^3，多年平均出湖径流量为 10.30×10^8 m^3。湖水资源供给微山县和周边县、市、区工农业及生活用水。根据南四湖水利局提供的资料统计，2006 年南四湖区农田灌溉、林果地和鱼塘补水共 $13\,998.4\times10^4$ m^3，其中农田灌溉用水 $13\,715\times10^4$ m^3，农田灌溉约 250 km^2，取水灌溉的价格为 27 000 元/（$a\cdot km^2$），可计算出折合单位水量价为 0.05 元/m^3。以农业灌溉用水的价格进行计算，则南四湖水资源价值=水资源总量×单位取水量价格=1.44 亿元。据微山县自来水公司资料，目前该县自来水厂在水源地取水成本价为 0.30 元/m^3，据此计算，则南四湖水资源经济价值为 8.63 亿元。

（3）提供生物栖息地，维持生物多样性功能

据调查，南四湖现有鱼类 78 种（分属于 8 目 16 科 53 属）、底栖动物 63 种（科）（包括软体动物、节肢动物、水生昆虫等）、鸟类 196 种（有大天鹅、鸳鸯、大鸨等 11 种国家保护鸟类）、浮游植物 116 种（优势种 14 种）、浮游动物 248 种（优势种共 32 种）、水生维管束植物 74 种。2003 年山东省批准在南四湖设立省级自然保护区，它是以重点保护湿地生态系统和珍稀濒危鸟类为主的湿地类型保护区，是山东省生

物多样性关键地区之一。沼泽或泛滥平原提供栖息地或避难所这一服务功能的生态效益为 304 美元/（$hm^2 \cdot a$）[折合人民币 2 114.1 元/（$hm^2 \cdot a$）]。湿地面积以 25 420 hm^2 计算，得出这一服务功能的年生态效益为 0.54 亿元。

（4）生态旅游、娱乐功能

南四湖水域辽阔，岛屿点缀，芦滩广袤，荷花滴翠，闸坝宏伟，历史名胜、文化古迹众多，被誉为“鲁南明珠”“齐鲁灵秀”。每年 8 月举办的“滕州微山湖湿地红荷旅游节”更是吸引着越来越多的中外游客。2003 年，山东省人民政府建立了“南四湖省级自然保护区”，保护区总面积达到了 1 275.467 km^2。南四湖每年接待游客的人数以 70 万人来计算，人均消费以 200 元计算，则其休闲娱乐的价值为 1.4 亿元。

（5）文化科研价值

对文化科研价值的估算采用我国单位面积生态系统的平均科研价值 382 元/hm^2 和 Costanza 等对全球湿地生态系统科研文化功能价值 861 美元/hm^2、平均值 3 556 元/hm^2 作为南四湖湿地生态系统的单位面积科研价值。南四湖湿地面积取最大水面面积 1 226 km^2，则南四湖湿地文化科研价值为 4.02 亿元。

（6）净化水质，提高水环境容量

南四湖接纳的河流大部分流经鲁南和鲁西南的工业区及城市居民区，污染严重，而且污染物源广、量大。河水进入湖区，水流速度显著减慢，有利于水源携带的物质沉降下来，有些污染物粘结在沉积物上，与沉积物一起沉积下来，继而有助于污染物的存储与转化，起到净化水质、降解污染物的作用。本书计算的降解污染功能时采用 Robert Costanza 的研究成果，即湿地生态系统的降解污染功能的单位面积价值为 4 177 美元/（$hm^2 \cdot a$）[折合人民币 28 404 元/（$hm^2 \cdot a$）]，南四湖湿地面积取 25 420 hm^2，则南四湖降解污染功能的价值为 7.2 亿元。

（7）物质生产功能

南四湖湿地的物质产品主要包括四鼻孔鲤鱼、鲫鱼、鳜鱼、鳖、河蚌、田螺、芦苇、菖蒲、菱、菰茭草、莲子、芡实等。评价方法采用市场价值法，公式为

$$V_t = \sum_{i=1}^{n} V_i = \sum_{i=1}^{n} Y_i P_i$$

式中：V_t 为物质生产总价值；V_i 为某类产品价值；Y_i 为某类产品产量；P_i 为单位物质产品价格。

根据南四湖湿地主要物质产品产量及单价（表 7-10），可得到南四湖湿地物质生产功能价值为 3.12 亿元。

表 7-10　南四湖湿地主要物质产品产量及单价

产品名称	产品产量/（t/a）	产品单价/（元/t）	产品价值/（元/a）
四鼻孔鲤鱼	1.3×10^4	7.2×10^3	9.07×10^7
鲫鱼	1.6×10^4	8.4×10^3	1.33×10^8
鳜鱼	500.0	3.6×10^4	1.80×10^7
鳖	40.0	3.0×10^4	1.20×10^6
河蚌	410.0	2.1×10^3	8.61×10^5
田螺	4.8×10^3	6.3×10^3	3.02×10^7
芦苇	3.0×10^4	1.0×10^3	3.00×10^7
蒲草	7.0×10^2	1.0×10^3	7.00×10^5
菱	7.0×10^2	8.0×10^3	5.60×10^5
菰茭草	5.9×10^2	0.5×10^3	2.95×10^5
莲子	5.5×10^2	1.8×10^4	9.90×10^6
芡实	7.0	2.4×10^4	1.68×10^5
合计			3.12×10^8

综合以上计算结果，得到南四湖生态系统服务功能价值为 25.84 亿元，水产养殖、旅游等直接经济价值为 14.15 亿元，而其生物多样性、教育、科研、净化大气和水体等的间接服务价值则超过 11.69 亿元。由此可见，南四湖的生物多样性及教育科研等功能价值有待提高。

7.2.5.3　富营养化和生态灾变评估

以 2006 年、2007 年、2010 年的分析数据为基础，通过加权综合叶绿素 a（chla）、总磷（TP）、总氮（TN）、透明度（SD）、高锰酸盐指数（COD_{Mn}）等指标，计算出南四湖主要湖区的综合营养状态指数（TLI）。

由图 7-20、图 7-21 分析可知，南四湖主要湖区的综合营养状态已由 2006 年、2007 年度的中度富营养（60～70）、重度富营养（>70）状态减弱至 2010 年度的中营养（30～50）及轻度富营养（50～60）状态。上级湖大部分湖区已由 2006 年的重度富营养化改善至 2010 年的轻度富营养化；下级湖大部分湖区已由 2006 年的中度富营养化改善至 2010 年的中营养状态，水生态整体改善情况良好。

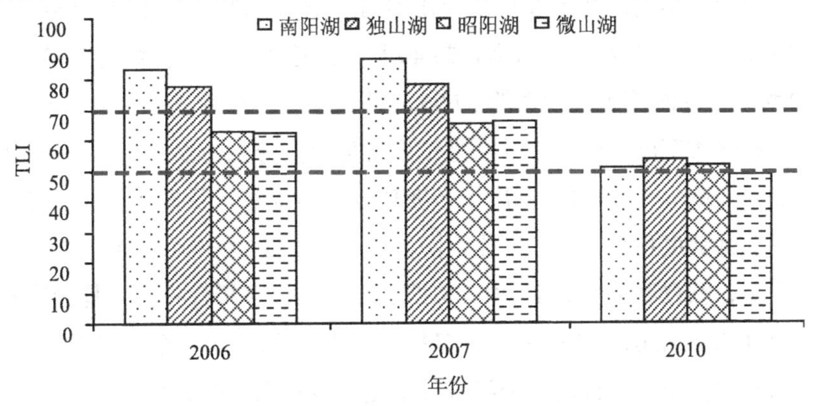

图 7-20　南四湖湖区综合营养状态历史变化

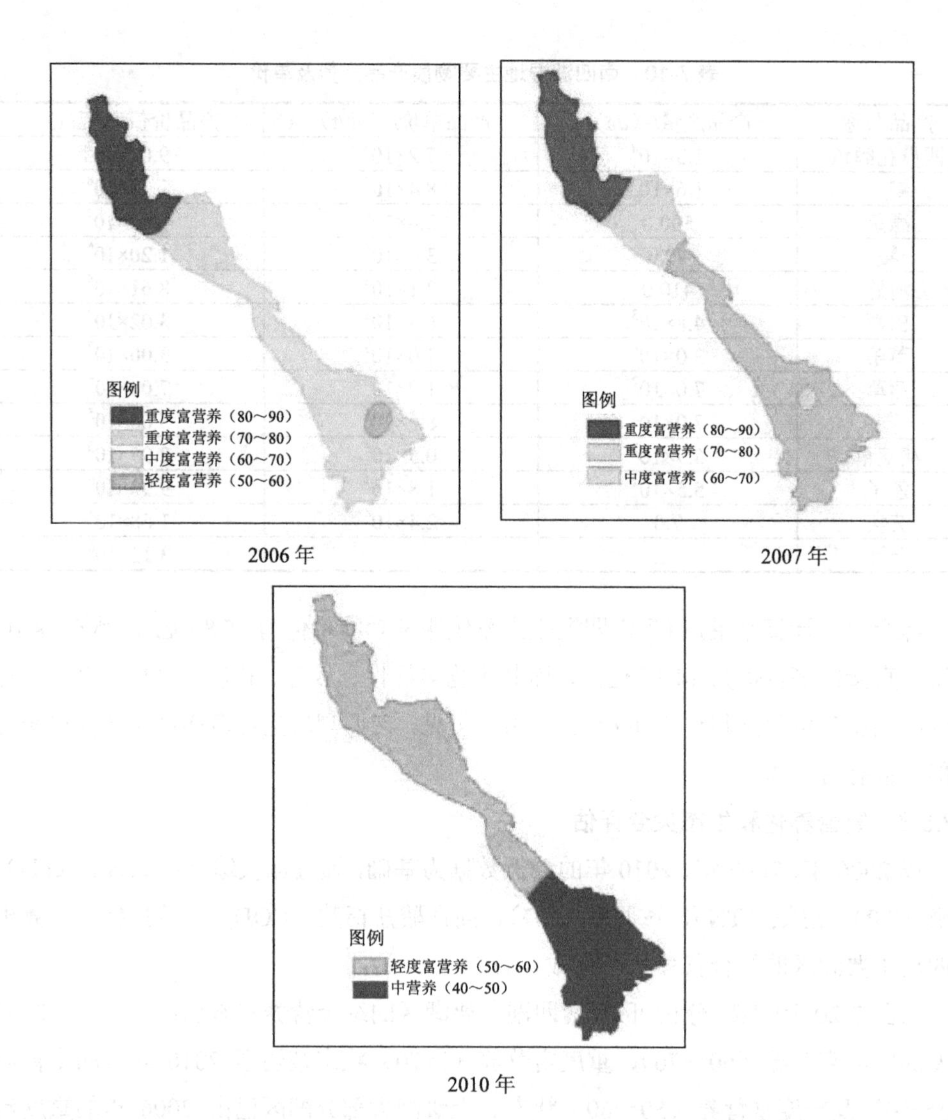

图 7-21　2006 年、2007 年、2010 年南四湖富营养化空间分布变化情况

对浮游藻类种群构成特征及季节变化的调查研究发现，南四湖共检出浮游藻类 6 门 52 属 104 种；其中绿藻种类最多，共 40 种，占浮游藻类总种数的 38.5%；硅藻次之，共 29 种，占浮游藻类总种数的 27.9%；浮游藻类种数夏秋季节多，冬春季节少。各监测点浮游藻类密度和叶绿素 a 质量浓度变化范围分别为 5×10^4～5 500×10^4 个/L、2.14～158.36 mg/m^3，浮游藻类密度季节变化表现为夏季＞秋季＞春季＞冬季。浮游藻类优势种的优势度指数不高，变化范围为 0.04～0.35，优势种种数较多，包括小球藻、二形栅藻、颗粒直链藻等 23 种。南四湖浮游藻类多样性指数和均匀度指数变化范围分别为 1.56～2.36、0.59～0.84；多样性和均匀度较好，表明南四湖水体中浮游藻类群落结构较复杂，且群落种类组成的稳定程度和数量分布均匀程度较高。

南四湖水体检出蓝藻 10 属 22 种，占藻类总种数的 21.2%；各季节监测点蓝藻细胞密度变化范围为 0～1 120×10^4 个/L，月均值为 92.9×10^4 个/L；蓝藻种数及密度夏秋季节高，冬春季节低；蓝藻种群中的优势种是平裂藻属的种类，水华常见藻类如微囊藻属和鱼腥藻属的种类等占比例小或未检出。浮游藻类优势种不是易引发水华的蓝藻种类，气象气候、水流流态等环境条件不利于水华的形成，因此南四湖发生明显水华的风险较小。

7.2.5.4 社会经济影响评估

自 2002 年以来，南四湖流域内 GDP 年均增长率 13.9%，与此同时流域 COD 和氨氮平均浓度年均分别下降了 20.7%和 26.9%，实现了南四湖流域经济持续增长以及流域水质持续改善的目标。

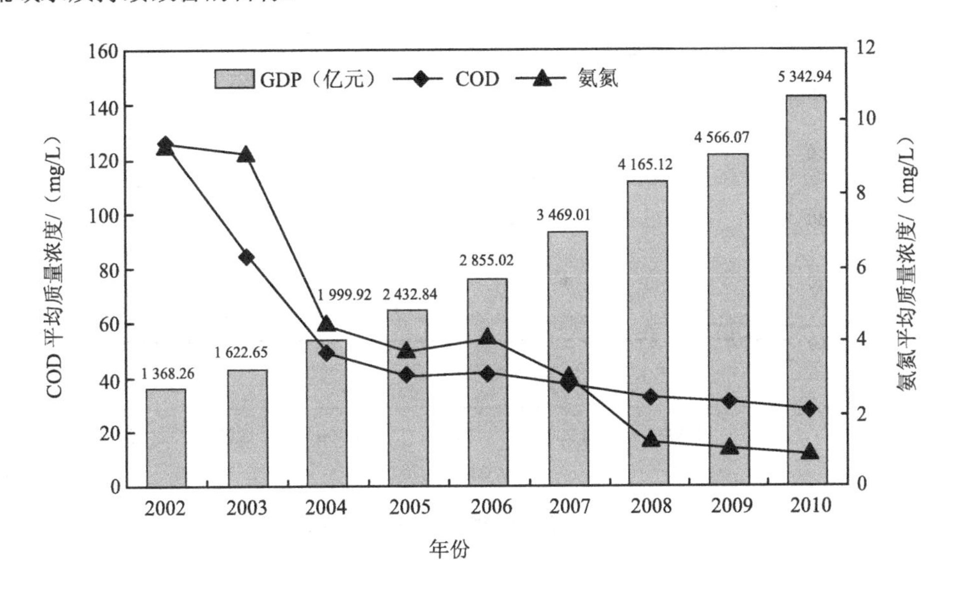

图 7-22 流域 GDP 与河流主要水质指标变化趋势

对南四湖湖区水质监测结果表明（以 2006 年和 2010 年对比为例），2006 年湖区 COD 总体以地表水Ⅴ类和劣Ⅴ类为主，2010 年改善为以Ⅲ类和Ⅳ类为主；2006 年氨氮的 2 个劣Ⅴ类重污染分布区，2010 年已完全消除，全湖区主要水质指标几乎达到地表水Ⅲ类标准。

通过评估社会经济活动对南四湖流域的影响，进一步明确南四湖流域经济发展与环境之间的关系。通过 COD 指标以及氨氮指标耦合成一个新的环境污染指标 EP 如下：

$$\mathrm{EP}=\sum A_i C_i \quad A_i=\frac{I_i}{\sum I_i} \quad I_i=\frac{C_i}{C_{in}}$$

式中：A_i 为 i 种污染因子的污染权重值；C_i 为 i 种污染因子实际浓度值；C_{in} 为 i 种污染因子标准浓度值（Ⅲ类水）。

如图 7-23 所示，南四湖流域环境污染和经济发展表现为负相关关系，经济得到发展的同时，环境质量得到不断改善。根据环境经济系统的库兹涅茨曲线可知，在南四湖流域环境与社会经济活动处于“双赢”区间。人类的活动可以一方面改善环境质量，同时又获得经济利润，即环境与经济协调发展。图 7-23 同时揭示出南四湖流域的社会经济发展给环境带来了很高的负荷。目前，南四湖流域的 EP 值仍然高出地表Ⅲ类水标准值（10.5），说明南四湖的环境污染程度仍需要进一步的控制。而近几年南四湖流域的EP值保持平稳也表明人类对污染的控制和净化在经济发展的高压力下也开始趋于极限。只有提高南四湖生态系统的健康性和完整性，增加南四湖生态系统对水体的自净能力，才能进一步改善南四湖流域的环境污染状况。

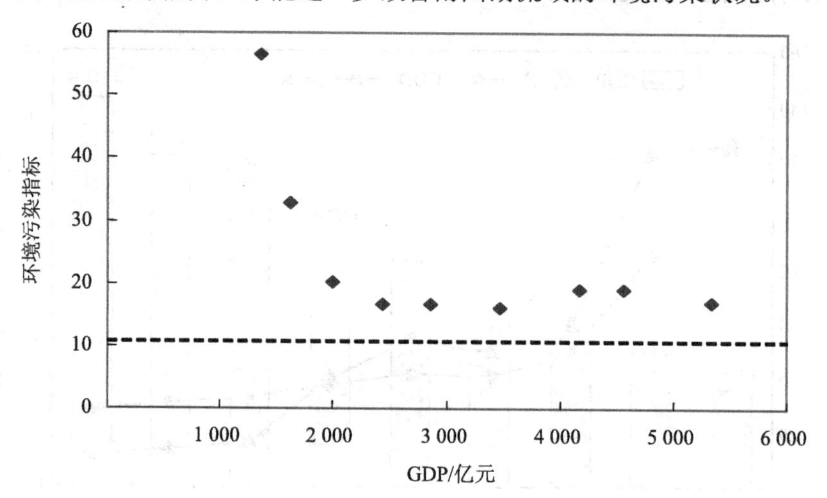

图 7-23　环境污染指标与 GDP 的关系

7.2.6　生态安全问题识别与原因分析

7.2.6.1　产业结构不尽合理，点源污染治理有待进一步深化

南四湖流域依然以第二产业为主体，一产比重大幅下降，二产比重经过一定时期的快速膨胀后已经进入稳步调整期，三产比重经过一定阶段调整后已经开始稳步提升，产业结构格局正逐步完成向“二三一”的转变。目前，南四湖流域三产比例为 14∶56∶30，仍与山东省的 10∶57∶33 的产业结构水平有一定差距（图 7-24）。

南四湖流域工业发展速度高于山东省平均水平，但结构效益较差，高资源消耗与高污染排放行业占据主导。从行业污染物排放来看，石化、有色、冶金、电力、造纸等属于“高耗能、高污染”行业；食品、农副产品加工、印刷、纺织、医药等行业资源消耗及污染属中等或较低水平；电子及通信设备制造业、服装、金属制品等对资源的依赖程度较低、环境污染也较小。

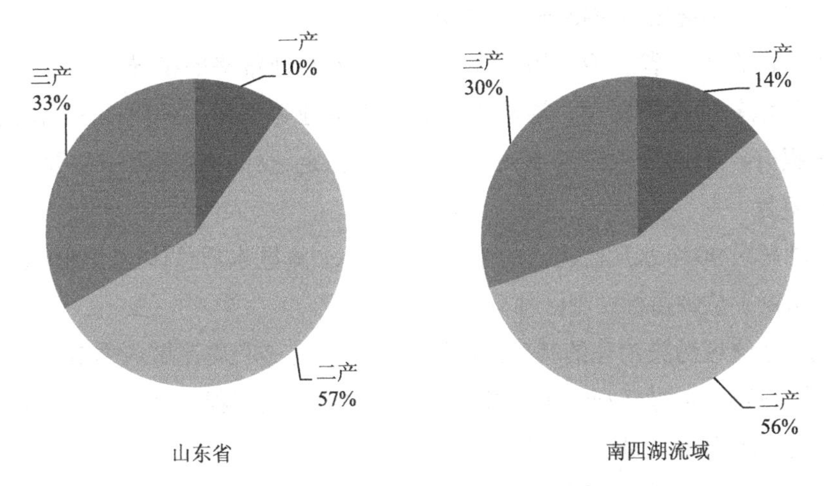

图 7-24 南四湖流域与山东省三产比例

2010 年南四湖流域食品 COD、氨氮排放献率分别为 23.55%、26.05%，但其经济贡献率仅为 11.12%；造纸业 COD、氨氮排放贡献率分别为 28.47%和 18.72%，但其经济贡献率为 7.37%；纺织业和饮料业氨氮排放贡献率分别为 11.37%和 7.65%，但是其经济贡献率分别为 3%和 1.02%；石化业的经济贡献率为 24.85%，但 COD 和氨氮排放贡献率也高到 15.34%和 25.52%；与之相反，冶金业 COD 和氨氮排放贡献率分别为 0.83%和 0.06%，然而其经济贡献率却高达 13.23%。

石化、食品、纺织、造纸等行业为南四湖流域重污染行业。化工、造纸等行业是高耗水与高污染行业，纺织、医药是高污染行业，这些行业发展势必会造成水资源与环境容量的大量消耗，结构性污染给流域水环境带来很大压力。

7.2.6.2 流域水资源短缺，水环境容量不足

水是湖泊生态系统中重要的生态因子，是湖泊生物多样性的重要保障。南四湖主要入湖河流有 53 条，其中较大的有 20 余条，在梁济运河和南四湖以东主要河流有洸府河、泗河、白马河、城河、薛城大沙河等，以西主要有洙赵新河、万福河、东渔河等。

南四湖流域枯水期天然径流少，水资源短缺。多年监测数据显示，1960—2010 年 51 年间，南四湖入湖径流量呈明显减少的趋势，其减少速率为 $515\times10^8\ m^3/10a$，尤其是进入 80 年代以来，入湖径流量基本处在负距平状态，入湖径流量持续下降，南四湖连续多年处于近干涸状态。其主要原因是：一方面由于流域降水总体趋少，造成了南四湖地区来水持续偏少；另一方面南四湖周围大面积旱作物改种水稻以及工业和城市用水量激增。南四湖地区水资源短缺状况和供需矛盾日渐突出，已严重影响到流域内工农业生产、航运、水产养殖和生态环境等各个方面。

7.2.6.3 流域水环境质量有待进一步提升

近年来，在山东省“治、用、保”流域污染治理策略的指导下，大力推进流域内城市环境基础设施建设、清洁生产和污染治理等工作，使南四湖流域水环境质量显著提升。但部分入湖河流尚不能达标或稳定达标，超标因子主要为高锰酸盐指数和氨氮。

南四湖湖区 90 个水质监测点的监测结果显示，湖区水质总体已达到地表水III类标准，但总氮、总磷指标在湖区部分地区仍不稳定。

据此，在流域污染治理的基础上，因地制宜，充分利用流域内季节性河道和闲置洼地，建设再生水循环利用工程及人工湿地水质净化工程，最大限度地减少外排废水量，进一步削减入湖污染负荷。

7.2.6.4 流域水生态系统遭到破坏

南四湖湿地作为我国淮河以北地区面积最大、结构完整、保存较好的内陆大型淡水、草型湖泊湿地，先后被列入《中国重要湿地名录》和《中国湿地保护行动计划》。20 世纪 80 年代以来，由于自然和人为两方面的因素，南四湖湿地生态系统退化严重。

南四湖流域围湖造田、围湖养鱼、过度捕捞、污水排放、航运等活动，使得湖泊及其流域生态系统遭受严重破坏，大大削弱了自然生态系统的环境承载力，削弱了湖泊生态系统对水质的调控和保障作用。遥感影像资料解译结果显示，自 20 世纪 80 年代以来，南四湖自然湿地景观面积逐渐缩减，敞水区与挺水植物区主要退化为农业用地、台田-坑塘和人工养殖区，基本无逆向演化。南四湖自然湿地景观经历先被农业用地、台田-坑塘、人工养殖区等人为湿地景观分割，然后被蚕食的过程，整个南四湖水生态系统严重受损。

（1）围垦

随着近年来南四湖来水量的减少，水面的萎缩，湖区居民开始围垦种田，圈湖养殖，而且围垦和圈湖的面积逐步增加。南四湖的围垦由来已久，但近年来增长较快。到 2010 年年底，耕地面积为 122.4 km^2，占研究区总面积的 9.5%，主要分布于南阳湖两岸、微山湖西岸。林地面积为 31.6 km^2，占研究区总面积的 2.4%，呈片状分布于湖区。台田-坑塘区的台田宽度一般在 20 m 左右，种植杨树或者农作物，斑块数量较多，二级分类体系中划入“台田-坑塘区之台田”，面积为 93 km^2，占研究区面积的 7.2%。如果按照通常的台田划分方案，即包括耕地、林地、台田-坑塘区之台田、裸地，则南四湖研究区内台田面积为 249.2 km^2，占研究区面积的 19.3%，说明南四湖围垦现象依然严重，具体情况如图 7-25 所示。

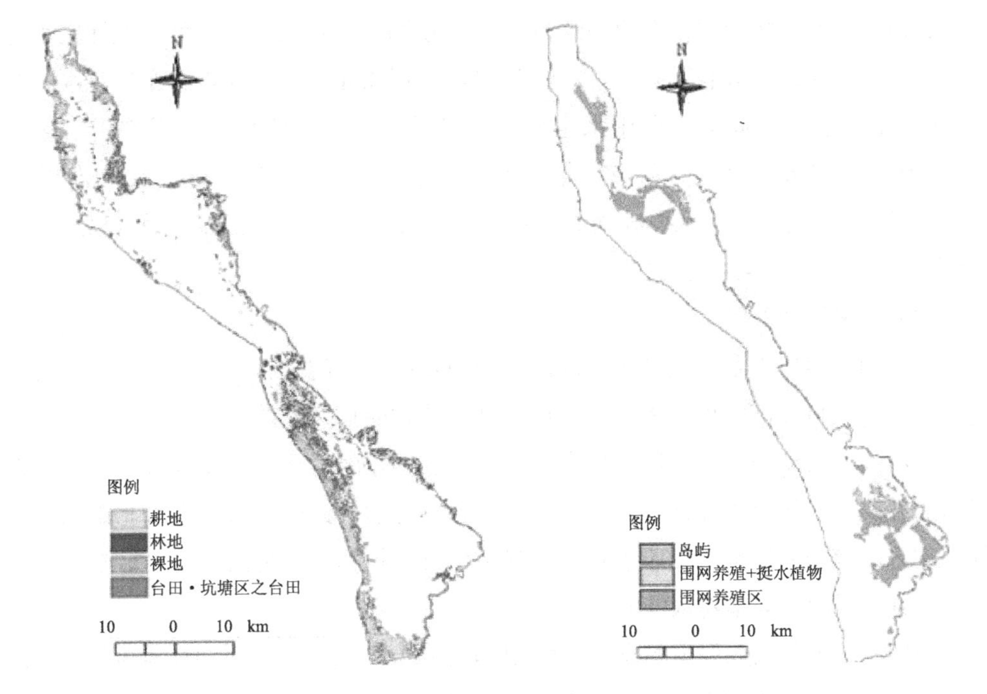

图 7-25 南四湖 2010 年围垦、围网养鱼用地特征分布图

大规模的围湖垦殖和大量的泥沙、水草淤积，使得南四湖沼泽化严重，其边缘逐渐成为生产芦苇、菱角等的水草地，湖内景观类型也逐渐破碎，导致南四湖的有效防洪库容逐渐减小，湖泊湿地调蓄洪水的能力下降，同样的蓄水量情况下，上级湖水位增高了 0.16 m，下级湖水位增高了 0.32 m。湖区居民面临“有水涝灾、无水旱灾”的局面。近年来，由于气候偏干，上游人为截水和湖区大量用水，使得旱灾较水灾更严重。涝、旱灾害频繁，灾害造成的损失逐年累积，使湖区人民生产生活受到巨大影响，严重制约了湖区社会与经济的可持续发展。

（2）围网捕鱼

2010 年，围网养殖区域面积为 159.5 km^2，包括具有开阔水面的围网养殖区 147 km^2，以及为挺水植物覆盖的“围网养殖+挺水植物” 12.5 km^2。围网养殖占南四湖研究区总面积的 12.4%，主要分布于微山湖、独山湖、南阳湖。人工养殖区面积为 376.8 km^2，包括人工养殖塘 324.4 km^2，“人工养殖塘+挺水植物” 52.4 km^2。存在大量种植莲、芦苇的人工养殖塘，可能是由于养鱼效益不好，临时改种莲的，而由于养殖塘人工构筑的边界完好，内部的水体不能与湖泊进行有效的交换，故仍归入到养殖用地。

（3）调水

目前，南四湖区用水以农业灌溉为主，沿湖周边有灌溉站 189 处，设计取水能力 462 m^3/s，2000 年沿湖地区灌溉面积 17.07×10^4 hm^2，年农业灌溉面积需水超过 10×10^8 m^3。近年来周边工业用水也呈逐年增长趋势。南四湖多年平均用水量为 11.82×10^8 m^3，最大年用水量为 1972 年的 24.12×10^8 m^3，年用水量以 3.03×10^8 m^3/（10a）的速度增加，而南四湖平水位时湖泊总蓄水量为 12.06×10^8 m^3。工农业用水已经成为湖水大幅度下降的主要原因之一，在枯水季节表现得尤为明显。

（4）外来物种入侵

南四湖湿地作为我国北方重要的湖泊湿地正面临着越来越大的生物入侵挑战，其压力首先来自经济发展、人类活动以及外来植物的自然扩散导致的生物入侵。经济发展和人类活动是导致生物入侵发生的关键因素，随着环南四湖经济发展和生物资源的开发，必然会加速南四湖湿地的生物入侵进程。此外，随着南水北调东线工程的实施，南四湖湿地还面临着调水所导致的外来植物、动物的入侵，这必然会进一步加剧南四湖湿地生物入侵的局面。

南四湖湿地外来入侵植物有 41 种，隶属 19 科 35 属：以菊科和豆科为优势科：外来入侵物种中热带来源与温带来源比例相当，人为引入导致的外来入侵植物高达 39%。南四湖与沿海（青岛、昆嵛山、滨州）三地相比，沿海三地外来入侵植物的种类均比南四湖湿地多，但四地的共有种达 14 种，占南四湖外来入侵植物种的 34.15%，南四湖与青岛的共有种达到了 25 种，说明外来入侵植物具有广泛的分布性、较强的适应性和抗性。此外，从四地的入侵种类的巨大差别，如青岛外来入侵植物中有 35 种未在南四湖湿地发现，可知南四湖湿地还存在着较大的生物入侵发展空间。南四湖湿地的特有外来入侵植物有 5 种，体现出湿地外来入侵植物水生特性。

7.2.6.5 流域生态环境保护长效机制亟待加强

山东省颁布了《山东省南水北调工程沿线区域水污染防治条例》《山东省南水北调沿线水污染物综合排放标准》等法规标准，批复实施了《南水北调东线一期工程山东段控制单元治污方案》和《南水北调东线一期工程水质达标补充实施方案》，把南四湖生态环境保护任务层层分解到了县（市、区）和重点企业，并切实加强组织领导，强化考核监督，进一步调动了各级生态环境保护的积极性。按照国家要求，南水北调东线一期工程 2013 年通水，南四湖作为东线输水干线和重要调蓄湖泊，水质必须于通水前实现达标，通水后要保持长期稳定达标，同时要逐步恢复南四湖原有的生态系统功能，需要进一步建立南四湖生态环境保护的长效机制。

7.3 目标与技术路线

7.3.1 目标

7.3.1.1 试点方案总体目标

到2013年年底，在确保湖区水质安全的基础上，湖滨带和湖区自净能力得到提高，湖泊富营养化程度得到有效控制。

到2015年年底，在确保湖区水质稳定达到地表水Ⅲ类标准的基础上，增加湖区物种多样性，湖滨带退化湿地生态系统功能基本恢复，基本恢复湖区原有生态功能。

7.3.1.2 试点方案绩效目标

到“十二五”末，19条主要入湖河流水质达到相应水质目标要求（表7-11）。

表7-11 入湖河流水质目标

序号	控制单元	控制断面	水质目标	断面控制辖区
1	洸府河	东石佛	Ⅲ	泰安宁阳县、济宁市
2	老运河济宁段	西石佛	Ⅲ	济宁市
3	洙水河	105公路桥下	Ⅲ	济宁市
4	梁济运河	李集	Ⅲ	济宁市
5	梁济运河	邓楼	Ⅲ	济宁市
6	老运河微山段	老运河微山段	Ⅲ	济宁市
7	泗河	尹沟	Ⅲ	济宁市
8	洙赵新河	喻屯	Ⅲ	菏泽市
9	泉河	牛村闸上	Ⅲ	济宁市
10	大汶河	王台大桥	Ⅲ	莱芜、泰安市
11	赵王河	杨庄闸	Ⅲ	济宁市
12	城郭河	群乐桥	Ⅲ	枣庄市
13	薛城小沙河	薛城小沙河口	Ⅲ	枣庄市
14	韩庄运河	台儿庄大桥	Ⅲ	枣庄市
15	峄城沙河	贾庄闸上	Ⅲ	枣庄市
16	东渔河	西姚	Ⅳ	菏泽市
17	白马河	鲁桥	Ⅳ	济宁市
18	西支河	北外环桥	Ⅳ	济宁市

序号	控制单元	控制断面	水质目标	断面控制辖区
19	万福河	高河桥	Ⅳ	济宁市
20	南四湖	前白口	Ⅲ	—
21	南四湖	二级坝	Ⅲ	—
22	南四湖	大捐	Ⅲ	—
23	南四湖	岛东	Ⅲ	—
24	南四湖	南阳	Ⅲ	—

南四湖流域主要污染物化学需氧量、氨氮、总氮、总磷的削减量分别为 2.09 万 t、0.31 万 t、0.3 万 t 和 0.03 万 t。

7.3.1.3 试点方案指标体系

（1）水环境质量指标

湖泊水质指标见表 7-12。

表 7-12 湖泊水质指标 单位：mg/L

指标	2010 年	2013 年	2015 年
高锰酸盐指数	5.4	5.2	5.0
TN	1.3	1.0	1.0
TP	0.14	0.1	0.05
NH_3-N	0.79	0.6	0.6
TLIc	60≥TLIc＞50	TLIc＜50	TLIc＜50

（2）生态环境指标（2015 年）

生态环境指标见表 7-13。

表 7-13 生态环境指标

指标	2013 年	2015 年
湖体水质达标率	80%	90%
湿地修复面积	10 万亩	20 万亩
湖区投饵养殖削减比例	60%	80%
生态系统健康综合指数	80＞EHCI≥60	EHCI≥80

（3）水环境管理指标

水环境管理指标见表 7-14。

表 7-14 水环境管理指标　　单位：%

指标	2013 年	2015 年
工业企业废水稳定达标率	90	95
城镇生活污水集中处理率	75	80
城镇生活垃圾收集处理率	90	95

7.3.2 总体思路

深入贯彻胡锦涛总书记“让江河湖泊休养生息”的战略部署，按照“一湖一策”的要求，坚持以人文本、生态优先、统筹兼顾的原则，积极推进环湖沿河大生态带建设，着力构建生态环境安全防控体系，建立湖泊生态环境保护长效机制。在确保南水北调东线工程水质安全的基础上，逐步恢复湖区生态系统功能，增加生物多样性，防止富营养化，促进流域经济、社会、生态环境同步共赢。

以流域生态保护和强化管理为根本措施，以湖泊水体水质改善和生态修复为重点，污染治理与生态保护并举，采用政府主导、市场推进、统筹布局、突出重点、经济可行、分步实施的战略，推进南四湖水环境与生态环境质量的持续改善，促进推动流域经济社会可持续发展。

在南四湖湖区重点实施湖区水体保育、退渔还湖、生态渔业，湖滨带重点实施退耕还湖；入湖区重点实施人工湿地水质净化与生态修复；河流上游实施产业结构、河流生态修复、河道走廊人工湿地、点源和面源治理。通过生态环境保护综合措施，有效改善南四湖生态功能，使南四湖水生态系统逐渐进入稳定的生态良性循环。

7.3.3 技术路线

依据系统工程原理，将南四湖流域作为一个系统整体，根据流域自然、生态、社会和经济复合系统的特征及其需要，按照目标、总量、项目、投资“四位一体”的流域生态环境保护思路，按照“治、用、保”系统推进的流域污染治理和生态保护策略，综合协调南四湖流域内资源开发利用、社会经济发展、水环境和生态保护等关系，全面推进流域内经济结构调整、城镇环境基础设施建设、清洁生产、污染治理、水资源循环利用、生态保护，确保南四湖的生态系统完整性，恢复和完善南四湖流域生态系统功能。

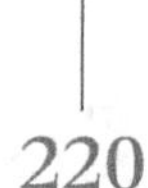

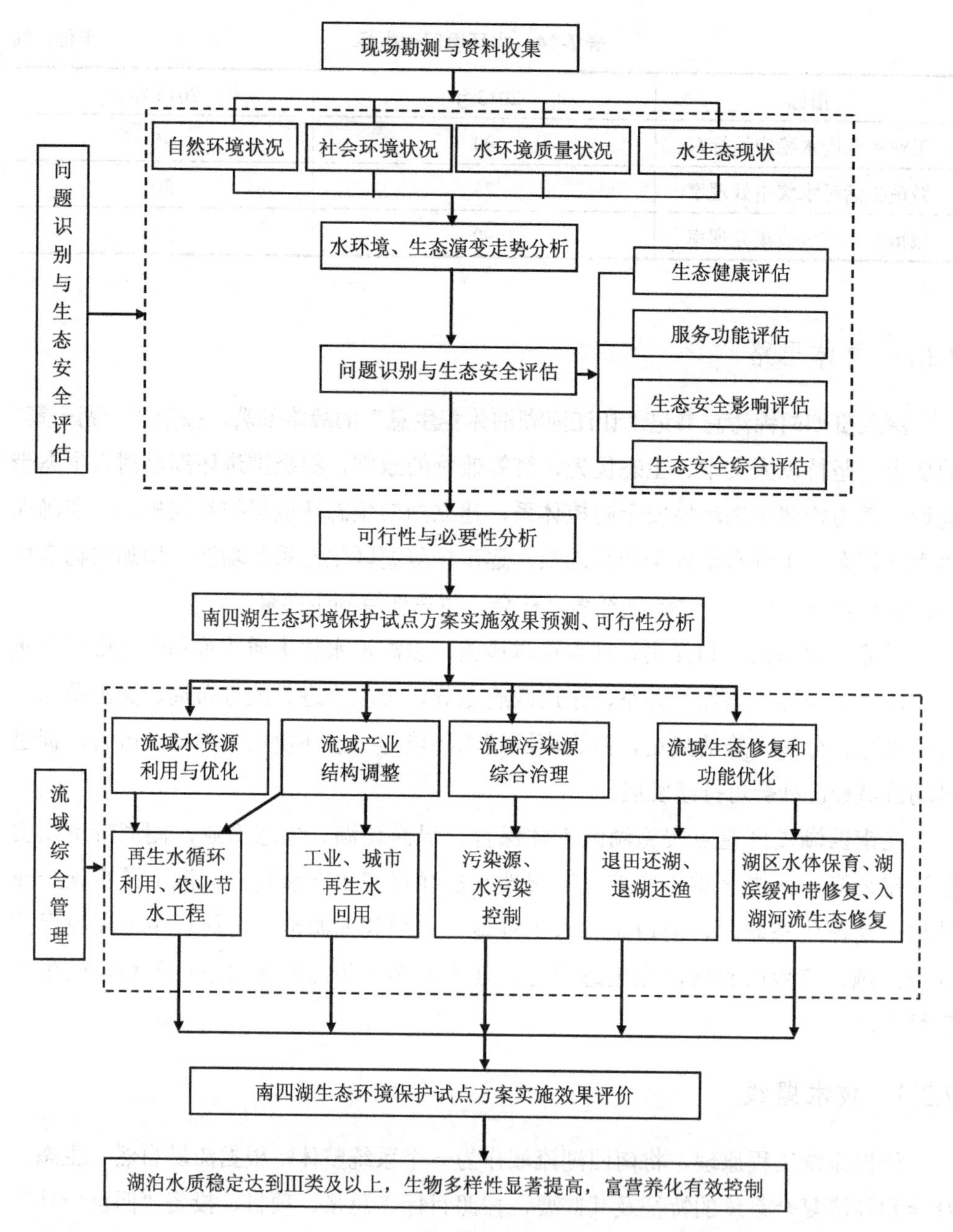

图 7-26 南四湖生态环境保护试点实施方案技术路线

7.4 生态环境保护试点总体方案

针对南四湖生态环境保护试点实施区综合现状，为实现试点实施区水质及生态保护试点目标要求，在实施年限内通过生态安全调查与评估、湖区水体生态保育、湖滨带与缓冲带生态修复、湖荡湿地建设、入湖河流生态修复、污染源治理、产业结构调整、环境监管能力建设等具体方案，逐步实现生态环境保护目标。

7.4.1 生态安全调查与评估方案

生态安全调查与评估项目主要包括调查和评估两部分内容，具体从如下四方面开展，包括如下内容。

7.4.1.1 南四湖生态健康调查与评估

依据生态系统健康评价方法、目的和评价指标的选取原则，结合国内外研究现状以及水生态安全监测指标，开展生态健康评估所需指标的调查；采用生态系统健康结构功能指标体系评价方法，应用水生态系统健康综合指标体系（EHCI）对南四湖水生态健康进行评估。选取SD、DO、Chla、TP、TN、NH_4^+-N、COD、浮游植物、浮游动物、底栖动物10项物理化学和生态指标对南四湖进行评价。

7.4.1.2 南四湖湖区服务功能损失调查与评估

湖库生态系统的直接服务功能主要有：①产品供给服务功能：水产品和饮用水；②调节服务功能：气候调节，防洪，水质净化；③文化服务功能：休闲，娱乐，景观；④科研文化教育功能。正确评估南四湖生态系统服务功能，对于制定相应的南四湖综合治理方案与对策非常重要。因此，开展服务功能评估所需指标的调查。

南四湖不仅为人民生产生活提供了大量水资源，并在防洪抗旱、保护生物多样性及维护区域生态平衡等方面具有重要的战略意义。运用生态系统学与生态经济学方法对南四湖的主要生态系统服务功能进行评价，采用直接价值与间接价值法对南四湖生态系统功能进行价值评估。

7.4.1.3 人类活动对生态安全影响调查与评估

开展人类活动对生态安全影响评估所需指标的调查；通过COD指标、氨氮等水质指标耦合成一个新的环境污染指标EP，公式如下：

$$\mathrm{EP}=\sum A_i C_i \quad A_i=\frac{I_i}{\sum I_i} \quad I_i=\frac{C_i}{C_{in}}$$

式中：A_i为i种污染因子的污染权重值；C_i为i种污染因子实际浓度值；C_{in}为i种污染因子标准浓度值（III类水）。

评估人类社会经济活动对南四湖流域的影响，进一步明确南四湖流域经济发展与环境之间的关系。

7.4.1.4 南四湖生态安全综合评估

开展南四湖生态安全综合评估所需指标的调查；以南四湖湖区水质逐年监测数据为基础，通过加权综合叶绿素a（Chla）、总磷（TP）、总氮（TN）、透明度（SD）、高锰酸盐指数（COD_{Mn}）等指标，计算和评估南四湖的综合营养状态指数（TLI），进而综合评估南四湖湖区的生态安全状况。

7.4.2 流域产业结构调整方案

7.4.2.1 流域产业结构调整与优化

根据预测，2015 年，南四湖流域基本上形成以石化业、煤炭业、冶金业、食品业和机械业为主的产业集群，并且与 2010 年的主导产业类型变化不大，但为了有效地形成产业结构调整，遵循水质水环境保护的目标，重点控制的行业包括食品、饮料和造纸行业；适当控制的行业包括纺织、煤炭和医药制造行业；重点发展的行业包括冶金、石化和机械行业，如图 7-27 所示。

山东省南四湖流域重点控制食品、饮料和造纸行业，2010 年其经济贡献率分别为 11.12%、1.02%和 7.37%，到 2015 年流域重点控制行业的经济贡献率分别为 9.11%、0.88%和 6.45%。

从行业发展来看，煤炭和电力业作为国民经济发展的基础行业，要保持其稳步增长的趋势，加强节能减排，尤其是电力行业作为用水大户，要做好水循环利用，降低新鲜用水系数，减少用水总量；食品、石化、造纸和医药制造业四个行业的排放系数较高，工业废水和污染物排放量也较高，但这几个行业分别属于流域各市的优势和基础行业，而且其产值都呈增加趋势，因此要保持在工业总行业的比重波动不大，但必须重视加强新技术、新工艺、推行清洁生产和节水技术，增加污水处理费用的投入，加强污染治理，限制污水排放标准；冶金、机械和建材业作为低污染、低消耗产业，应当要保持其快速的经济增长，形成新的带动行业发展的骨干企业和新的经济增长点。

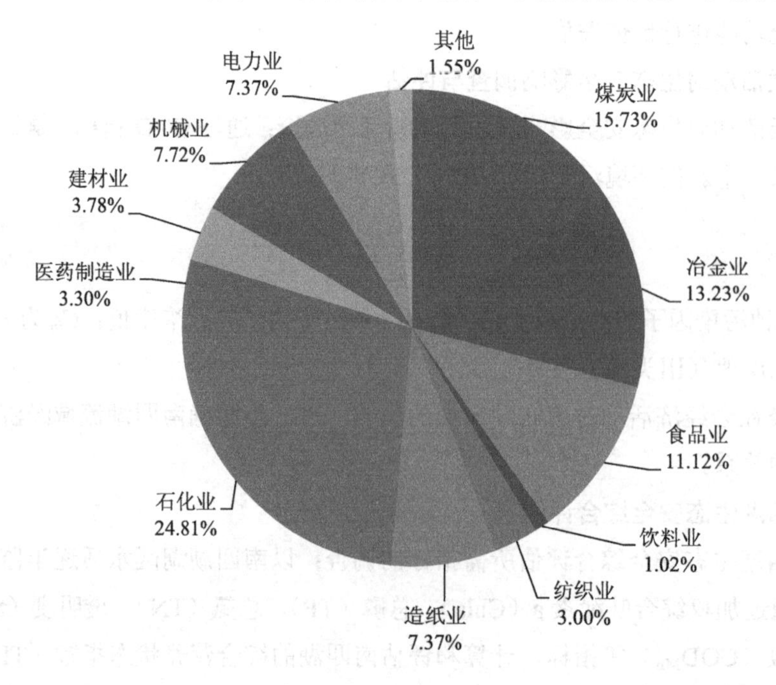

2010 年工业行业产值贡献率

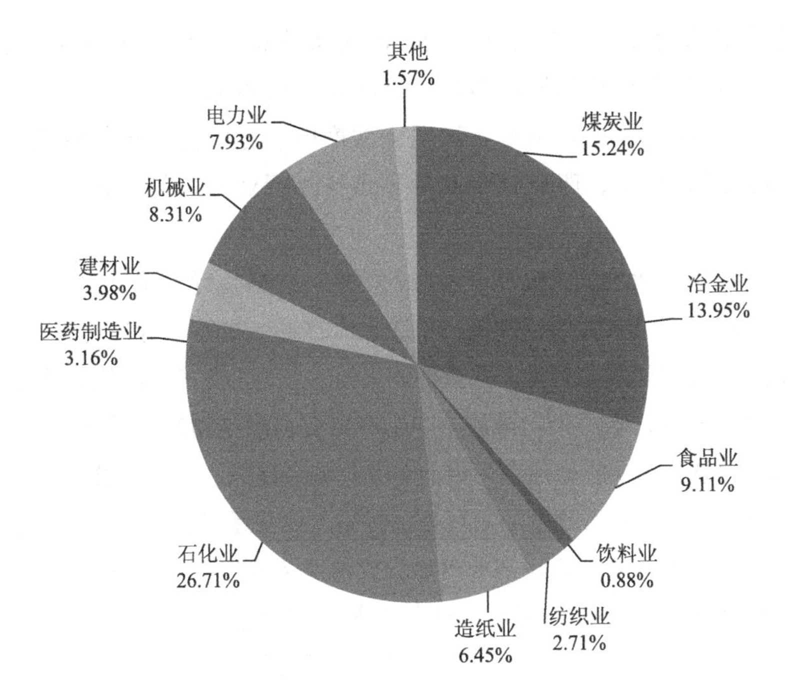

2015 年工业行业产值贡献率

图 7-27　2010 年和 2015 年山东南四湖流域工业行业产值贡献率

7.4.2.2　重点城市产业结构调整方案

南四湖流域水质超标的河流基本上集中在济宁、菏泽两市。因此，为了水质，以河流水体水质污染负荷最大允许排放量为目标，提出两市产业结构调整方案。

2015 年，济宁市基本上形成以煤炭、机械、造纸和电力为主的产业集群，并且与 2010 年的主导产业类型变化不大，但为了有效地形成产业结构调整，遵循水环境容量目标，重点控制的行业包括食品、饮料和造纸行业；适当控制的行业包括机械和电力行业；重点发展的行业包括煤炭业、石化业和建材业。

2015 年，菏泽市基本上形成以石化、食品、煤炭和医药制造业为主的产业集群，并且与 2010 年的主导产业类型变化不大，但为了有效地形成产业结构调整，遵循水环境容量目标，重点控制的行业包括食品、饮料、纺织和造纸行业；适当控制的行业包括煤炭、建材和机械行业；重点发展的行业包括冶金业、石化业和电力业。

7.4.2.3　淘汰落后产能，提高行业准入门槛

坚决遏制高污染行业增长，实行分阶段逐步加严的资源环境管理制度，建立重污染企业退出机制；以生态工业理念为指导，建设一批生态工业园区和循环经济示范园区。尽快淘汰落后生产工艺和设备。逐步推行和实施重点行业工业企业单位增加值或单位产品污染物产生量评价制度，不断降低单位产品污染物产生强

度，实现节能降耗和污染减排的协同控制。加大高耗水行业的淘汰力度，建立高耗水、高污染行业新上项目与淘汰落后产能相结合的机制，造纸、纺织印染、皮革、化肥等行业新建、扩建项目，按照新增产能实行产能规模等量或减量置换。加快淘汰造纸、化工、印染、食品等重点排污行业落后的工艺、技术、设备和产品。

坚决遏制高排放行业增长。提高产业准入门槛，严格执行国家及省相关产业政策，控制产业发展导向目录内禁止和限制的工艺、产品。严格执行环境影响评价和"三同时"制度。积极推进重点行业、重点企业集团、县级工业集中区规划环评工作。流域内从严审批高耗水、高污染物排放、产生有毒有害污染物的建设项目。城市集中式饮用水水源地禁止新（扩）建有污染的企业，城市建成区禁止建设造纸、化工、纺织印染、皮革、医药等重污染企业，现有重污染企业要逐步退出。

大力实施传统产业升级、新兴产业倍增、旅游服务业提速、农业增产增效"四大计划"。一是突出抓好工业结构调整。设立工业结构调整专项引导资金，加快产业结构调整和优化升级，培植壮大战略性新兴产业。重点扶持新材料、电子信息、节能环保等新兴产业发展，坚持对新上项目集中会审。二是加快发展旅游服务业，加快发展文化旅游业。充分发挥旅游业的产业集聚能力，有效带动沿线交通、文化、住宿餐饮、房地产、物流等相关产业发展，促进服务业拓宽领域、扩大规模、优化结构、提升层次。三是大力发展现代精准农业、都市农业。重点开展以高产稳产为基础的精准种、精准施肥、精准灌溉等实验，着力打造精准农业基地。四是高度重视科技创新，大力发展高新技术产业。

7.4.3　流域水资源利用调控方案

7.4.3.1　再生水截蓄导用

在污染治理基础上，从再生水资源充分循环利用角度出发，统筹区域内再生水循环利用边界条件，构建区域再生水资源调配与循环利用技术体系，通过再生水截蓄导用工程建设以及联合调度，最大限度减少区域内再生水外排量，最大限度削减区域外排污染物总量，从而保障南四湖水生态健康。

充分利用流域内季节性河道、天然蓄滞洪区和闲置洼地，因地制宜地建设各类不同规模的调蓄水库，拦蓄汛期河水和辖区内再生水，解决周边工业用水和农业灌溉用水需求，最大限度地实现行政辖区内部再生水资源的充分循环。

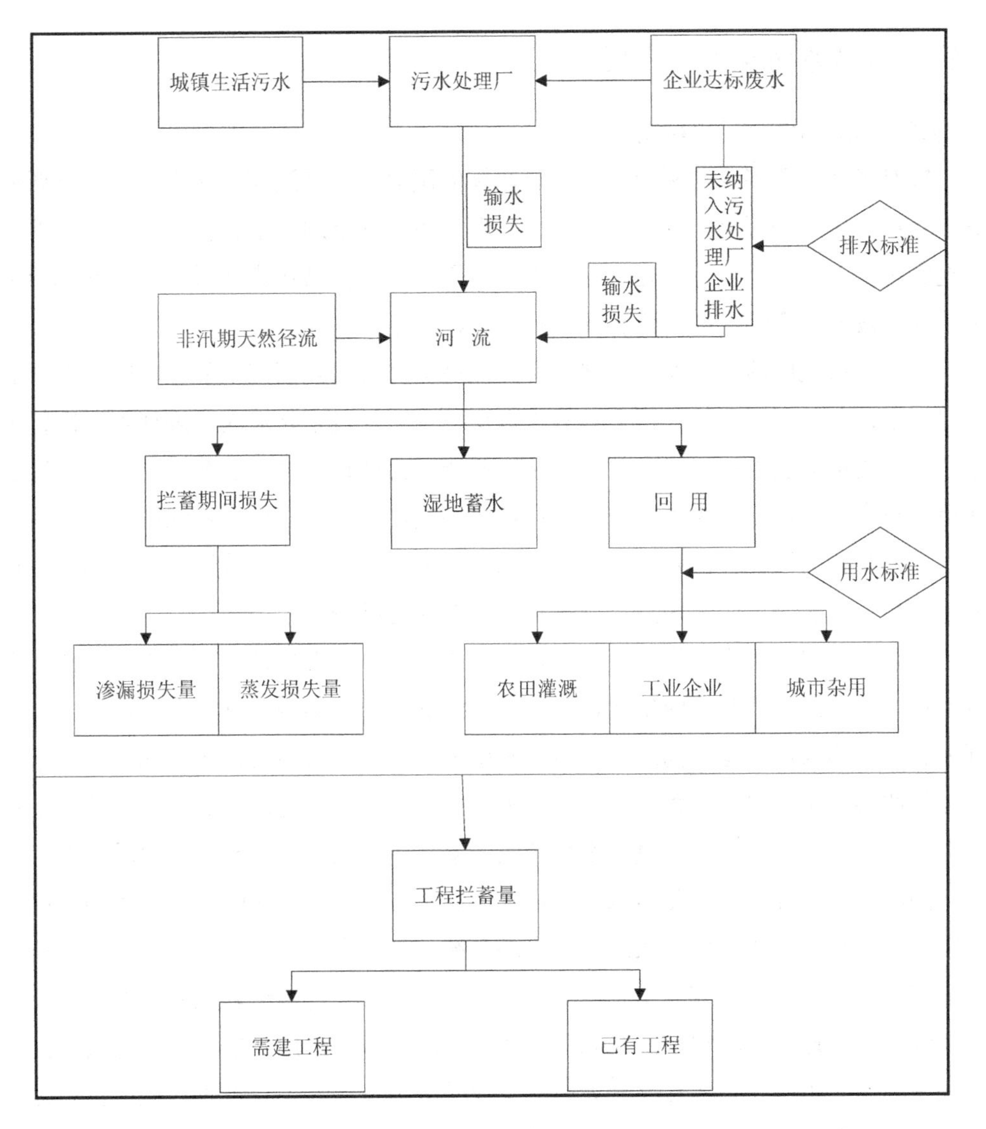

图 7-28 区域再生水资源调配及循环利用体系

7.4.3.2 工业和城市水资源循环利用

加大电力、化工、造纸、冶金、纺织、机械等 7 大用水行业节水技术改造力度，推广先进节水工艺和设备，实行行业用水定额管理。提高工业企业再生水循环利用水平，减少工业新鲜水取水量，规模以上工业用水重复利用率达到 80%以上。加大城镇污水处理厂配套再生水回用工程建设力度，完善城市再生水输水管网系统，大力关停企业自备水井，推广使用再生水在工业冷却循环、农田林场灌溉、城市绿化、环境卫生、景观生态等领域，加大再生水使用比例。

7.4.4 流域水污染控制方案

7.4.4.1 重点河流水污染控制

针对当前水质尚未达标或不能稳定达标的洸府河、老运河、洙水河、洙赵新河等重点河流逐一进行剖析，对“治、用、保”各个环节逐一进行梳理，有针对性地补充完善治污项目，全面深化和完善“治、用、保”流域污染体系，充分发挥治污体系综合效能，确保南水北调水质目标的如期实现。

通过剖析洸府河、老运河、洙水河、洙赵新河等重点河流主要存在四个方面的突出问题：一是“治、用、保”体系不健全，部分河段未建设人工湿地水质净化工程，水质达标难度大；二是农业面源污染问题较为严重，大量农药、化肥对河流水质造成较大影响；三是再生水循环利用水平不高，流域内工业企业深度治理和中水资源化尚有较大潜力；四是部分区域污水管网配套不配套，导致污水直排环境，对河流水质造成影响。主要对策：一是实施山东大地纸业有限公司清洁生产及废水综合利用、山东晟鑫玉米浸泡深度治理及资源化利用、七五生建煤矿污水站扩建和深度治理等污染源治理和产业结构调整项目，督促工业污染源实施“再提高”工程，开展新一轮的限期治理。同时，大力实施山东吉安化工有限公司再生水处理、东明石化集团再生水回用等工程，提高再生水回用率，减少再生水排放量。二是建设京杭大运河入湖口人工湿地修复与水质净化，嘉祥县洙水河、洙赵新河河滩地人工湿地、泗河河道走廊生态修复与水质净化等工程，发挥湿地系统削减面源污染、增加环境容量的综合效能，修复入湖河流生态系统。三是大力实施工业园区污水处理厂和配套管网建设。实施邹城市经济开发区污水处理厂及管网配套工程、微山县经济开发区污水处理厂、济宁市济北高新技术产业园污水处理厂一期工程、任城新区污水处理厂一期工程、金乡食品（大蒜）工业园区污水处理厂建设等工程，提高园区污水集中处理率。四是大力实施南四湖水环境预警应急体系建设、入湖河流重金属监管能力建设等项目，提高生态监管能力，构建环境安全防控体系。

7.4.4.2 工业污染源治理

（1）继续深化点源污染治理

严格执行国家产业政策，加大流域内造纸及纸制品业、化学原料及化学制品制造业、农副食品加工业、纺织业、饮料制造业、食品制造业、黑色金属冶炼及压延加工业等主要污染行业的结构调整力度，依法淘汰落后生产能力，彻底清理、关闭、取缔“十五小（土）”“新五小”等重污染企业，不得新建、转移、生产和采用国家明令禁止的工艺和产品，严格控制限制类工业和产品，禁止引进重污染项目。鼓励发展低污染、无污染、节水和资源综合利用的项目。从严审批产生有毒有害污染物的新建和扩建项目。水质超标地区要暂停批复新增污染物排放的建设项目。

在流域工业企业实现严于国家的《山东省南水北调沿线水污染物排放标准》（DB 37/599—2006）达标要求的基础上，按照新修订后的《山东省南水北调沿线水污染物排放标准》（DB 37/599—2006），督促工业企业实施废水治理“再提高”工程，掀起新一轮限期治理工作。

（2）积极推进清洁生产，大力发展循环经济

要按照循环经济理念，鼓励企业推行清洁生产，实现工业用水循环利用，发展节水型工业。规划期内，流域内所有企业应当对生产和服务过程中的资源消耗以及废物的产生情况进行监测，并对生产和服务实施清洁生产审核。其中，对超过单位产品能源消耗限额标准构成高耗能的、使用有毒有害原料生产或者在生产中排放有毒有害物质的以及未完成节能任务的，要依法实施强制性清洁生产审核。

（3）加强工业园区的污染控制及管理，提高园区污染防治水平

工业园区建设初期必须根据需求同步设计，建设适宜规模的集中式废水、垃圾处理设施。对园区废水集中处理设施正常运行可能产生影响的电镀、化工、皮革加工等企业，必须建设独立的废水处理设施或者预处理设施，满足达标排放且符合不影响集中处理设施运行的要求后，才能进入废水集中处理设施进行深度处理。进入园区的工业企业必须符合国家产业政策，严格执行“三同时”制度。按照有关产业政策和布局，在全流域严格控制化工园区建设，严格审核进入园区的化工企业，不能达到流域排放标准要求的企业不得准入。

（4）强化重点污染源监管，加大环境执法力度

国控、省控重点工业污染源全部安装流量计、COD、氨氮和特征污染物等指标的自动在线监测装置，实行实时监控、动态管理。增加污染物排放监督性监测和现场执法检查频次，重点污染源做到至少每月一次监督性监测，加强对有毒污染物排放和应急处置设施的监测和检查。监督重点企业制定和定期演习环保应急预案、建设环保应急处置设施。

7.4.4.3 城市水环境治理

根据流域内经济社会发展情况和城镇化水平，按照环境改善需求和城镇污水处理水平，遵循“集中和分散相结合”的原则，及时对城镇污水处理厂进行新建扩建。鼓励有条件的重点镇建设乡镇污水处理站。进一步加强城镇污水处理厂配套管网建设，积极推进雨污分流，提高城镇污水收集能力和处理率。重视污泥厂外安全处置，加快城镇污水处理厂污泥处理处置设施建设。积极推进政府主导、市场推进、社会参与的多元化投资机制，多渠道筹集城镇污水和垃圾处理工程建设资金。为适应污水处理厂出水水质和污泥处置标准的提高，及时调整污水处理费标准。

7.4.5 流域生态系统调控方案

7.4.5.1 湖滨带退化湿地生态修复

按照因地制宜、统筹兼顾的原则，重点对南四湖流域内的主要入湖河流、湖区台田-鱼塘开发模式、河口和其他重要退化湿地开展生态修复工作。通过大面积湖泊湿地生态系统的恢复和重建，提高水体的自净能力，增加南四湖流域的水环境容量，改善生态环境，增加流域内生态系统的生物多样性和生态稳定性。

对占用湖滨进行耕种的不科学开发土地，实施湿地生态修复。推进规模化退耕还湿，组织农民在湿地用地范围内调整种植结构，研究生态补偿政策，给予退耕还湿农民以生态补偿，调动农民积极性。

7.4.5.2 河口人工湿地水质净化工程

加快人工湿地水质净化工程建设，全面实施流域湿地生态修复与保护工程，进一步截留和降解入湖污染物质，改善入湖水质，确保南四湖生态环境保护目标的实现。

严格按照基建程序，建设人工湿地水质净化工程，确保发挥“治、用、保”治污体系综合效能。建设人工湿地水质净化及退耕还湿、生态修复工程项目，加强人工湿地建成后的运行维护和管理。

7.4.5.3 航运船舶污染治理

南四湖通航后，码头操作区及水上运输所产生的各类废水、垃圾等污染物若直接排入湖体，将会大幅增加湖体的水污染负荷，此外，航运安全事故的发生也会成为湖体水质的污染隐患。在南四湖区域集中建设现代化、规模化的环保型作业码头，配备污水处理设施、堆场喷淋除尘设施及封闭式散货装卸系统等。在辖区内增加船舶生活污水和生活垃圾储存及简易处理装置。在航运沿线建设航运垃圾及油污水收集处理系统，建造油污水及垃圾收集船和接受处理站，实现船舶垃圾及油污水上岸集中处置。此外，还应建设航运污染事故应急处理系统，建设应急指挥中心，储备应急物资并建造应急清污船舶。建设辖区航运安全监控系统，实现对航段航行动态和污染产生排放的全过程监控。

7.4.5.4 南四湖生态渔业发展

按照《山东省南水北调工程沿线区域水污染防治条例》第三十三条规定，实行南四湖湖区功能区划制度、人工增殖放流和养殖总量控制制度。根据湖区的功能分区和环境承载力，将湖区划分为天然捕捞区、渔业资源保护区、增殖区、人工养殖区等，在养殖区内合理确定养殖规模、品种和密度。取消人工投饵性鱼类网箱、围网等养殖方式和养殖区以外的其他人工养殖措施，推广生态渔业。推广生态渔业及渔业清洁生产，加大渔业增殖流放力度，增殖放流滤食性、杂食性鱼类，达到以鱼治水、以鱼调水、以鱼养水的目的，减缓湿地的沼泽化进程。推动沿湖养殖池塘的生态改造工程，实现养殖池塘用水的内循环，减少传统养殖方式对水体环境的压力。加强渔业环境资源的监测和渔业监测能力建设，提高湖水环境监管水平。

7.4.5.5 农村面源污染综合整治工程建设

在经济条件相对较好、有一定基础的村庄开展环境综合整治，整合各种专项资金，形成综合效益，全面提高村庄环境质量，创建示范村。在经济欠发达、村庄环境基础较差、典型环境污染问题显著的村庄，有针对性地开展污水、垃圾处理等重点污染源的治理，解决突出环境问题。此外，农业生产过程中大量的施肥、施药，导致农田中氮、磷污染物含量增加，并随着地表径流进入河流，成为导致湖泊富营养化的主要来源途径之一，因此要开展农村面源污染防治工程建设，以解决农业生产过程中大量的施肥、施药，导致农田中氮、磷污染物含量增加的问题，有效减少污染物入湖量。

农村生活污水治理。广大农村地区普遍缺乏生活污水处理系统，根据农村的实际情况，必须在政策和财政支持方面予以倾斜，加大农村生活污水处理力度，在农村推广适用的污水处理技术，采取分散或相对集中、生物或土地处理等多种方式，因地制宜地开展农村生活污水处理，对于新型农村社区，可采用小型生活污水处理设施。在人口相对集中、水环境容量相对较小的地区可采用环境工程设施处理；在人口密度较低、水环境容量相对较大的农村区域，可利用湿地、沟塘等自然系统就地处理，逐步提高农村生活污水处理率。结合农村旧村改造，村容村貌建设，开展农村生活污水处理技术示范工程建设。

农村生活垃圾处理处置。在农村生活垃圾收集方面，应积极发动农村无职党员和农村低保户，组成农村环境保洁队伍和监管队伍，实行统一管理、分工负责。推行“户集、村收、镇运、县处理”的垃圾处理模式。另外，以村为单位，根据住户分布、地形等选择适当的位置建立分类垃圾收集点，实行垃圾集中存放。

畜禽养殖污染控制。全面治理畜禽养殖污染，严格控制畜禽养殖规模，鼓励养殖方式由散养向规模化养殖转化。从事规模化养殖的，应当建设配套的养殖废水污染防治设施，并保证污染防治设施正常运行。在畜禽粪便处理处置方面，鼓励发展超大型畜禽养殖场，实现动物粪尿、沼渣、圈舍废弃物制肥的规模化，提高沼气、沼液的综合利用水平。积极推广畜禽养殖污染治理和综合利用技术，如沼气热电联产有机肥、生物发酵床养猪等技术和工程，力争做到污染物零排放和最大限度地转化为农肥和能源。

农田面源污染治理。加强政策引导，给予必要的技术支持，实施农村“两减三保”行动，推广测土配方施肥等科学技术，推广使用有机肥和高效、低毒、低残留、易降解的农药，推行精确施肥、配方施肥等科学施肥技术，鼓励使用生物农药和采用病虫害综合防治技术。在湖堤以内禁止使用农药、化肥等农业投入品，在重点区内限制使用农药、化肥等农业投入品，在一般区内应当逐步减少农药、化肥等农业投入品使用量。对畜禽粪便、农作物秸秆、农用地膜等农业生产残留物，应当进行无害化处理和资源化利用。县（市、区）人民政府应当制定具体的政策和措施，建设一定规模的无公害农产品、绿色食品、有机食品生产基地和生态农业示范区。

7.4.6 生态环境监管能力建设方案

7.4.6.1 生态环境安全防控体系

以重金属、危险废物等风险源管理为重点，建立完善全防全控的环境监管和安全防控体系，有效保障流域环境安全。开展重点风险源和环境敏感点调查。摸清环境风险的高发区和敏感行业。调查排放重金属、危险废物、持久性有机污染物和生产使用危险化学品的企业，建立环境风险源分类档案和信息数据库，实行分类管理、动态更新。开展重点河流、湖库底泥重金属污染状况调查，通过布点监测，全面、系统、准确地掌握底泥重金属污染状况，制定实施治理和修复方案。

建立新建项目环境风险评估制度。所有新、扩、改建设项目全部进行环境风险评价，提出并落实预警监测措施、应急处置措施和应急预案。

在规划环评和建设项目环评审批中明确防范环境风险的要求，研究制定企业环境风险防范、应急设施建设标准和规范，确保环境风险防范设施建设与主体工程建设同时设计、同时施工、同时运行。

落实环境隐患定期排查制度，各级环保部门对辖区内所有已建项目，每年进行一次环境风险源排查，及时更新环境风险源动态管理档案。对重点风险源、重要和敏感区域定期专项检查，对于高风险企业要挂牌督办，限期整改或搬迁，不具备整改条件的，坚决关停。完善各级环境监控中心、环境应急中心建设，强化流域环境监测预警能力和应急监测能力，在流域内环保机构配备环境安全预警和应急监测仪器。科学设置监测预警点位，落实分级定期监测、剧毒物质超标报告和突发环境事件报告制度。加强对流域内涉重金属企业和环境安全管理基础薄弱工业园区的监管。开展警示宣传教育，提高环境风险源单位和社会公众的环境安全意识。

7.4.6.2 生态环境监管机制

（1）加强组织领导

各市、县人民政府是南四湖生态环境保护工作的责任主体，各级政府要把南四湖生态环境保护工作摆上重要位置，切实加强组织领导，巩固和完善“党委领导、人大政协监督、政府负责、部门齐抓共管、全社会共同努力”的流域生态环境综合治理工作大格局。各级政府要把实施规划方案列入重要议事日程，组织编制实施相关规划方案，明确目标、落实责任。逐步完善落实领导责任制、定期通报制、联合执法制、挂牌督办制、责任追究制等长效机制。省政府有关部门要加强对南四湖生态环境保护工作各项政策、措施贯彻情况的监督检查，确保省委、省政府的决策落到实处。

（2）健全法规政策体系

加强法制建设，健全地方性污染物排放标准。继续完善和实施分阶段逐步加严的地方排放标准，使排放标准和环境质量标准有机衔接。探索制定清洁生产地方标准，逐步建立健全覆盖生产、流通、消费全过程的标准体系，引导绿色生产、绿色流通和绿色消费。以公共财政为先导，以市场机制为基础，拓宽融资渠道。流域内各级政府应当根据财政状况安排建立南四湖生态环境保护专项补助资金。按照“谁投资、谁受益”的原则，积极鼓励市场化投资主体参与污水处理等治污基础设施的投资、建设和运营。落实污水处理厂运营单位负责制，运营单位必须获得相应的污水处理设施运营资质。发挥价格杠杆作用，进一步理顺资源价格体系，出台再生水价格，提高污水处理费标准，用于污泥处理。加强污水处理费征收管理，收费不到位的市、县政府必须安排专项财政补贴资金确保污水处理和污泥处置设施正常运行。完善生态补偿政策，继续实施“以奖代补”“以奖促治”政策。建立城市（含县城）饮用水水源保护区生态补偿机制，完善跨界河流水质水量目标考核与补偿办法，实行水环境质量改善生态补偿。

（3）加大科技支撑

整合资源优势，建立以企业为主体、市场为向导，政府、企业、高校、科研院所、金融部门等共同参与的环保科技创新联盟。加强行业和部门统筹，发挥各自优势，集中力量突破制约南四湖流域经济社会可持续发展的重大环境瓶颈。针对制约化工、造纸等重点行业可持续发展的环境瓶颈，开展废水深度治理、资源化利用等方面的科研攻关，制定政策法规、标准和技术等破解环境瓶颈的综合方案，针对流域内城市化进程、新农村建设过程中面临的环境瓶颈，开展供水安全防范、农村生产生活废物处置及资源化利用等方面的科研攻关与工程示范。结合国家水污染防治重大专项的实施，开展再生水利用的生物安全和化学安全、湿地植物综合利用、农村固体废物综合利用等前瞻性、基础性和关键性技术研究，加大先进实用治污技术推广力度。

（4）强化生态环境监管

以落实地方环境标准为抓手，确保涉水单位稳定达标排放。对不能稳定达到《山东省南水北调沿线水污染物综合排放标准》及修改单要求的排污单位实施限期治理；限期治理仍不能达标，实施限产治理；限产治理仍不能达标，将实施关停或者转产，确保所有排水企业稳定达标排放。对超过污染物总量控制指标的地区，暂停审批新增污染物排放量的建设项目。以环保执法为抓手，严厉打击环境违法犯罪行为。把南四湖流域主要河流断面、重点企业、城市污水处理厂和群众来信来访反映的环境问题作为环境监管的重点，严格落实关于加强环境监管的“四个办法”，加强日常环境监管。严格执行“超标即应急”制度，对启动“超标即应急”机制的河流断面责任地区和处在达标边缘的河流断面责任地区实行涉水建设项目从严审批。所有闸坝等水利设施一律纳入环境突发事故工程防范体系，实行“一岗双责、并行管理”。强化部门协作，打好执法“组合拳”，采取专项检查、挂牌督办、定期通报、限批、约谈等综合措施，整治重点区域、行业的突出环境问题，推动南四湖生态环境保护工作取得更大的成效。

（5）建立健全环境文化体系

各级党委、政府要广泛听取公众关于南四湖生态环境保护工作的意见和建议，推行阳光政务和企业环境报告书制度，保障社会公众的环境知情权、议事权和监督权。完善环境信息公开和新闻发布会制度，定期公布重点断面的水质变化情况，及时宣传先进，曝光破坏环境的违法行为。充分发挥基层党组织、工会、共青团、妇联和其他团体的作用，带动各行各业关注、支持和参与流域生态环境保护工作。完善环保舆情监测体系，实施全方位动态监控，做到正确甄别筛选，科学分析研判，确保及时处理反映属实的突出问题，并积极做好正确的舆论方向引导，积极化解舆论危机。完善 12369 热线、网站举报平台，拓宽公众参与环境保护的渠道，调动全社会的积极性推动治污任务的实施，为实现南四湖生态环境改善目标而共同努力。

7.4.6.3 南四湖生态环境保护科技支撑体系

注重发挥科技支撑作用，将当前制约南四湖生态环境持续改善的共性、关键瓶颈问题进行梳理，开辟湖泊生态安全调查与评估、南四湖人工湿地工程的技术应用与评估体系、南水北调工程通水对南四湖流域水生态健康影响评估、南四湖“治、用、保”流域治污与生态修复模式综合评估、南四湖草型湖泊沼泽化过程与控制研究、试点湖泊生态安全调查与评估（终期）、南四湖底泥内源污染治理关键技术研究等软课题，打造科技支撑平台，依托大专院校、科研院所开展科技攻关，进行湖泊生态系统保护与修复关键技术研发，努力在推动湖泊可持续利用、延缓湖泊沼泽化进程等重点领域和关键环节取得突破，为更好地指导南四湖生态环境保护工作奠定基础。同时，有利于提升湖泊生态环境保护工作水平，培养锻炼强有力的湖泊生态环境保护的专家队伍，建立人才储备。

7.5 工程项目及投资估算

南四湖生态环境保护试点工程项目涉及污染源治理及产业结构调整、生态保护及水源地保护工程、生态监管能力建设和生态安全评估等四大类 215 个项目，总投资 58.82 亿元。其中污染源治理及产业结构调整项目 64 个，投资 18.41 亿元；生态保护及水源地保护工程 122 个，投资 37.36 亿元；生态监管能力建设项目 26 个，投资 2.67 亿元；生态安全评估项目 1 个，投资 0.08 亿元。试点方案中涉及的城镇污水处理及配套设施项目、农业面源污染防治项目和航运船舶污染治理项目参照省住房城乡建设厅、农业厅、交通运输厅相关规划执行。

7.6 目标可达性及效益分析

7.6.1 目标可达性分析

按照实施方案总体目标，到 2015 年南四湖流域实现 COD、氨氮、总氮、总磷等污染负荷削减量分别为 2.09 万 t、0.31 万 t、0.3 万 t 和 0.03 万 t。

本方案实施后，可以新增 COD 减排能力 3.9 万 t、氨氮减排能力 0.52 万 t、总氮减排能力 0.4 万 t、总磷减排能力 0.04 万 t，可以确保实施方案达标实现。

7.6.2 效益分析

7.6.2.1 环境效益

方案实施后，污染物质的大量去除能够为南四湖的生态修复创建良好的生境，人工湿地建成后，将起到涵蓄水源、调节水量的作用，还可以补充地下水资源。经过湿地处理达到了地表水III类标准的水，可以作为灌溉用水、工业或城市生活用水的水源，由此可以逐步缓解当地用水紧缺的状况，有利于促进该区域环境的良性发展。

7.6.2.2 社会与经济效益

南四湖流域湿地修复与建设工程中，大面积种植的芦竹、芦苇、莲、菱角、芡等水生植物具有较高的经济价值，通过供给植物种苗、科学指导种植管理、开拓销售市场等措施，当地农民由种植小麦、大豆、玉米等作物改种芦竹、芦苇等湿地植物后，每亩的年收入将由低于 1 000 元增加到 1 000～1 500 元，当地农民生活水平将逐渐改善。

作为在中国北方第一个大面积、大范围的湖泊湿地工程，南四湖、人工湿地修复与建设工程具有很高的科研和教育价值，不但可以提高当地居民和游客的环境保护意识，而且可以为中国北方湖泊的湿地修复提供有益的经验和借鉴。

此外，随着人工湿地修复与建设工程的建设和运行，南四湖水质将逐渐得到改善，流域大面积的湿地景观逐渐形成，随之而来的旅游业将会快速发展。旅游业将推动当地农民增收，对于南四湖流域优化产业结构、维护社会稳定具有重要的意义。

7.6.2.3 生态与景观效益

方案实施后，将改变原区域植物结构单一，生物多样性低，生态系统服务功能价值较低的现状，湿地生态系统与野生动植物资源得到有效的保护与恢复，湿地生态系统功能不断提升，物种丰富度明显提高。通过对已建成的人工湿地的调查，区域植物种类较工程建设前增加了 72%，良好的湿地生境，使湿地成为众多鸟类的栖息和繁殖地。试点区内鸟类的数量和种类明显增多，经常可以见到成群水鸟聚集、觅食的景象。

图 7-29 已建成的新薛河人工湿地的野生鸟类

南四湖人工湿地修复与建设工程的建成，将给湖泊的景观带来了巨大的改善。苇影婆娑的芦苇荡，青翠嫩绿的菱，错落有致的香蒲，莲叶接天，荷花映日，游鱼戏水，岸柳成行，南四湖将呈现出令人赏心悦目的景色，为南四湖周边的生态旅游增添新的景观。

7.7 试点方案组织实施保障机制

7.7.1 落实目标责任制

按照“明确责任、层层落实、责任到人”的要求，建立目标责任制，将南四湖生态环境保护试点年度实施方案及项目逐项分解落实到各市、县和有关部门，各项治理工程分别签订目标责任书，逐一明确责任单位、具体责任人和完成时限，形成“一级抓一级、层层抓落实”的工作格局，保障各项工程有序推进、按时完成。

7.7.2 建立项目监督机制

省环保厅、财政厅联合成立南四湖生态环境保护试点监督检查小组，由监督检查小组对各项工程措施的实施情况进行监督检查，督促各市加强项目和资金管理，严格执行基本项目建设程序，实施项目“四制”管理，定期完善项目档案资料，密切跟进项目进展和资金使用情况，发现问题及时整改。

7.7.3 实行项目推进上报制度

省财政厅、环保厅联合印发了《关于建立湖泊生态环境保护试点项目季报制度的通知》（鲁财建〔2012〕99 号），要求各市每季度将各试点项目投资规模、资金筹集、项目进展、预算执行和运行效果等情况报送省财政厅和省环保厅，财政厅和省环保厅根据各市试点项目进展和资金使用情况，组织开展定期和不定期监督检查，确保项目有序推进，确保资金安全。

7.7.4 建立考核奖惩机制

财政部、环境保护部将联合出台《湖泊生态环境保护试点绩效评估办法》，分总体评价、年度评价和不定期评价三种形式，对试点省湖泊生态环境保护试点工作进行考核。省环保厅、财政厅将按照国家要求，联合建立南四湖生态环境保护试点工作绩效考核机制，组织开展试点考核工作，年度评价考核结果作为下年度资金安排的重要依据，总体评价考核结果作为进一步安排奖励资金、停止安排后续资金或收回已安排资金等政策措施的依据。

附表1 试点范围

设区市	县（市、区）
5个市35个县（市、区）	
枣庄市	市中区、山亭区、峄城区、薛城区、台儿庄区、滕州市
济宁市	任城区、市中区、邹城市、曲阜市、兖州市、微山县、鱼台县、金乡县、泗水县、梁山县、嘉祥县、汶上县
泰安市	岱岳区、泰山区、肥城市、新泰市、东平县、宁阳县
莱芜市	莱城区、钢城区
菏泽市	牡丹区、鄄城县、定陶县、东明县、巨野县、郓城县、曹县、单县、成武县

第 8 章

山东省 2013—2020 年大气污染防治规划

8.1 现状与问题

8.1.1 环境空气质量现状

2010 年，全省城市环境空气中可吸入颗粒物（PM_{10}）、二氧化硫（SO_2）、二氧化氮（NO_2）平均质量浓度分别为 152 μg/m^3、86 μg/m^3 和 47 μg/m^3；2011 年，分别为 135 μg/m^3、74 μg/m^3 和 46 μg/m^3；2012 年，分别为 129 μg/m^3、66 μg/m^3 和 41 μg/m^3，环境空气中主要污染物年均浓度连续 2 年得到改善。但环境空气质量距生态山东建设和人民群众要求依然有较大差距，2012 年，可吸入颗粒物、二氧化硫、二氧化氮、细颗粒物（$PM_{2.5}$）（折算）等主要污染物年均浓度分别超过《环境空气质量标准》（GB 3095—2012）二级标准 0.84 倍、0.1 倍、0.03 倍和 1.4 倍。2012 年 10 月—2013 年 3 月全省细颗粒物平均浓度为 0.115 mg/m^3，17 个城市中只有威海市符合《环境空气质量标准》（GB 3095—2012）二级标准要求。可吸入颗粒物和细颗粒物已经成为影响我省环境空气质量的首要污染物。

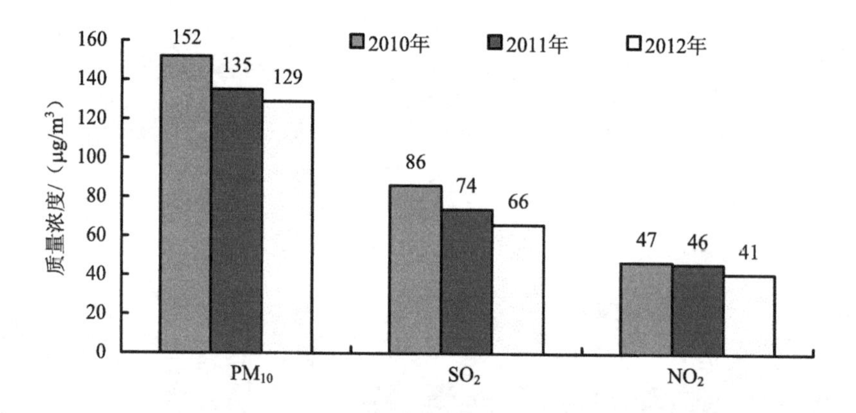

图 8-1 2010—2012 年我省主要大气污染物质量浓度变化趋势

8.1.2 主要大气污染物排放现状

2010 年，全省二氧化硫、氮氧化物、工业烟（粉）尘排放量分别为 188.11 万 t、173.99 万 t、70.57 万 t；2011 年分别为 182.74 万 t、179.02 万 t、61.27 万 t；2012 年分别为 174.9 万 t、173.9 万 t、56.6 万 t。二氧化硫、工业烟（粉）尘排放量连续 2 年减少，氮氧化物排放量与 2010 年相比基本持平。

8.1.3 存在的主要问题

8.1.3.1 能源和工业结构偏重

2011年，全省煤炭消费量高达3.8亿t，约占全国的1/10，世界的1/20，每平方千米煤炭消费量达2 433 t，远高于广东（903 t）、浙江（1 367 t）、江苏（2 288 t）和全国平均水平（397 t）；万元工业增加值煤炭消耗强度为1.96 t，远高于广东（0.75 t）、浙江（1.34 t）、江苏（1.09 t）。主要污染物排放量大，排放强度高。2012年，二氧化硫与氮氧化物排放量分别为174.9万t和173.9万t，均居全国第一。万元工业增加值二氧化硫排放量为8.7 kg，明显高于江苏（4.79 kg）、广东（3.52 kg）、浙江（6.09 kg）等省份。同时，按照环保部确定的基数，我省十大重点行业挥发性有机物排放量为79.6万t，也居全国之首。结构性污染突出，火电、钢铁、建材、化工和石油炼化五大行业创造的工业增加值不足30%，污染物排放量却占90%左右。

8.1.3.2 城市环境管理粗放

长期以来，大规模的旧城拆迁改造、建筑施工、交通运输、环卫保洁、秸秆焚烧、露天烧烤、餐饮油烟等生产和管理环节，未严格按国家和省有关扬尘控制规范和管理要求采取扬尘防控措施，城市扬尘和油烟等造成的颗粒物无组织排放严重。多部门联防联动机制尚未形成，城市扬尘、餐饮油烟、秸秆焚烧等问题得不到有效解决。

8.1.3.3 机动车污染日益凸显

一是我省机动车保有量大且增速快。2012年，全省机动车保有量2 323万辆（其中汽车约1 000万辆），居全国第一位，机动车排放的氮氧化物居全国第二位。尾气中的碳氢化合物、炭黑等多种污染物最终转化为细颗粒物和臭氧，是复合型空气污染的重要来源。二是油品质量落后。北京、上海、江苏等省市已执行国Ⅳ及以上汽（柴）油标准，而我省汽油目前执行国Ⅲ标准。不同油品含硫量差距明显，国Ⅴ汽油含硫量为10 mg/kg，是国Ⅲ汽油的1/15，是国Ⅳ汽油的1/5；国Ⅳ柴油含硫量为50 mg/kg，是国Ⅲ柴油的1/7，是国Ⅱ柴油的1/10。三是黄标车污染严重。2012年，全省黄标车80多万辆，仅占汽车保有量的7%，但氮氧化物排放量却占机动车排放量的70%多；在黄标车中，大中重型车辆（客货运车辆）氮氧化物排放量占70%。提升车用油品质量和淘汰高污染黄标车是机动车污染防治的重点。

8.1.3.4 生活消费方式的影响逐步显现

我省人口众多，资源能源消费强度大，随着城镇化进程的加快和城市人口的增加，生活消费品数量逐年增加，建筑房屋装修、家具生产及喷涂等生活消费领域产生的挥发性有机物逐年增加，细颗粒物污染加剧。

8.1.3.5 自然环境对空气污染的净化能力较差

全省森林资源总量不足，人均林地面积 0.41 亩，仅相当于全国平均水平的 1/5，人均林木蓄积量 0.93 m^3，不到全国的 1/10，森林资源的不足限制了森林生态功能的发挥。全省大部分城市常年干燥少雨，裸土面积大，受风沙威胁的土地面积比例较高，植被吸附能力差，冬、春、秋季扬沙是导致颗粒物年均浓度居高不下的重要原因。此外，我省是农业大省，农田裸土面积大，耕种翻土等产生的颗粒物通过长距离输送对区域空气质量产生不利影响。同时，逆温等不利气象条件时有发生，大气扩散能力差，污染物积聚，造成严重雾霾天气。

8.2 指导思想、原则和目标

8.2.1 指导思想

深入贯彻落实党的十八大精神，按照建设生态山东的总要求，坚持以人为本，生态优先，统筹兼顾，以治理大气污染倒逼能源与产业结构调整，以改善大气环境优化经济社会发展环境，综合运用规制、市场、科技、行政、文化五种力量，扎实做好“调结构、促管理、搞绿化”三篇文章，着力构建全社会共同参与的大气污染防治大格局，努力实现 2020 年环境空气质量比 2010 年改善 50%左右，“蓝天白云，繁星闪烁”天数明显增加的奋斗目标。

8.2.2 基本原则

（1）以人为本。把改善环境质量、保障公众健康安全放在更加突出的位置，予以优先保障。

（2）生态优先。遵循尊重自然、顺应自然、保护自然的生态文明理念，以环境承载力为基础，促进经济社会与资源环境的协调发展。

（3）统筹兼顾。强化大气污染控制倒逼“转方式、调结构”，以改善大气环境质量优化经济增长环境，以科学发展提升环境保护水平。

（4）总体布局，分期规划。以群众能够享受到最基本的环境空气质量为总目标，按照“调结构、促管理、搞绿化”的工作思路，用 8 年左右时间、分三期实施，努力实现环境空气质量基本达标。

（5）动态调整，注重衔接。注重与国家及我省相关规划的衔接，本着务实科学的原则，对每期规划落实及项目执行情况进行考核评估，并依据评估结果和经济社会形势变化，对规划进行动态调整。

8.2.3 规划目标

第一期目标（2013—2015 年）：大气污染治理初见成效，全省环境空气质量相比 2010 年改善 20%以上。

完成“十二五”期间国家下达的总量减排任务，到 2015 年，全省二氧化硫、氮氧化物排放量比 2010 年分别减少 14.9%和 16.1%，控制在 160.1 万 t 和 146.0 万 t 以内；工业烟（粉）尘、挥发性有机物排放量比 2010 年分别减少 30%、18%，控制在 49.4 万 t 和 67.3 万 t 以内。

第二期目标（2016—2017 年）：全省环境空气质量持续改善，比 2010 年改善 35%左右。

第三期目标（2018—2020 年）：全省环境空气质量基本达标，比 2010 年改善 50%左右。

8.3 主要任务

8.3.1 积极调整能源结构

实施煤炭总量控制，力争到 2015 年年底实现煤炭消费总量“不增反降”的历史性转折；到 2017 年年底，煤炭消费总量力争比 2012 年减少 2 000 万 t；到 2020 年，煤炭消费总量继续下降，煤炭在一次能源中所占比重力争降到 60%左右。

8.3.1.1 积极推进“外电入鲁”

按照《山东省人民政府　山西省人民政府关于深化战略合作的指导意见》，加快推进“晋电送鲁”的各项工作。到 2015 年年底，力争实现“外电入鲁”1 600 万 kW；到 2017 年年底，“外电入鲁”力争增加到 2 500 万 kW；到 2020 年，“外电入鲁”力争增加到 3 200 万 kW 以上，外输电占比达到 30%左右。

8.3.1.2 大力发展清洁能源

加大天然气利用力度，优先用于保障民生的居民用气和冬季供暖，鼓励有条件的地区建设 LNG 发电厂替代燃煤机组以及生产锅炉、窑炉，鼓励燃煤设施实施煤改气，在经济发达和污染严重的地区先行启动，济南市要率先推进。积极协调中央石油企业加大对我省天然气的供应，到 2015 年年底，天然气消费量达到 170 亿 m^3；到 2017 年年底，力争达到 270 亿 m^3；到 2020 年，力争达到 370 亿 m^3 以上。加快陆上风电建设，到 2015 年年底，陆上风电装机容量达到 750 万 kW；到 2017 年年底，达到 850 万 kW；到 2020 年达到 1 000 万 kW。积极稳妥地发展海上风电，到 2015 年年底，海上风电装机容量达到 50 万 kW；到 2020 年，达到 300 万 kW。合理布局和规范建设生物质发电，到2015年年底，全省生物质发电装机容量达到110万kW；到2020年，达到160万kW。鼓励太阳能光伏发电，到2015年年底，全省光伏发电装机容量达到50万kW；到2020年，达到100万kW。积极建设抽水蓄能电站，到2015年，全省抽水蓄能发电装机容量达到100万kW；到2020年，争取达到400万kW。

全面推进煤炭清洁利用。全省煤炭主要用于燃烧效率高且污染集中治理措施到位的燃煤电厂，鼓励工业窑炉和锅炉使用清洁能源。到2015年年底，没有配套高效脱硫、除尘设施的燃煤锅炉和工业窑炉，禁止燃用含硫量超过0.6%、灰分超过15%的煤炭；居民生活燃煤和其他小型燃煤设施优先使用低硫分、低灰分并添加固硫剂的型煤。限制高硫分、高灰分煤炭的开采与使用，提高煤炭洗选比例，推进配煤中心建设，新建煤矿必须同步建设煤炭洗选设施。到2015年年底，全省新建和扩建选煤厂29座，全省煤矿原煤入选量达到9 750万t，入选率达到65%；到2020年，全省煤矿原煤入选量达到1.05亿t，入选率达到70%。

8.3.1.3 安全发展核电

加快海阳核电一期工程建设，确保到2015年年底前建成并投运1台125万kW AP1000核电机组。2020年前，建成投产海阳核电一期工程第二台机组和荣成石岛湾20万kW高温气冷堆核电示范工程；争取开工建设海阳核电二期工程和荣成石岛湾2台CAP1400大型先进压水堆重大专项示范项目；加快推进华能荣成石岛湾2台AP1000核电机组工程前期工作；开展第三个核电站选址工作。到2020年，全省核电装机容量达到270万kW。

8.3.1.4 积极开展节能和资源循环利用

理顺有利于节能和工业、农业、城市废弃物循环利用的制度体系，深化体制机制改革，将节能环保潜在市场转化为现实市场。大力发展绿色建筑，政府投资或以政府投资为主的机关办公建筑、公益性建筑、保障性住房及大型公共建筑要率先执行绿色建筑标准。加快推进建筑节能，新建建筑严格执行强制性节能标准。加快推进既有建筑节能改造，到2015年年底，对4 700万m^2的既有居住建筑进行节能改造，完成630万m^2高耗能的既有公共建筑节能改造。新建建筑和节能改造的既有建筑全面实行供热计量收费。积极发展“热—电—冷”三联供，推广使用太阳能光热、光电建筑一体化、地源热泵等技术。积极发展绿色建材，扎实开展“禁实”“限粘”工作。

大力发展循环经济。积极扶持新兴环保产业发展，对现有各类产业园区、重点企业进行循环化改造，提高资源产出率。到2015年年底，完成50个省级工业园区、15个国家级工业园区的循环化改造，所有国家及省级经济技术开发区和高新科技园区开展生态工业园区建设。到2020年，全省形成较为完善的循环经济运行机制和框架，建立循环经济政策法规、科技支撑、技术标准体系以及激励和约束机制，产业生态化水平显著提升，资源能源利用方式不断优化。

加强重点企业强制性清洁生产审核力度，到2015年，钢铁、水泥、化工、石化、有色金属冶炼等行业的大气污染物排污强度下降18%以上；到2017年，钢铁、水泥、化工、石化、有色金属冶炼等行业的大气污染物排污强度下降30%以上。

8.3.2 大力调整产业结构

8.3.2.1 实施区域性大气污染物排放标准

实施《山东省区域性大气污染物综合排放标准》（DB 37/2376—2013），以公众享受到最基本的大气环境质量为目标，用8年时间，分4个阶段逐步加严，最终取消高污染行业排放特权，实现排放标准与环境质量挂钩。发挥标准的引导和倒逼作用，引导企业主动调整原料结构和产品结构，加强技术创新，淘汰落后的生产工艺和设备。

按照《山东省区域性大气污染物综合排放标准》（DB 37/2376—2013）要求，重点考虑生态环境敏感程度、人口密度和环境承载能力三个方面因素，将全省划分为核心控制区、重点控制区和一般控制区三类区域。核心控制区内禁止新建污染大气环境的生产项目，已建项目应逐步搬迁；建设其他设施，其污染物排放应满足标准中核心控制区排放限值要求；重点控制区新建大气污染物排放项目必须满足重点控制区排放限值要求。通过标准实施，促使企业开展污染治理，达到相应阶段标准要求，引导城市建成区内及主要人口密集区周边石化、钢铁、火电、水泥、危险废物经营处置等重污染企业搬迁，进一步优化产业空间布局。

8.3.2.2 强力推进国家和省确定的各项产业结构调整措施

坚决淘汰国家和省确定的落后生产工艺装备和产品。逐步淘汰大电网覆盖范围内单机容量10万kW以下的常规燃煤火电机组和设计寿命期满的单机容量20万kW以下的常规燃煤火电机组；淘汰单机容量5万kW及以下的常规小火电机组和以发电为主的燃油锅炉及发电机组（5万kW及以下），到2015年年底，淘汰小火电装机容量140万kW；到2017年年底，淘汰小火电装机容量500万kW。加快落实《山东省人民政府关于贯彻落实山东省钢铁产业结构调整试点方案的实施意见》（鲁政发〔2012〕8号）、《山东省人民政府关于印发山东省钢铁产业淘汰压缩落后产能实施方案的通知》（鲁政发〔2012〕37号）要求，到2015年年底，淘汰炼铁产能2 111万t、炼钢产能2 257万t，淘汰90 m^2以下烧结机44台，面积1 978 m^2；到2017年年底，结合青钢搬迁和日照钢铁精品基地建设，淘汰青钢360万t和莱钢350万t炼铁产能。淘汰土法炼焦（每炉产能7.5万t/a以下）、炭化室高度小于4.3 m的焦炉（3.8 m及以上捣固焦炉除外）。2013年，淘汰210万t焦炭产能。

严格控制落后产能。对钢铁、电解铝、水泥、平板玻璃、焦炭等产能过剩“两高”行业，制定实施产能总量控制发展规划，新、改、扩建项目实行减量置换落后产能，遏制产能过剩行业无序扩张。到2015年年底，钢铁产能控制在5 000万t以内。加强“两高”行业整顿。对照逐步加严的标准，严厉整顿钢铁、电解铝、焦炭等重点行业，制定限期整改方案。对经过整改，仍不符合土地利用、能耗消耗、大气污染物排放标准和特别排放限值等相关规定的企业，予以关停。加大环保、能耗、安全执法处罚力度，建立以节能环保标准促进“两高”行业过剩产能的退出机制。

全面淘汰燃煤小锅炉。加快热力和燃气管网建设，通过集中供热和清洁能源替代，加快淘汰供暖和工业燃煤小锅炉。到2015年年底前，城市建成区、热力管网覆盖范围内，除保留必要的应急、调峰供热锅炉外，淘汰全部10 t/h及以下燃煤蒸汽锅炉、茶浴炉。将工业企业纳入集中供热范围，2017年年底前，现有各类工业园区与工业集中区应实施热电联产或集中供热改造，全面取消分散的自备燃煤锅炉；不在大型热源管网覆盖范围内的，每个工业园区只保留一个燃煤热源。在供热供气管网覆盖不到的其他地区，改用型煤或洁净煤。

8.3.2.3 严格环境准入

严格实施环境容量控制制度。空气质量达不到国家二级标准且长期得不到改善的区域，从严审批新增大气污染物排放的建设项目。把污染物排放总量作为环评审批的前置条件，以总量和环境容量定项目，新建排放二氧化硫、氮氧化物、工业烟粉尘、挥发性有机物的项目，实行区域污染物排放倍量替代，确保增产减污。对环境空气质量超标20%以下的区域，对应的超标因子实行1倍替代；对环境空气质量超标20%～50%以内的区域，对应的超标因子实行2倍替代；对环境空气质量超标50%以上的区域，对应的超标因子实行3倍替代。济南、青岛、淄博、潍坊、日照5市市域范围内禁止新、改、扩建除“上大压小”和热电联产以外的燃煤电厂，严格限制钢铁、水泥、石化、化工、有色等行业中的高污染项目；除莱芜市外，城市建成区、地级及以上城市市辖区禁止新建除热电联产以外的煤电、钢铁、建材、焦化、有色、石化、化工等行业中的高污染项目；莱芜市城市建成区禁止新建除热电联产以外的煤电、钢铁、建材、焦化、有色、石化、化工等行业中的高污染项目，城市建成区以外的市辖区范围内禁止新、扩建除“上大压小”和热电联产以外的燃煤电厂，严格控制钢铁、建材、焦化、有色、石化、化工等行业中的高污染项目。城市建成区、工业园区禁止新建20 t/h以下的燃煤、重油、渣油蒸汽锅炉及直接燃用生物质锅炉，其他地区禁止新建10 t/h以下的燃煤、重油、渣油蒸汽锅炉及直接燃用生物质锅炉。青岛、东营、威海、德州、聊城、滨州、菏泽等没有资源的地区不再新建水泥熟料生产线（资源综合利用项目除外）；济南、淄博、烟台、潍坊、日照和莱芜原则上不再新增水泥熟料生产线布点。进一步提高环境准入门槛，一般控制区内新建项目必须满足《山东省区域性大气污染物综合排放标准》（DB 37/2376—2013）对应时段排放标准要求，如当地环境空气质量仍不能满足要求，地方政府可以依据居民区所需的环境质量要求倒推污染源最高允许排放浓度限值。严格挥发性有机物排放类项目建设要求。把挥发性有机物污染控制作为建设项目环境影响评价的重要内容，采取严格的污染控制措施。新建石化项目须将原油加工损失率控制在4‰以内，并配备相应的有机废气治理设施。新、改、扩建项目排放挥发性有机物的车间有机废气的收集率应大于 90%。新建加油站、储油库和新配置的油罐车，必须同步配备油气回收装置。

8.3.3 深化重点行业污染治理

8.3.3.1 二氧化硫治理

加强火电、钢铁、石化等行业二氧化硫治理。到 2013 年年底前，全省所有燃煤火电机组全部配套脱硫设施，并确保达到相应阶段大气污染物排放标准要求，不能达标的脱硫设施应进行升级改造；烟气脱硫设施要按照规定取消烟气旁路。加强对脱硫设施的监督管理，确保综合脱硫效率达到设计要求及总量控制指标要求。加强钢铁、石化等非电行业的烟气二氧化硫治理，所有烧结机和球团生产设备配套建设脱硫设施，废气中各类污染物排放浓度应符合相应阶段大气污染物排放标准要求；石油炼制行业催化裂化装置配套建设催化剂再生烟气脱硫和高效除尘设施，硫黄回收装置应建设尾气加氢还原装置，硫黄回收率要达到 99.8%以上，达到相应阶段大气污染物排放标准要求。加快推进现役焦炉废气脱硫设施建设，硫化氢脱除效率达到 95%以上，并达到相应阶段大气污染物排放标准要求。加快有色金属冶炼行业生产工艺设备更新改造，提高冶炼烟气中硫的回收利用率，对二氧化硫含量大于 3.5%的烟气采取制酸或其他方式回收处理，低浓度烟气和排放超标的制酸尾气进行脱硫处理。加强大中型燃煤锅炉烟气治理，规模在 20 t/h 及以上的全部实施脱硫，综合脱硫效率达到 70%以上。积极推进陶瓷、玻璃、砖瓦等建材行业二氧化硫控制。

全面整顿企业自备燃煤电厂和中小型热电联产燃煤企业，到 2017 年年底，合计装机容量达到 30 万 kW 以上的，按等煤量原则，改建为高参数大容量燃煤机组；完成所有企业自备燃煤机组脱硫脱硝除尘改造，实现达标排放，否则一律关停。到 2017 年年底，完成燃煤机组脱硫提标改造 2 450 万 kW。

8.3.3.2 氮氧化物治理

大力推进火电行业氮氧化物控制，加快燃煤机组低氮燃烧技术改造及炉外脱硝设施建设，单机容量 20 万 kW 及以上、投运年限 20 年内的现役燃煤机组全部配套脱硝设施，外排废气污染物达到相应阶段大气污染物排放标准要求。到 2017 年年底，全省燃煤机组全部配套建成脱硝设施。加强水泥行业氮氧化物治理，对新型干法水泥窑实施低氮燃烧技术改造，配套建设炉外脱硝设施，外排废气中污染物排放浓度达到相应阶段大气污染物排放标准要求。积极开展燃煤工业锅炉、烧结机等烟气脱硝示范，鼓励重点控制地区选择烧结机单台面积 180 m^2 以上钢铁企业开展烟气脱硝示范工程建设。稳步开展炼化企业催化裂化装置烟气脱硝改造。

8.3.3.3 工业烟粉尘治理

深化火电行业烟尘治理。燃煤机组必须配套高效除尘设施，对烟尘排放浓度不能稳定达标的燃煤机组进行高效除尘改造，并达到相应阶段大气污染物排放标准要求。到 2017 年年底前，完成除尘提标改造 3 710 万 kW。强化水泥行业粉尘治理。水泥窑及窑磨一体机除尘设施应全部改造为袋式、电袋复合等高效除尘器；水泥企业破碎机、磨机、包装机、烘干机、烘干磨、煤磨机、冷却机、水泥仓及其他通风设备需采用高效除尘器，达到相应阶段大气污染物排放标准要求。到 2017 年年底，完成水泥除尘改造 5 260 万 t。加强水泥厂和粉磨站颗粒物排放综合治理，采取有效措施控制水泥行业颗粒物无组织排放，大力推广散装水泥生产，限制和减少袋装水泥生产，所有原材料、产品必须密闭贮存、输送，车船装、卸料采取有效措施防止起尘。深化钢铁行业颗粒物治理。对烟尘不能稳定达标排放的现役烧结（球团）设备机头进行高效除尘技术改造，达到相应阶段大气污染物排放标准要求。全面推进燃煤锅炉烟尘治理。燃煤锅炉、沸腾炉和煤粉炉烟尘不能稳定达标排放的，应进行高效除尘改造，达到相应阶段大气污染物排放标准要求。积极采用天然气等清洁能源替代燃煤，使用生物质成型燃料应符合相关技术规范并使用专用燃烧设备。与国家签订燃煤锅炉综合整治工程目标责任书的市，必须按照责任书要求完成燃煤锅炉治理任务，2017 年年底前，完成 3 736 台 20 t 以下燃煤蒸汽锅炉治理任务。积极推进工业炉窑颗粒物治理。积极推广工业炉窑使用清洁能源，陶瓷、玻璃等工业炉窑可采用天然气、煤制气等清洁能源。推广应用黏土砖生产内燃技术。加强工业炉窑除尘改造，安装高效除尘设备，确保达到相应阶段大气污染物排放标准要求。

8.3.3.4 挥发性有机物治理

开展挥发性有机物摸底调查，编制重点行业排放清单，建立挥发性有机物重点监管企业名录。在复合型大气污染严重地区，开展大气环境挥发性有机物调查性监测，掌握大气环境中挥发性有机物浓度水平、季节变化、区域分布特征。完善重点行业挥发性有机物排放控制要求和政策体系。严格执行相关行业挥发性有机物排放标准、清洁生产评价指标和环境工程技术规范；加强挥发性有机物面源污染控制，严格执行涂料、油墨、胶黏剂、建筑板材、家具、干洗等含有机溶剂产品的环境标志产品认证标准；落实国家有关含有机溶剂产品销售使用准入制度和有机溶剂使用申报制度。在区域大气污染物排放标准中增加重点行业挥发性有机物的排放限值；在挥发性有机物污染典型企业集中度较高的工业园区，开展挥发性有机物污染综合防治试点工作。全面开展加油站、储油库和油罐车油气回收治理。加大加油站、储油库和油罐车油气回收治理改造力度，安监、消防、城建等部门开辟油气回收改造“绿色通道”，缩短审批流程。济南、青岛、淄博、潍坊、日照5市在2013年年底前完成油气回收治理工作，其他各市在2014年年底前完成油气回收治理工作。有条件的市，建设油气回收在线监控系统平台试点，实现对重点储油库和加油站油气回收远程集中监测、管理和控制。积极推广油气回收社会化、专业化、市场化运营。新建加油站、储油库和油罐车必须同步配套建设油气回收设施。大力削减石化行业挥发性有机物排放。石化企业全面推行 LDAR（泄漏检测与修复）技术，加强石化生产、输送和储存过程挥发性有机物泄漏的监测和监管，对泄漏率超过标准的要进行设备改造；严格控制储存、运输环节的呼吸损耗，原料、中间产品、成品储存设施应全部采用高效密封的浮顶罐，或安装顶空连通置换油气回收装置，将原油加工损失率控制在6‰以内。炼油与石油化工生产工艺单元排放的有机工艺尾气，应回收利用，不能或不能完全回收利用的，应采用锅炉、工艺加热炉、焚烧炉、火炬予以焚烧，或采用吸收、吸附、冷凝等非焚烧方式予以处理；废水收集系统液面与环境空气之间应采取隔离措施，曝气池、气浮池等必须加盖密闭，并收集废气净化处理，严格控制异味气体排放。加强回收装置与有机废气治理设施的监管，确保挥发性有机物稳定达标排放。石化企业有组织废气排放逐步安装在线连续监测系统，厂界安装挥发性有机物环境监测设施。积极推进有机化工等行业挥发性有机物控制。提升有机化工、医药化工、塑料制品企业装备水平。原料、中间产品与成品应密闭储存，对于实际蒸汽压大于2.8 kPa、容积大于100 m^3的有机液体储罐，采用高效密封方式的浮顶罐或安装密闭排气系统进行净化处理。排放挥发性有机物的生产工序要在密闭空间或设备中实施，产生的含挥发性有机物废气需进行净化处理，净化效率应大于 90%。逐步开展排放有毒、恶臭等挥发性有机物的有机化工企业在线连续监测系统的建设，并与环境保护主管部门联网。加强表面涂装工艺挥发性有机物排放控制。积极推进汽车制造与维修、船舶制造、集装箱、电子产品、家用电器、家具制造、装备制造、电线电缆等行业表面涂装工艺挥发性有机物的污染控制。全面提高水性、高固分、粉末、紫外光固化涂料等低挥发性有机物含量涂料的使用比例，汽车制造企业达到 50%以上，家具制造企业达到 30%以上，电子产品、电器产品制造企业达到 50%以上。推广汽车行业先进涂装工艺技术的使用，优化喷漆工艺与设备，小型乘用车单位涂装面积的挥发性有机物排放量控制在40 g/m^2以下。使用溶剂型涂料的表面涂装工序必须密闭作业，配备有机废气收集系统，安装高效回收净化设施，有机废气净化率达到 90%以上。推进溶剂使用工艺挥发性有机物治理。包装印刷业必须使用符合环保要求的油墨，烘干车间需安装活性炭等吸附设备回收有机溶剂，对车间有机废气进行净化处理，净化效率达到 90%以上。在纺织印染、皮革加工、制鞋、人造板生产、日化等行业，开展挥发性有机物收集与净化处理。

8.3.3.5 强化有毒有害气体治理

开展有毒废气污染控制。按照国家发布的有毒空气污染物优先控制名录，推进排放有毒废气企业的环境监管，对重点排放企业实施强制性清洁生产审核。开展重点地区铅、汞、镉、苯并[a]芘、二噁英等有毒空气污染物调查性监测。严格执行有毒空气污染物的相关排放标准与防治技术规范。积极推进大气汞污染控制工作。积极推进汞排放协同控制，实施有色金属行业烟气除汞技术示范工程，编制燃煤、有色金属、水泥、废物焚烧、钢铁、石油天然气工业、汞矿开采等重点行业大气汞排放清单，研究制定控制对策。鼓励开发水泥生产和废物焚烧等行业大气汞排放控制技术。积极开展消耗臭氧层物质淘汰工作。严格执行消耗臭氧层物质生产、使用和进出口的审批、监管制度。按照《蒙特利尔议定书》的要求，完成含氢氯氟烃、医用气雾剂全氯氟烃、甲基溴等约束性指标的淘汰任务，严格控制含氢氯氟烃、甲烷氯化物生产装置能力的过快增长，加强相关行业替代品和替代技术的开发和应用。

8.3.4 加强扬尘综合整治

8.3.4.1 加强城市扬尘管理

严格落实《山东省扬尘污染防治管理办法》中各项有关扬尘污染控制的规定。将扬尘控制作为城市环境综合整治的重要内容，纳入环境保护规划和环境保护目标责任制，建立环保、城乡和住房建设、城管、交通运输、水利、林业、价格等部门参加的联席会议制度。制定扬尘污染治理实施方案，进一步加强对建设工程施工、建筑物拆除、道路保洁、物料运输与堆存、采石取土、养护绿化等活动的扬尘管理。

将扬尘污染防治措施作为环境影响评价的重要内容，严格审批。对可能产生扬尘污染、未取得环境影响评价审批文件的建设项目，审批部门不得批准其建设，建设单位不得开工建设。在工程施工图设计阶段，加强临时用地、取土场和弃土场排水和防护设施设计；在项目开工前，建设单位与施工单位应向住房和城乡建设、环保等部门分别提交扬尘污染防治方案与具体实施方案，并将扬尘污染防治纳入工程监理范围，扬尘污染防治费用纳入工程预算。将施工企业扬尘污染控制情况纳入建筑企业信用管理系统，定期公布，并作为招投标的重要依据。加强施工扬尘环境监管和执法检查，施工工地实施扬尘环境监理，全部安装视频监控设施。环保、住房和城乡建设、城管等部门应建立扬尘污染投诉和举报制度，及时受理对扬尘污染的投诉和举报，并依法作出处理。到2015年年底，城市建成区降尘强度在2010年基础上下降15%以上；2017年年底前，降尘强度下降30%以上。

8.3.4.2 强化施工扬尘管理

加强城市规划区域和靠近村镇居民聚集区的扬尘管理。建设工程施工现场必须全封闭设置围挡墙，严禁敞开式作业；施工现场道路、作业区、生活区必须进行地面硬化；工地内应设置相应的车辆冲洗设施和排水、泥浆沉淀设施，运输车辆应当冲洗干净后出场，并保持出入口通道及道路两侧的整洁；施工中产生的物料堆应采取遮盖、洒水、喷洒覆盖剂或其他防尘措施；施工产生的建筑垃圾、渣土应当及时清运，不能及时清运的，应当在施工场地内设置临时性密闭堆放设施进行存放或采取其他有效防尘措施；工程高处的物料、建筑垃圾、渣土等应当用容器垂直清运，禁止凌空抛掷，施工扫尾阶段清扫出的建筑垃圾、渣土应当装袋扎口清运或用密闭容器清运，外架拆除时应当采取洒水等防尘措施；从事拆房、平整场地、清运建筑垃圾和渣土、道路开挖等施工作业时，应当采取边施工边洒水等防止扬尘污染的作业方式。从事建筑工程、拆房施工时，施工单位应当设置密目网，防止和减少施工中物料、建筑垃圾和渣土等外逸，避免粉尘、废弃物和杂物飘散。在建和新增建筑工地应安装视频监控设施，实现施工工地重点环节和部位的精细化管理。施工完成后及时清理和绿化。

8.3.4.3 控制道路扬尘

积极推行城市道路机械化清扫，提高机械化清扫率。到 2015 年，济南、青岛、淄博、潍坊、日照等城市建成区主要车行道机扫率达到 90%以上，其他城市建成区达到 70%以上。增加城市道路冲洗保洁频次，切实降低道路积尘负荷。减少道路开挖面积，缩短裸露时间，开挖道路应分段封闭施工，及时修复破损道路路面，加强道路两侧绿化，减少裸露地面。加强渣土运输车辆监督管理，实施资质管理与备案制度，所有城市渣土运输车辆实施密闭运输，安装 GPS 定位系统，对重点地区、重点路段的渣土运输车辆实施全面监控。下水道清理要即清即运。

8.3.4.4 推进堆场扬尘管理

强化煤堆、土堆、沙堆、料堆的监督管理。大型煤堆、料堆场应建立密闭料仓与传送装置，露天堆放的应加以覆盖或建设自动喷淋装置。电厂、港口的大型煤堆、料堆应安装视频监控设施，并与城市扬尘视频监控或环保部门在线监控平台联网。不得长期堆放粉状废弃物，确需临时堆存的，应采取覆绿、铺装、硬化、定期喷洒抑尘剂或稳定剂等措施。积极推进粉煤灰、炉渣、矿渣的综合利用，减少堆放量。

8.3.4.5 加强秸秆焚烧监管

禁止农作物秸秆、城市清扫废物、园林废物、建筑废弃物等的违规露天焚烧。全面推行秸秆肥料化、饲料化、能源化、原料化利用等综合利用措施，制定实施秸秆综合利用实施方案，建立秸秆综合利用示范工程，促进秸秆综合利用，到 2015 年，秸秆能源化利用率力争达到 13%左右，全省秸秆综合利用率大于 85%。

8.3.4.6 强化餐饮业油烟治理

严格新建饮食服务经营场所的环保审批，推广使用管道煤气、天然气、电等清洁能源；饮食服务经营场所要安装高效油烟净化设施，城市市区餐饮业油烟净化装置配备率达到100%；强化运行监管，油烟排放满足《饮食业油烟排放标准》要求。加强对无油烟净化设施露天烧烤的环境监管。

8.3.5 加强机动车排气污染防治

8.3.5.1 规范机动车管理

以大中重型客货运输车辆为重点，淘汰高污染机动车。到2015年年底，淘汰黄标车、老旧车116万辆。以营运车辆和公务车辆为重点，实施黄标车限行。2013年年底前，列入国家重点控制区域的济南、青岛、淄博、潍坊、日照五个城市主城区禁行黄标车，全省高速公路禁行黄标车；2014年，省道禁行黄标车；2015年年底前，全省设区市的主城区禁行黄标车。大力推进城市公交车、出租车、客运车、运输车（含低速车）集中治理或更新淘汰，杜绝车辆“冒黑烟”现象。

8.3.5.2 强力推进机动车燃油品质升级

加快车用燃油低硫化步伐。2013年年底前，全面供应国Ⅳ车用汽油（硫含量不大于50 mg/kg），2014年年底前，全面供应国Ⅳ车用柴油，2017年年底前，全面供应国Ⅴ车用汽柴油。加强油品质量的监督检查，严厉打击非法生产、销售不符合国家和地方标准要求车用油品的行为，建立健全炼化企业油品质量控制制度，全面保障油品质量。推进配套尿素加注站建设，2015年年底前，全面建成尿素加注网络，确保柴油车SCR装置正常运转。

8.3.5.3 加强车辆环保管理

严格实行机动车环保标志管理，到2015年年底，汽车环保标志发放率达到85%以上。到2017年年底，所有机动车环保检测应实现与安检同步，并作为通过安检的前置条件。开展环保标志电子化、智能化管理。加强环保检验信息网建设，加强检测数据质量管理，强化检测技术监管，提高环保检测数据的一致性、可靠性、可比性，推进环保检验机构规范化运营。积极推广机动车安装大气污染物后处理装置，提高尾气控制水平。加强机动车维修机构资质管理，规范机动车尾气治理市场，提高尾气污染防治水平。实施在用机动车遥测监管，2017年建设完成100套、覆盖全省的机动车遥测检测系统，进一步提升全省机动车排气监管能力。

8.3.5.4 促进交通可持续发展

大力发展城市公交系统和城际间轨道交通系统，鼓励选择绿色出行方式。大力推广使用天然气汽车和新能源汽车，鼓励燃油车辆加装CNG，增加城市及周边地区的CNG加气站数量，明确部门职责分工，加强部门合作，理顺审批程序。力争到2015年，LNG车辆达到20 000辆；加快配套设施建设，到2015年，全省CNG加气站达到645座、LNG加气站达到285座；90%的出租车、40%的公交车、10%的社会车辆采用天然气，15%的客车、5%的重型货车采用LNG；到2020年，全省CNG加气站超过 1 000 座、LNG 加气站超过 400 座；95%的出租车和公交车、15%的社会车辆采用天然气，40%的客车、13.5%的重型货车采用 LNG。积极推广电动公交车和出租车。开展城市机动车保有量调控政策研究，探索调控特大型或大型城市机动车保有总量。优化市区路网，减少机动车在高污染工况下的运行时间。

8.3.5.5 加快新车排放标准实施进程

鼓励有条件的地区提前实施下一阶段机动车排放标准。2015 年起低速汽车（三轮汽车、低速货车）执行与轻型载货车同等的节能与排放标准。按照环保部机动车环保型式核准和强制认证要求，不断扩大环保监督检查覆盖范围，确保企业批量生产的车辆达到排放标准要求。不得生产、销售未达到国家机动车排放标准的车辆。严格外地转入车辆的环境监管。

8.3.5.6 加快非道路移动源治理

开展非道路移动源排放调查，掌握工程机械、火车机车、船舶、农业机械、工业机械和飞机等非道路移动源的污染状况，建立大气污染控制管理台账。推进非道路移动机械和船舶的排放控制。2013 年，实施国家第III阶段非道路移动机械排放标准和国家第 I 阶段船用发动机排放标准。积极开展施工机械环保治理，推进安装大气污染物后处理装置。加快青岛、东营、烟台、潍坊、日照、滨州等的“绿色港口”建设，加快港口内拖车、装卸设备等“油改气”或“油改电”进程，减少污染物排放。

8.3.6 加强绿色生态屏障建设，恢复受损生态环境

8.3.6.1 建设城市及企业绿色生态屏障

在工业企业和工业园区周边、城市不同功能区之间，科学规划和大力建设绿色生态屏障。实施城市绿荫行动，加强绿荫广场、小区、停车场、林荫路建设，最大程度地增绿扩绿；加快城市旧城区、旧住宅区、城乡接合部等重点部位游园和绿地设施建设，完善绿地功能。在城市园林绿化过程中多种乔木，努力提高绿化、园林和景观建设的生态功能。到 2015 年年底，设区城市建成区绿化覆盖率、绿地率分别达到 42%、38%；到 2020 年，设区城市建成区绿化覆盖率、绿地率分别达到 43%、39%。实施村镇绿化示范工程，以街道绿化、庭院美化、环村林带建设为重点，充分利用闲置宅基地、沟湾渠、废弃地等空闲土地，开展围村林、公共绿地建设，改变广大农村“缺树少绿”的现状，改善农村生态环境和人居环境。

8.3.6.2 加快国土绿化和受损生态环境修复

加快荒山绿化步伐。做好现有山区森林资源的改造升级，每年完成荒山造林 60 万亩以上。强化矿山植被恢复，加强对各类矿区的治理，对具备恢复条件的已停产、关闭矿山及其他因采矿活动造成植被破坏的区域，全部纳入植被恢复范围；对目前

生产的矿山，做到边开采边恢复，努力建设生态矿山。加快水系林网建设。以涵养水源、保持水土，保障水质安全为目标，以南水北调干线、胶东输水干线、黄河和省内重要河流沿线等生态环境敏感区为主体，沿河流、湖泊等水体岸带建设防护林带。强化蓝黄两区“绿屏”建设。突出抓好沿海基干林带、纵深防护林带、黄河三角洲生态林区等重点项目建设。全力推动沿海防护林体系快速健康发展，构筑全省生态绿色屏障。加快道路林网建设，重点沿公路、铁路等地面交通网络，选用能够净化汽车尾气、抑尘的树种，打造绿色通道；加快农田林网建设，针对我省气候特点和农业耕作方式选用适宜树种，防风固沙。鲁中南山地丘陵区及鲁东丘陵区重点加快荒山绿化、水系绿化和防护林建设工程，鲁北滨海平原区和鲁西黄泛平原区重点加快防护林带和防沙治沙工程建设，努力增加林木覆盖率，解决海盐尘、黄河滩土壤风沙尘、耕作尘、土壤风蚀尘等问题。到 2015 年年底，全省林木绿化率达到 25% 以上。加强湿地修复与自然保护区建设，争取到 2015 年年底，新建国际重要湿地 1 处，自然保护区总数达到 90 个。

8.4 重点工程项目

规划项目总投资约 9 000 亿元。其中，一期规划的（2013—2015 年）重点工程项目 18 大类，估算所需投资 3 955 亿元。

8.5 综合保障

8.5.1 建立目标责任考核体系

各级政府成立大气污染防治指挥协调机构，明确部门、地方政府和有关单位的责任，建立目标责任体系和年度考核奖惩机制。省环保厅每月公布 17 个城市环境空气质量排名，省政府每年组织有关部门对规划执行情况进行评估和考核，并将评估、考核结果作为领导干部综合考核评价和企业负责人业绩考核的重要依据。

8.5.2 完善法规标准政策体系

加快制定山东省大气污染防治条例、山东省建筑扬尘污染控制技术规范，发布并实施《山东省区域性大气污染物综合排放标准》（DB 37/2376—2013）及 5 项地方行业标准。制定新建项目与环境敏感区之间“绿色屏障”技术规定。

完善资源环境价格体系。健全差别化电价政策措施，调节能源供求关系，有效利用能源。落实脱硫电价政策、完善脱硝电价政策，对现有发电机组采用新技术、新设备进行除尘设施改造的给予价格政策支持。对港口货物合理征收扬尘排污费，用于港口扬尘污染防治设施建设。

各级财政将监测、监管等能力建设及执法监督经费纳入预算予以保障，并设立大气污染防治专项资金，优先支持列入规划和行动计划的污染治理项目。采取“以奖代补”等方式，对按时完成大气污染治理任务、环境空气质量改善显著的城市给予奖励。建立政府引导、社会参与的投融资渠道，鼓励和引导金融机构加大对大气污染防治项目的信贷支持。

8.5.3 创新科技支撑体系

建立以企业为主体、市场为导向，政府、企业、高校、科研院所、金融部门等共同参与的环保科技与产业创新联盟。加强大气氧化过程、源贡献、区域性污染影响因素，碳排放、捕集、转化与封存等研究，强化大气污染防治的科技支撑。从结构调整、污染治理、循环利用、环境管理等领域入手，解析和突破大气污染防治的环境瓶颈问题，攻克一批符合山东实际的关键共性技术。转化应用一批清洁生产、高效除尘、细颗粒物控制、多污染物协同控制、清洁煤燃烧、海洋碳汇、物联网监控等先进技术。实施一批污染治理、循环利用示范项目。

8.5.4 建立节能环保社会化服务体系

深化体制机制改革，加强环境监管，将大气环保治理的政策要求有效转化为节能环保的市场需求。充分发挥绿色产业国际博览会的作用，加强供需对接公共服务平台建设。大力发展环保服务产业，推广“能源合同管理”“环境合同管理”、BOT（建设—经营—转交）、TOT（转入经营权）、BT（建设—转交）、TO（转让—经营）等节能环保设施社会化投资和运营管理新模式。

8.5.5 强化环境执法监督管理体系

深化环境监测体制机制改革，建立统一的区域空气质量监测体系。在位于城市建成区以外地区或区域输送通道上均匀布设一定数量的区域站。城市监测点位增加细颗粒物、臭氧、一氧化碳、能见度等指标监测能力，开展全指标监测；增加风速、风向、气温、气压、湿度、降水量等气象要素的监测能力。全面加强国控、省控重点污染源二氧化硫、氮氧化物、颗粒物在线监测能力建设，并与环保部门联网。加强省市机动车排污监测能力和队伍建设，建设全省机动车遥测检测监控系统。建立大气污染防治部门联合执法机制，每年开展专项行动，针对大气污染防治重点问题和群众反映强烈的热点问题，加大对违法违规行为的打击力度。建立重污染天气监测预警体系，构建区域性重污染天气应急响应机制，提高应对重污染天气的应急能力。

8.5.6 建立弘扬生态文化和公众参与体系

大力宣传生态文明理念，提高全民生态文明意识，倡导全社会形成文明、节约、绿色环保的生产、消费和生活方式。实行政府环境信息公开制度，督促企业主动公开环境信息。建立环保和金融、证券等信息共享机制，将企业环境信息作为银行授信和上市融资的重要依据。充分发挥基层党组织，工会、共青团、妇联、学校和其他社会团体作用，带动各行各业关注、支持和参与大气污染防治工作。建立政务微博等新媒体沟通渠道，健全环境信访舆情执法联动工作机制，努力提高大气污染防治的群众工作水平，着力构建党委政府主导、全社会共同参与、良性互动的大气污染防治大格局。

山东省2013—2020年大气污染防治规划一期（2013—2015年）行动计划

前　言

为解决日益突出的大气污染问题，改善环境空气质量，保障公众环境权益，促进经济社会发展方式转变，我省编制了《山东省2013—2020年大气污染防治规划》，分三期达到最终改善目标。其中规划一期为2013—2015年，目标是大气污染治理初见成效，空气质量比2010年改善20%以上。重点任务是全面控制长期以来以煤为主的能源和产业结构导致的煤烟型污染，兼顾复合型污染的行业和领域，主要控制二氧化硫、氮氧化物、可吸入颗粒物、细颗粒物，同时全面开展重点行业挥发性有机物调查和挥发性有机物治理试点以及油气回收，全面提升机动车燃油品质，明确黄标车淘汰和限行措施，并注重与国务院批复的《重点区域大气污染防治“十二五”规划》衔接，按国家划定的重点控制区和一般控制区实行分类管理，其中，济南、青岛、淄博、潍坊、日照5市为重点控制区，其他12市为一般控制区。对重点控制区，实行更加严格和有针对性的污染防治策略，实施更严格的环境准入条件，并对重点行业执行污染物特别排放限值。为确保实现规划一期（2013—2015年）目标，结合当前全省经济社会发展实际和大气污染防治工作现状，制定本行动计划。

一、控制目标

（一）环境空气质量改善目标

大气污染治理初见成效，全省环境空气质量相比2010年改善20%以上。

（二）主要污染物总量控制目标

到2015年，全省二氧化硫、氮氧化物排放量比2010年分别减少14.9%和16.1%，控制在160.1万t和146.0万t以内。

工业烟粉尘、挥发性有机物排放量比2010年分别减少30%、18%，分别控制在49.4万t和67.3万t以内。各市2013年、2014年、2015年分别完成改善目标的40%、70%、100%。

（三）大气环境管理目标

健全目标责任考核体系。各市将规划一期行动计划确定的目标、任务和治理项目分解落实到县（市、区）人民政府及相关企业和单位，纳入年度工作计划，制定具体年度实施方案，落实工作责任，强化目标责任考核。

健全空气质量监测体系。完善空气质量信息发布制度，按规范发布空气质量监测数据，按绝对空气质量和污染物浓度相对改善幅度两个指标排序后向社会公布。

加强城市环境综合整治。城市建筑、市政工地现场以及物料运输和贮存符合《山东省扬尘污染防治管理办法》和《防治城市扬尘污染技术规范》（HJ/T 393—2007）要求。

严格实行机动车环保检验与标志管理制度。严格落实《山东省机动车排气污染防治条例》及配套的管理规定，加强环保检验机构监管，强化检测数据质量控制，推进环保检验机构规范化运营。

建立重污染天气预警机制和空气质量保障应急预案制度。各市人民政府要科学制定和完善重污染天气应急预案，构建省、市、县（市、区）、重点企业联动一体的应急响应体系，并根据辖区内工业企业、施工工地和机动车分布现状，排出应急次序，并进行不同污染级别下的应急演练。

加强大气环境管理机构和队伍建设。各市环保部门应配备4～5名专职大气污染防治工作人员，大气污染防治任务重和有条件的市环保部门应设立大气污染防治的专职机构，加强与高校和科研机构的联合，建立一支庞大的科研和技术支撑队伍。

努力提高城乡绿化水平。打造绿色生态保护屏障，构建防风固沙体系，到2015年年底，设区城市建成区绿化覆盖率、绿地率分别达到42%、38%，全省林木绿化率达到25%以上。

二、重点任务

（一）调整能源结构

1．大力推进“外电入鲁”，实施煤炭消费总量控制

按照《山东省人民政府 山西省人民政府关于深化战略合作的指导意见》，加快推进“晋电送鲁”的各项工作，2015年年底前，力争实现“外电入鲁”1 600万kW。综合考虑社会经济发展水平、能源消费特征、大气污染现状等因素，研究制定煤炭消费总量中长期控制目标，并将煤炭消费总量控制计划落实到各市，加大考核和监督力度，建立煤炭消费总量预测预警机制，对煤炭消费总量增长较快的市及时预警

调控。新建项目禁止配套建设自备燃煤电站，耗煤建设项目要实行煤炭减量替代。到2015年年底，力争全省实现煤炭消费总量“不增反降”的历史性转折。

2．加大清洁能源应用力度，推动采暖煤改气、交通油改气和煤炭清洁利用

按照“优先发展城市燃气，积极调整工业燃料结构，适度发展天然气发电”的原则，加快推进天然气“进城、下乡、上高速”，优化配置使用天然气，积极发展天然气分布式能源，加大天然气引用利用力度，优先用于保障民生的居民用气和冬季供暖。积极协调中央石油企业加大对我省的天然气供应量，加快推进天然气主干管网建设，保障全省天然气管道安全运行，实现全省天然气管网全覆盖和气源保障。结合“十二五”天然气管网重点项目、天然气区域管网项目、液化天然气接收站重点项目、储气库重点项目、天然气分布式能源项目等，加强天然气基础设施建设，完善天然气锅炉的建设运行配套政策，保障气源供应，率先在济南、青岛等城市开展燃煤锅炉煤改天然气，并向全省推广。鼓励有条件的地区建设天然气发电厂替代燃煤机组以及生产锅炉、窑炉，鼓励燃煤设施实施煤改气，在经济发达和污染严重的地区先行启动，济南市要率先推进。到2015年年底，天然气消费量达到170亿m^3。鼓励选用节能环保车型，加大天然气等清洁能源在交通运输工具中的运用，大力推广使用天然气汽车和新能源汽车，并逐步完善相关基础配套设施，积极推广电动公交车和出租车。鼓励燃油车辆加装CNG、LNG，推广燃油车辆更新LNG，增加城市及周边地区的CNG、LNG加气站数量，加快完善LNG站建设布局，明确部门职责分工，加强部门合作，理顺审批程序。力争到2015年，LNG车辆达到20 000辆。多方争取气源供应，加快配套设施建设，合理布局建设储气库和LNG生产厂，增加CNG母站数量。到2015年，全省CNG加气站达到645座、LNG加气站达到285座，90%的出租车、40%的公交车、10%的社会车辆采用天然气，15%的客车、5%的重型货车采用LNG。

大力开发利用风能，有序推进陆上风电基地建设，着力推进山东半岛沿海地区海上风电发展，到2015年年底，陆上风电装机容量达到750万kW，海上风电装机容量达到50万kW。加快推广太阳能光热利用，积极鼓励太阳能发电产业发展，到2015年年底，全省光伏发电装机容量达到50万kW。推动生物质成型燃料、液体燃料、发电、气化等多种形式的生物质能梯级综合利用，到2015年，全省生物质发电装机容量达到110万kW。积极开发抽水蓄能，到2015年，全省抽水蓄能发电装机容量达到100万kW。到2015年，风电等可再生能源电力占电力消费总量比重提高到3.5%以上。

全面推进煤炭清洁利用。全省煤炭主要用于燃烧效率高且污染集中治理措施到位的燃煤电厂，鼓励工业窑炉和锅炉使用清洁能源。到2015年年底，没有配套高效脱硫、除尘设施的燃煤锅炉和工业窑炉，禁止燃用含硫量超过0.6%、灰分超过15%

的煤炭；居民生活燃煤和其他小型燃煤设施优先使用低硫分、低灰分并添加固硫剂的型煤。限制高硫分、高灰分煤炭的开采与使用，提高煤炭洗选比例，推进配煤中心建设，新建煤矿必须同步建设煤炭洗选设施。到 2015 年年底，全省新建和扩建选煤厂 29 座，全省煤矿原煤入选量达到 9 750 万 t，入选率达到 65%。

3. 安全发展核电

积极、安全、稳妥地推进海阳、荣成核电站建设，实施海阳核电一期工程建设，确保到 2015 年年底前建成并投运 1 台 125 万 kW AP1000 核电机组。争取开工建设海阳核电二期工程和荣成石岛湾 2 台 CAP1400 大型先进压水堆重大专项示范项目，加快推进华能荣成石岛湾 2 台 AP1000 核电机组工程前期工作，力争开展第三个核电站选址工作。

4. 积极开展节能和资源循环利用，大力发展循环经济

理顺有利于节能和工业、农业、城市废弃物循环利用的制度体系，深化体制机制改革，将节能环保潜在市场转化为现实市场。大力发展绿色建筑，政府投资的公共建筑、保障性住房要率先执行绿色建筑标准，新建建筑严格执行强制性节能标准。加快推进既有居住建筑节能改造，到 2015 年年底，累计建成绿色建筑 5 000 万 m^2，对 4 700 万 m^2 的既有居住建筑进行节能改造，完成 630 万 m^2 高耗能的既有公共建筑节能改造。新建建筑推广使用太阳能热水系统、地源热泵、光伏建筑一体化等技术。大力推行秸秆综合利用，到 2015 年年底，秸秆能源化利用率力争达到 13%左右。

大力发展循环经济。围绕钢铁、有色、煤炭、电力、石油加工、化工、建材、造纸、纺织、装备制造业、新能源、新医药等十二个重点行业，大力推进循环经济示范技术、示范项目、示范企业和示范模式建设，建立循环经济工业体系，重点培育 400 家循环经济示范企业、12 种循环经济示范模式，推动我省工业经济向低投入、低排放、低消耗和高效益转型。围绕种植业、林业、畜牧业、渔业的发展，以农业产业链延伸和废物综合利用为抓手，重点培育 20 家循环经济示范单位、6 种农业循环经济模式，促进农业向无公害、绿色、有机、生态方向发展。积极扶持新兴环保产业发展，对现有各类产业园区、重点企业进行循环化改造，提高资源产出率，到 2015 年，完成国家级园区循环化改造 15 个，省级园区循环化改造 50 个。降低单位工业增加值能耗，到 2015 年，所有国家及省级经济技术开发区和高新科技园区开展生态工业园区建设。到 2015 年，全省形成较为完善的循环经济运行机制和框架，建立起循环经济政策法规、科技支撑、技术标准体系以及激励和约束机制，产业生态化水平显著提升，资源能源利用方式不断优化。加强重点企业强制性清洁生产审核，做好国控、省控企业的强制性清洁生产审核评估、验收。到 2015 年，钢铁、水泥、化工、石化、有色金属冶炼等行业的大气污染物排污强度下降 18%以上。

5．划定高污染燃料禁燃区

完善“高污染燃料禁燃区”划定工作，并根据空气质量状况，逐步扩大禁燃区范围。2013 年年底前完成高污染燃料禁燃区划定工作，高污染燃料禁燃区面积要达到城市建成区面积的 80%以上；高污染燃料禁燃区应根据城市建成区的发展不断调整划定范围。禁燃区内逐步禁止燃烧原（散）煤、洗选煤、蜂窝煤、焦炭、木炭、煤矸石、煤泥、煤焦油、重油、渣油等燃料，禁止燃烧各种可燃废物和直接燃用生物质燃料，以及污染物含量超过国家规定限值的柴油、煤油、人工煤气等高污染燃料；已建成的使用高污染燃料的各类设施限期拆除或改造成使用管道天然气、液化石油气、管道煤气、电或其他清洁能源，对于超出规定期限继续燃用高污染燃料的设施，责令拆除或者没收。

6．加大热电联供，淘汰分散燃煤小锅炉

积极推行“一区一热源”，加强和完善热网和热源基础设施建设，加快实施集中供热老旧管网改造，提高集中供热管网输送能力，积极发展“热—电—冷”三联供。加大城市及周边现有燃煤发电机组的供热改造力度，最大限度抽汽供热；鼓励和推进济南钢铁集团有限公司“热—电—冷”联供节能改造项目实施，扩大集中供热面积。按照统一规划、以热定电和适度规模的原则，编制完善城镇供热专项规划，发展热电联产和集中供热。新建工业园区要以热电联产企业为供热热源，不具备条件的，须根据园区规划面积配备完善的集中供热系统；现有各类工业园区与工业集中区应实施热电联产或集中供热改造，将工业企业纳入集中供热范围。城市建成区要结合大型发电或热电企业，实行集中供热。核准审批新建热电联产项目要求关停的燃煤锅炉和小机组必须按期淘汰。2015 年年底前，城市建成区，热力管网覆盖范围内，除保留必要的应急、调峰供热锅炉外，全部淘汰 10 t/h 及以下燃煤蒸汽锅炉、茶浴炉。鼓励城乡接合部和农村地区居民使用清洁能源，逐步淘汰散烧供暖煤炉，有条件的地区应实行集中供热。到 2015 年，全省集中供热普及率达到 60%以上，所有市、县基本实现集中供热，工业园区基本实现集中供热。对集中供热达不到的区域，鼓励利用清洁能源和可再生能源发展供热，推广使用符合山东省标准的高效节能、环境友好型锅炉。推进供热计量改革，加快推进既有居住建筑供热计量和节能改造，加强对新建建筑供热计量工程的监管，全面实行供热计量收费，实施供热计量温控一体化，实行供热能耗在线监测，促进用户行为节能，推进供热节能减排。

（二）调整产业结构

1．以区域性大气污染物排放标准促进产业结构调整

实施《山东省区域性大气污染物综合排放标准》（DB 37/2376—2013），以公众享受到最基本的大气环境质量为目标，用 8 年时间，分 4 个阶段逐步加严，倒推污染

源最高允许排放浓度限值，最终取消高污染行业排放特权，实现排放标准与环境质量挂钩。发挥标准的引导和倒逼作用，引导企业主动调整原料结构和产品结构，淘汰落后的生产工艺和设备。按照《山东省区域性大气污染物综合排放标准》（DB 37/2376—2013）要求，重点考虑生态环境敏感程度、人口密度和环境承载能力三个方面因素，对全省实行分区分类管理。通过标准实施，引导城市建成区内及主要人口密集区周边石化、钢铁、火电、水泥、危险废物经营处置等重污染企业搬迁，进一步优化产业空间布局。

2．加大重点行业落后产能淘汰力度

严格落实国家发布的工业行业淘汰落后生产工艺装备和产品指导目录及《产业结构调整指导目录（2011 年本）》，加快落后产能淘汰步伐，完善淘汰落后产能公告制度，对未按期完成淘汰任务的地区，严格控制国家、省环保投资项目和环保专项资金补助，暂停该市辖区内火电、钢铁、有色、石化、水泥、化工等重点行业建设项目办理核准、审批和备案手续，对未按期淘汰的企业，依法吊销排污许可证、生产许可证等相关证件。依法开展钢铁、水泥、电解铝、平板玻璃、船舶等产能过剩产业违规建设项目整顿，提前一年完成钢铁、水泥、电解铝、平板玻璃等重点行业“十二五”落后产能淘汰任务。

淘汰钢铁行业土烧结、90 m^2 以下烧结机、化铁炼钢、400 m^3 及以下炼铁高炉（铸造铁企业除外，需提供相关证明材料）、30 t 及以下炼钢转炉（不含铁合金转炉）与电炉（不含机械铸造电炉），以及铸造冲天炉、单段煤气发生炉等污染严重的生产工艺和设备。加快落实《山东省人民政府关于贯彻落实山东省钢铁产业结构调整试点方案的实施意见》（鲁政发〔2012〕8 号），按照《山东省人民政府关于印发山东省钢铁产业淘汰压缩落后产能实施方案的通知》（鲁政发〔2012〕37 号）要求，2015 年年底前，全省淘汰炼铁产能 2 111 万 t、炼钢产能 2 257 万 t。2013 年，淘汰日钢炼铁产能 300 万 t，日钢、齐鲁特钢、山东闽源、淄博恒顺、淄博傅山钢铁、邹平传洋钢铁、淄博钢铁等 7 家企业炼钢产能 585 万 t；2014—2015 年，淘汰日钢炼铁产能 410 万 t，济钢、日钢、石横特钢等 3 家企业炼钢产能 809 万 t；淘汰青钢 360 万 t 炼铁产能、330 万 t 炼钢产能；淘汰莱钢 350 万 t 炼铁产能、440 万 t 炼钢产能。“十二五”期间，淘汰 90 m^2 以下烧结机 44 台，面积 1 978 m^2。

逐步淘汰大电网覆盖范围内单机容量 10 万 kW 以下的常规燃煤火电机组和设计寿命期满的单机容量 20 万 kW 以下的常规燃煤火电机组；淘汰单机容量 5 万 kW 及以下的常规小火电机组和以发电为主的燃油锅炉及发电机组（5 万 kW 及以下）。2013—2015 年，淘汰小火电装机容量 140 万 kW。

淘汰全部水泥立窑、干法中空窑（生产高铝水泥、硫铝酸盐水泥等特种水泥除外，需提供相关证明材料）水泥熟料生产线，2013 年年底前，淘汰全部立窑水泥熟料生产线；淘汰砖瓦 24 门以下轮窑以及立窑、无顶轮窑、马蹄窑等土窑，淘汰 100 万 m^2/a 以下的建筑陶瓷砖、20 万件/a 以下低档卫生陶瓷生产线，淘汰所有平拉工艺平板玻璃生产线（含格法）。淘汰土法炼焦（每炉产能 7.5 万 t/a 以下的）、炭化室高度小于 4.3 m 的焦炉（3.8 m 及以上捣固焦炉除外）。到 2015 年，淘汰 1 310 万 t 焦炭产能。

淘汰挥发性有机物排放类行业落后产能。2014 年年底前，济南、青岛、淄博、潍坊、日照 5 个重点控制区城市主城区和开发区内淘汰 200 万 t/a 及以下常减压装置，淘汰废旧橡胶和塑料土法炼油工艺，取缔汽车维修等修理行业的露天喷涂作业，淘汰无溶剂回收设施的干洗设备，禁止生产、销售、使用有害物质含量、挥发性有机物含量超过 200 g/L 的室内装修装饰用涂料和超过 700 g/L 的溶剂型木器家具涂料，淘汰 300 t/a 以下的传统油墨生产装置，取缔含苯类溶剂型油墨生产，淘汰所有无挥发性有机物收集、回收/净化设施的涂料、胶黏剂和油墨等生产装置，淘汰其他挥发性有机物污染严重且实施削减和控制缺乏经济可行性的工艺和产品。2015 年年底前，12 个一般控制区城市主城区和开发区内淘汰 200 万 t/a 及以下常减压装置，淘汰废旧橡胶和塑料土法炼油工艺，取缔汽车维修等修理行业的露天喷涂作业，淘汰无溶剂回收设施的干洗设备，禁止生产、销售、使用有害物质含量、挥发性有机物含量超过 200 g/L 的室内装修装饰用涂料和超过 700 g/L 的溶剂型木器家具涂料，淘汰 300 t/a 以下的传统油墨生产装置，取缔含苯类溶剂型油墨生产，淘汰所有无挥发性有机物收集、回收/净化设施的涂料、胶黏剂和油墨等生产装置，淘汰其他挥发性有机物污染严重且实施削减和控制缺乏经济可行性的工艺和产品。

3．优化工业布局

统筹考虑区域环境承载能力、加快产业布局调整。加强区域规划环境影响评价，依据区域资源环境承载能力，合理确定重点产业发展的布局、结构与规模。内陆地区不再新建钢铁企业，重要环境保护区、严重缺水地区、城市建成区逐步削减现有钢铁企业产能，到 2015 年，全省钢铁产能控制在 5 000 万 t 以内。青岛、淄博、枣庄、烟台、济宁、泰安、聊城、滨州 8 个小火电机组集中地区分别实施电力“上大压小”项目建设。青岛、东营、威海、德州、聊城、滨州、菏泽等没有资源的地区不再新建水泥熟料生产线（资源综合利用项目除外）。济南、淄博、烟台、潍坊、莱芜和日照原则上不再新增水泥熟料生产线布点。加强对重点区域规划环境影响评价的指导，大力推动辖区内城市发展规划和专项发展规划的环境影响评价工作。对环境敏感地区及市区内已建重污染企业要结合产业布局调整实施搬迁改造，明确重点污染企业搬迁改造时间表，加快城市建成区内石化、钢铁、火电、水泥、危险废物经营处置等企业搬迁，积极推进青岛钢铁有限公司环保搬迁项目进程，引导和推动工业项目向园区集中，利用集中供热推进小企业节能减排。提升现有各级各类工业园区的环境管理水平，提高企业准入的环境门槛。建立产业转移环境监管机制，加强产业转入地在承接产业转移过程中的环境监管，防止落后产能及土小企业死灰复燃和异地转移。

4．严格产业环境准入

不再审批钢铁、水泥、电解铝、平板玻璃、船舶、炼焦、电石、铁合金等新增产能项目，重点控制区新建火电、钢铁、石化、水泥、有色、化工等以及燃煤锅炉项目，要执行大气污染物特别排放限值。重点控制区禁止新、改、扩建除“上大压小”和热电联产以外的燃煤电厂，严格限制钢铁、水泥、石化、化工、有色等行业中的高污染项目；除莱芜市外，城市建成区、地级及以上城市市辖区禁止新建除热电联产以外的煤电、钢铁、建材、焦化、有色、石化、化工等行业中的高污染项目；莱芜市城市建成区禁止新建除热电联产以外的煤电、钢铁、建材、焦化、有色、石化、化工等行业中的高污染项目，城市建成区以外的市辖区范围内禁止新、扩建除“上大压小”和热电联产以外的燃煤电厂，严格控制钢铁、建材、焦化、有色、石化、化工等行业中的高污染项目。城市建成区、工业园区禁止新建 20 t/h 以下的燃煤、重油、渣油蒸汽锅炉及直接燃用生物质蒸汽锅炉，其他地区禁止新建 10 t/h 以下的燃煤、重油、渣油蒸汽锅炉及直接燃用生物质蒸汽锅炉。

严格实施环境容量控制制度。空气质量达不到国家二级标准且长期得不到改善的区域，从严审批新增大气污染物排放的建设项目。把污染物排放总量作为环评审批的前置条件，以总量和环境容量定项目，新建排放二氧化硫、氮氧化物、工业烟粉尘、挥发性有机物的项目，实行区域污染物排放倍量替代，确保增产减污。对环境空气质量超标 20%以下的区域，对应的超标因子实行 1 倍替代；对环境空气质量超标 20%～50%的区域，对应的超标因子实行 2 倍替代；对环境空气质量超标 50%以上的区域，对应的超标因子实行 3 倍替代。自本行动计划颁布之日起，凡被替代二氧化硫和氮氧化物排放总量的污染源，均应在 2012 年年底前的环境统计或污染源普查名单中，且其现状排放总量进入现有环境统计系统，否则，被替代的指标不能作为有效替代量。

对未通过环评审查的投资项目，有关部门不得审批、核准、批准开工建设，不得发放生产许可证、安全生产许可证、排污许可证，金融机构不得提供任何形式的新增授信支持，有关单位不得供水、供电。限制石化行业新建 1 000 万 t/a 以下常减压、150 万 t/a 以下催化裂化、100 万 t/a 以下连续重整（含芳烃抽提）、150 万 t/a 以下加氢裂化生产装置等限制类项目。新建石化项目须将原油加工损失率控制在 4‰以内，并配备相应的有机废气治理设施。新、改、扩建项目排放挥发性有机物的车间有机废气的收集率应大于 90%，安装废气回收/净化装置。新建储油库、加油站和新配置的油罐车，必须同步配备油气回收装置。新建机动车制造涂装项目，水性涂料等低挥发性有机物含量涂料占总涂料使用量比例不低于 80%，小型乘用车单位涂装面积的挥发性有机物排放量不高于 35 g/m^2；电子、家具等行业新建涂装项目，水性涂料等低挥发性有机物含量涂料占总涂料使用量比例不低于 50%，建筑内外墙涂饰应全部使用水性涂料。新建包装印刷项目须使用具有环境标志的油墨。

（三）深化重点行业大气污染治理

1. 全面推进二氧化硫治理

（1）火电行业二氧化硫治理

到 2013 年年底前，全省所有燃煤火电机组全部配套脱硫设施，确保达到相应阶段大气污染物排放标准要求，不能达标的脱硫设施应进行升级改造；烟气脱硫设施要按照规定取消烟气旁路；强化对脱硫设施的监督管理，确保综合脱硫效率达到设计要求并符合总量控制指标要求。

（2）钢铁、石化行业二氧化硫治理

加强钢铁、石化等非电行业的烟气二氧化硫治理，所有烧结机和球团生产设备配套建设脱硫设施，石油炼制行业催化裂化装置要配套建设烟气脱硫设施，硫黄回收装置应建设尾气加氢还原装置，硫黄回收率要达到 99.8%以上，确保废气中各类污染物排放浓度达到相应阶段大气污染物排放标准要求。

（3）其他行业二氧化硫治理

加快推进现役焦炉废气脱硫设施建设，实施炼焦炉煤气脱硫，硫化氢脱除效率达到 95%以上，对于目前外排废气污染物浓度不达标的焦炉，重点控制区和一般控制区应分别于 2013 年年底前和 2014 年 5 月底前完成治理改造，确保污染物达标排放。加快有色金属冶炼行业生产工艺设备更新改造，提高冶炼烟气中硫的回收利用率，对二氧化硫含量大于 3.5%的烟气采取制酸或其他方式回收处理，低浓度烟气和排放超标的制酸尾气进行脱硫处理。加强大中型燃煤蒸汽锅炉烟气治理，规模在 20 t/h 及以上的全部实施脱硫，综合脱硫效率达到 70%以上。积极推进陶瓷、玻璃、砖瓦等建材行业二氧化硫控制，确保废气中各类污染物排放浓度达到相应阶段大气污染物排放标准要求。

2. 全面开展氮氧化物污染防治

（1）火电行业氮氧化物治理

大力推进火电行业氮氧化物控制，加快燃煤机组低氮燃烧技术改造及炉外脱硝设施建设，单机容量 20 万 kW 及以上、投运年限 20 年内的现役燃煤机组全部配套烟气脱硝设施，确保外排废气污染物浓度达到相应阶段大气污染物排放标准要求。加强对已建脱硝设施的监督管理，确保脱硝设施高效稳定运行。

（2）水泥行业氮氧化物治理

加强水泥行业氮氧化物治理，对新型干法水泥窑实施低氮燃烧技术改造，配套建设炉外脱硝设施，确保外排废气中污染物排放浓度达到相应阶段大气污染物排放标准要求。

（3）其他行业氮氧化物治理

积极开展燃煤工业锅炉、烧结机等烟气脱硝示范，鼓励重点控制区选择烧结机单台面积 180 m^2 以上钢铁企业，开展烟气脱硝示范工程建设。推进燃煤锅炉低氮燃烧改造和脱硝示范。

3．强化工业烟粉尘治理，大力削减颗粒物排放

（1）深化火电行业烟尘治理

燃煤机组必须配套高效除尘设施，确保达到相应阶段大气污染物排放标准要求，烟尘排放浓度不能稳定达标的燃煤机组应立即进行高效除尘改造。

（2）强化水泥行业粉尘治理

水泥窑及窑磨一体机除尘设施应全部改造为袋式、电袋复合等高效除尘器。水泥企业破碎机、磨机、包装机、烘干机、烘干磨、煤磨机、冷却机、水泥仓及其他通风设备需采用高效除尘器，确保达到相应阶段大气污染物排放标准要求。加强水泥厂和粉磨站颗粒物排放综合治理，采取有效措施控制水泥行业颗粒物无组织排放，大力推广散装水泥生产，限制和减少袋装水泥生产，所有原材料、产品必须密闭贮存、输送，车船装、卸料应采取有效措施防止起尘。凡颗粒物排放浓度不能稳定达标的立即进行高效除尘改造。

（3）深化钢铁行业颗粒物治理

现役钢铁企业产尘环节烟尘不能稳定达标排放的应立即进行高效除尘技术改造，确保达到相应阶段大气污染物排放标准要求。炼焦工序应配备地面站高效除尘系统，积极推广使用干熄焦技术，炼铁出铁口、撇渣器、铁水沟等位置设置密闭收尘罩，并配置袋式等高效除尘器。

（4）全面推进燃煤锅炉烟尘治理

燃煤锅炉烟尘不能稳定达标排放的，应立即进行高效除尘改造，确保达到相应阶段大气污染物排放标准要求。沸腾炉和煤粉炉必须安装高效除尘装置。积极采用天然气等清洁能源替代燃煤，使用生物质成型燃料应符合相关技术规范，使用专用燃烧设备。与国家签订燃煤锅炉综合整治工程目标责任书的市，必须按照责任书要求完成燃煤锅炉治理任务。

（5）积极推进其他行业颗粒物治理

积极推广工业炉窑使用清洁能源，陶瓷、玻璃等工业炉窑可采用天然气、煤制气等替代燃煤，推广应用黏土砖生产内燃技术。加强工业炉窑除尘工作，安装高效

除尘设备，确保达到地方标准相应阶段大气污染物排放标准要求。

4．开展挥发性有机物污染治理和油气回收，完善挥发性有机物防控体系

（1）开展挥发性有机物摸底调查

自2013年8月起，根据国家要求，针对石化、有机化工、合成材料、化学药品原药制造、塑料产品制造、装备制造涂装、通信设备计算机及其他电子设备制造、包装印刷等重点行业，开展挥发性有机物排放调查工作，编制重点行业排放清单，摸清挥发性有机物行业和地区分布特征，筛选重点排放源，建立挥发性有机物重点监管企业名录。在复合型大气污染严重地区，开展大气环境挥发性有机物调查性监测，掌握大气环境中挥发性有机物浓度水平、季节变化、区域分布等特征。

（2）完善重点行业挥发性有机物排放控制要求和政策体系

根据国家要求，严格执行相关行业挥发性有机物排放标准、清洁生产评价指标体系和环境工程技术规范；严格执行环境空气和固定污染源挥发性有机物测定方法标准、监测技术规范以及监测仪器标准；加强挥发性有机物面源污染控制，严格执行涂料、油墨、胶黏剂、建筑板材、家具、干洗等含有机溶剂产品的环境标志产品认证标准；落实国家有关含有机溶剂产品销售使用准入制度和有机溶剂使用申报制度。在区域大气污染物排放标准中增加重点行业挥发性有机物的排放限值；在挥发性有机物污染典型企业集中度较高的工业园区，开展挥发性有机物污染综合防治试点工作，开展挥发性有机物的监测、加强治理技术研发，建立有效的监督管理机制。

（3）全面开展加油站、储油库和油罐车油气回收治理

2013年年底前重点控制区全面完成加油站、储油库、油罐车油气回收治理工作，2014年年底前一般控制区全面完成加油站、储油库、油罐车油气回收治理工作。新建加油站、储油库、油罐车同步配套建设油气回收设施。有条件的市，建设油气回收在线监控系统平台试点，实现对重点储油库和加油站油气回收远程集中监测、管理和控制。积极推广油气回收社会化、专业化、市场化运营。

（4）积极开展典型行业挥发性有机物治理

大力削减石化行业挥发性有机物排放。石化企业应全面推行LDAR（泄漏检测与修复）技术，加强石化生产、输送和储存过程挥发性有机物泄漏的监测和监管，对泄漏率超过标准的要进行设备改造；严格控制储存、运输环节的呼吸损耗，原料、中间产品、成品储存设施应全部采用高效密封的浮顶罐，或安装顶空联通置换油气回收装置。将原油加工损失率控制在6‰以内。炼油与石油化工生产工艺单元排放的有机工艺尾气，应回收利用，不能（或不能完全）回收利用的，应采用锅炉、工艺加热炉、焚烧炉、火炬予以焚烧，或采用吸收、吸附、冷凝等非焚烧方式予以处理；废水收集系统液面与环境空气之间应采取隔离措施，曝气池、气浮池等必须加盖密闭，并收集废气净化处理，严格控制异味气体排放。加强回收装置与有机废气治理

设施的监管，确保挥发性有机物排放稳定达标，重点控制区执行特别排放限值。石化企业有组织废气排放逐步安装在线连续监测系统，厂界安装挥发性有机物环境监测设施。

推进有机化工等行业挥发性有机物治理。提升有机化工（含有机化学原料、合成材料、日用化工、涂料、油墨、胶粘剂、染料、化学溶剂、试剂生产等）、医药化工、塑料制品企业装备水平，严格控制跑冒滴漏。原料、中间产品与成品应密闭储存，对于实际蒸汽压大于 2.8 kPa、容积大于 100 m^3 的有机液体储罐，采用高效密封方式的浮顶罐或安装密闭排气系统进行净化处理。排放挥发性有机物的生产工序要在密闭空间或设备中实施，产生的含挥发性有机物废气需进行净化处理，净化效率应大于 90%。采取措施控制异味污染。逐步开展排放有毒、恶臭等挥发性有机物的有机化工企业在线连续监测系统的建设，并与环境保护主管部门联网。

加强表面涂装工艺挥发性有机物排放控制。积极推进汽车制造与维修、船舶制造、集装箱、电子产品、家用电器、家具制造、装备制造、电线电缆等行业表面涂装工艺挥发性有机物的污染控制。全面提高水性、高固分、粉末、紫外光固化涂料等低挥发性有机物含量涂料的使用比例，汽车制造企业达到 50%以上，家具制造企业达到 30%以上，电子产品、电器产品制造企业达到 50%以上。推广汽车行业先进涂装工艺技术的使用，优化喷漆工艺与设备，小型乘用车单位涂装面积的挥发性有机物排放量控制在 40 g/m^2 以下。使用溶剂型涂料的表面涂装工序必须密闭作业，配备有机废气收集系统，安装高效回收净化设施，确保有机废气净化率达到 90%以上，严格控制异味污染。

开展溶剂使用工艺挥发性有机物治理。包装印刷业必须使用符合环保要求的油墨，烘干车间需安装活性炭等吸附设备回收有机溶剂，对车间有机废气进行净化处理，净化效率达到 90%以上。在纺织印染、皮革加工、制鞋、人造板生产、日化等行业，积极推动使用低毒、低挥发性溶剂，食品加工行业必须使用低挥发性溶剂，制鞋行业胶粘剂应符合国家强制性标准《鞋和箱包胶粘剂》的要求，同时开展挥发性有机物收集与净化处理。

5．加强有毒废气污染控制，切实履行国际公约

（1）开展有毒废气污染控制

按照国家发布的有毒空气污染物优先控制名录，推进排放有毒废气企业的环境监管，对重点排放企业实施强制性清洁生产审核。根据国家要求，开展重点地区铅、汞、镉、苯并[*a*]芘、二噁英等有毒空气污染物调查性监测。严格执行有毒空气污染物的相关排放标准与防治技术规范。把有毒空气污染物排放控制作为环境影响评价审批的重要内容，明确控制措施和应急对策。

（2）积极推进大气汞污染控制工作

积极推进汞排放协同控制。根据国家要求，实施有色金属行业烟气除汞技术示范工程，编制燃煤、有色金属、水泥、废物焚烧、钢铁、石油天然气工业、汞矿开采等重点行业大气汞排放清单，研究制定控制对策。鼓励开发水泥生产和废物焚烧等行业大气汞排放控制技术。

（3）积极开展消耗臭氧层物质淘汰工作

严格执行消耗臭氧层物质生产、使用和进出口的审批、监管制度。按照《蒙特利尔议定书》的要求，完成含氢氯氟烃、医用气雾剂全氯氟烃、甲基溴等约束性指标的淘汰任务，严格控制含氢氯氟烃、甲烷氯化物生产装置能力的过快增长，加强相关行业替代品和替代技术的开发和应用，强化地方及行业履约能力建设。

（四）加强扬尘控制，深化面源污染管理

1．加强城市扬尘污染综合管理

各市应建立由环境保护、住房城乡建设、城市管理、交通运输、水利、林业、价格等部门组成的协调机构，将扬尘控制作为城市环境综合整治的重要内容，加强监督管理。严格落实《山东省扬尘污染防治管理办法》中各项有关扬尘污染控制的规定。到 2015 年，城市建成区降尘强度在 2010 年基础上下降 15%以上。

2．强化施工扬尘污染防治监管

加强施工扬尘污染防治执法检查。将扬尘污染防治措施作为环境影响评价的重要内容，严格审批。对可能产生扬尘污染、未取得环境影响评价审批文件的建设项目，审批部门不得批准其开工建设，建设单位不得开工建设。在工程施工图设计阶段，明确临时用地、取土场和弃土场排水和防护措施设计；在工程招投标阶段，招标文件工程量清单中应单独计列扬尘防护费用，将施工扬尘污染控制情况纳入建筑企业信用管理系统，作为招投标重要依据。新增建筑工地在开工建设之前要安装视频监控设施，实现施工工地重点环节和部位的精细化管理。施工工地实施扬尘污染防治工程监理。所有建设工程施工现场必须全封闭设置围挡墙，严禁敞开式作业；施工现场道路、作业区、生活区必须进行地面硬化；工地内应当设置车辆冲洗设施和排水、泥浆沉淀设施，运输车辆应当冲洗干净后出场，并保持出入口通道及道路两侧的整洁；施工中产生的物料堆应采取遮盖、洒水、喷洒覆盖剂或其他防尘措施；施工产生的建筑垃圾、渣土应当及时清运，不能及时清运的，应当在施工场地内设置临时性密闭堆放设施存放；2013 年年底前，重点控制区内所有设区的市主城区内的施工工地渣土车和粉状物料运输实现全部封闭运输并配备 GPS 定位装置，建筑面积在 5 万 m^2 及以上的施工工地主要扬尘产生点安装视频监控装置，实行施工全过程监控，监控数据资料保存 1 个月以上；其他城市，2014 年年底前主城区内从事渣土

和粉状物料运输的车辆采取全部封闭车辆运输并配备 GPS 定位装置，建筑面积在 5 万 m^2 及以上的施工工地的主要扬尘产生点要安装视频监控装置，实行施工全过程监控，监控数据资料保存 1 个月以上；有条件的市应当与市级城市管理数据化平台联网；到 2015 年年底前，全省城市施工工地 80%以上应达到绿色工地标准。推进建筑工地绿色施工，城市建设工程施工现场必须全封闭设置围挡墙。安装视频监控设施，施工完成后及时清理和绿化。下水道清理要即清即运。

3．控制道路扬尘污染

积极推行城市道路机械化清扫，提高机械化清扫率。到 2015 年，一般控制区城市建成区主要车行道机扫率达到 70%以上，重点控制区达到 90%以上。增加城市道路冲洗保洁频次，切实降低道路积尘负荷。减少道路开挖面积，缩短裸露时间，开挖道路应分段封闭施工，及时修复破损道路路面。加强道路两侧绿化，减少裸露地面。加强渣土运输车辆监督管理，实施资质管理与备案制度，对重点地区、重点路段的渣土运输车辆实施全面监控。

4．推进堆场扬尘综合治理

强化煤堆、土堆、沙堆、料堆的监督管理。大型煤堆、料堆场应建立密闭料仓与传送装置，露天堆放的应加以覆盖或建设自动喷淋装置。电厂、港口的大型煤堆、料堆应安装视频监控设施，并与城市扬尘视频监控平台联网。对长期堆放的废弃物，应采取覆绿、铺装、硬化、定期喷洒抑尘剂或稳定剂等措施。积极推进粉煤灰、炉渣、矿渣的综合利用，减少堆放量。

5．加强秸秆焚烧环境监管和综合利用

加强秸秆焚烧监管，禁止农作物秸秆、城市清扫废物、园林废物、建筑废弃物等的违规露天焚烧，进一步加强重点区域秸秆焚烧和火点监测信息发布工作，建立和完善市、县（区）、镇、村四级控制秸秆焚烧责任体系，完善目标责任追究制度。全面推行秸秆肥料化、饲料化、能源化、原料化利用等综合利用措施，制定实施秸秆综合利用实施方案，建立秸秆综合利用示范工程，促进秸秆资源化利用。提高农田秸秆综合利用率，全省秸秆综合利用率大于 85%。

6．推进餐饮业油烟污染治理

严格新建饮食服务经营场所的环保审批，城区内新建可能产生油烟排放的餐饮服务经营场所应依法履行环保审批程序，对可能产生油烟的环节安装相应净化装置或明确油烟污染防治措施，满足《饮食业油烟排放标准》（GB 18483—2001）要求；鼓励使用管道煤气、天然气、电等清洁能源；饮食服务经营场所要安装高效油烟净化设施，城市市区餐饮业油烟净化装置配备率达到 100%。加强对无油烟净化设施露天烧烤的环境监管。

（五）强化机动车污染防治，有效控制移动源排放

1．推动油品配套升级

强力推进机动车燃油品质升级。协调推进我省与中央石油企业开展炼油业务合作，联合中央石油企业进口原油，解决我省地方炼油企业原料瓶颈，加快技术改造和设备升级，提升燃油品质。加快车用燃油低硫化步伐，2013 年年底前，全面供应国Ⅳ车用汽油（硫含量不大于 50 mg/kg），2014 年年底前全面供应国Ⅳ车用柴油。加强油品质量的监督检查，严厉打击非法生产、销售不符合国家和地方标准车用油品的行为，建立健全炼化企业油品质量控制制度，全面保障油品质量。高速公路及城市市区加油站销售的车用燃油必须达到车用汽油、车用柴油标准。积极稳步推进配套尿素加注站建设，2015 年年底前全面建成尿素加注网络，确保柴油车 SCR 装置正常运转。

2．加快新车排放标准实施进程

鼓励有条件地区提前实施下一阶段机动车排放标准。2015 年起低速汽车（三轮汽车、低速货车）执行与轻型载货车同等的节能与排放标准。按照环保部机动车环保型式核准和强制认证要求，不断扩大环保监督检查覆盖范围，确保企业批量生产的车辆达到排放标准要求。未达到国家机动车排放标准的车辆不得生产、销售。严格外地转入车辆环境监管，外省转入我省的机动车必须达到国Ⅳ及以上标准，并经环保检验合格后方予受理转入申请。

3．加强车辆环保管理

严格落实《山东省机动车排气污染防治条例》及配套的管理规定，对于未取得环保检验标志的机动车，公安机关交通管理部门不予核发机动车安全技术检验合格标志，交通运输行政主管部门不予办理营运机动车定期审验合格手续。机动车的环保检验标志应与交强险、安全检测标志同时张贴到挡风玻璃右侧。到 2015 年年底，汽车环保标志发放率达到 85%以上。加强环保检验机构监管，强化检测数据质量控制，推进环保检验机构规范化运营。2013 年年底前，实现济南、青岛、淄博、潍坊、日照 5 个城市主城区禁行黄标车，全省高速公路禁行黄标车；2014 年，省道禁行黄标车；2015 年年底前，实现其他设区市主城区禁行黄标车。加强环保检验信息网络系统建设，2013 年年底前，建成全省机动车环保检测信息管理系统。加强检测数据质量管理，强化检测技术监管，提高环保检测数据的一致性、可靠性、可比性，推进环保检验机构规范化运营。积极鼓励机动车安装大气污染物后处理装置，提高尾气控制水平。

4．加速高污染机动车淘汰

严格执行《机动车强制报废标准规定》，强化营运车辆强制报废的有效管理和监

控，2013 年 10 月底前完成年内应强制报废车辆的信息登记并做好年底前报废的提前公告。逾期不按要求报废的车主单位，不予办理新车辆登记等相关手续。2014 年上半年和 2015 年上半年分别完成当年年度内应强制淘汰车辆的信息登记，并按时间排出淘汰次序。大力推进城市公交车、出租车、客运车、运输车（含低速车）集中治理和更新淘汰，杜绝车辆“冒黑烟”现象。鼓励举报监督“冒黑烟”车辆，凡被公众举报的车辆，应限期整改。整改完成前，不得上路行驶。以大中重型客货运输车辆为重点，淘汰高污染机动车，到 2015 年年底，淘汰黄标车、老旧车 116 万辆。

5. 开展非道路移动源污染防治

开展非道路移动源排放调查，2013 年年底前，5 个重点控制区城市率先开展非道路移动源排放调查，掌握工程机械、火车机车、船舶、农业机械、工业机械和飞机等非道路移动源的污染状况，建立管理台账。2014 年年底前，其他 12 个城市完成非道路移动源排放调查和管理台账建立，推进非道路移动机械和船舶的排放控制。2013 年，实施国家第Ⅲ阶段非道路移动机械排放标准和国家第Ⅰ阶段船用发动机排放标准。积极开展施工机械环保治理，推进安装非道路移动源大气污染物后处理装置。加快青岛、东营、潍坊、烟台、威海、日照、滨州等的“绿色港口”建设，加快港口内拖车、装卸设备等“油改气”或“油改电”进程，降低污染物排放。

6. 促进交通可持续发展

大力发展城市公交系统和城际间轨道交通系统，城市交通发展实施公交优先战略，改善居民步行、自行车出行条件，鼓励选择绿色出行方式；加大和优化城区路网结构建设力度，通过错峰上下班、调整停车费等手段，提高机动车通行效率；推广城市智能交通管理和节能驾驶技术；开展城市机动车保有量（重点是出行量）调控政策研究，探索调控特大型或大型城市机动车保有总量。

（六）大力建设绿色生态屏障

1. 建设城市及企业绿色生态屏障

在工业企业和工业园区周边、城市不同功能区之间，科学规划和大力建设绿色生态屏障，努力提高绿化、园林和景观建设的生态功能。实施城市绿荫行动，在城市园林绿化中多种乔木，多增绿荫，提高防风抑尘和大气污染物净化能力。到 2015 年年底，设区城市建成区绿化覆盖率、绿地率分别达到 42%、38%。

制定新建项目与环境敏感区之间建设足够厚度的绿化带即“绿色屏障”的技术规定，新建项目与环境敏感区之间建设足够厚度的绿化带措施应作为建设项目环境影响评价的重要内容和环评审批的要求。

2. 加快国土绿化和受损生态环境修复

加快荒山绿化步伐。做好现有山区森林资源的改造升级，每年完成荒山造林 60

万亩以上。加快水系林网建设。以涵养水源、保持水土，保障水质安全为目标，以南水北调干线、胶东输水干线、黄河和省内重要河流沿线等生态环境敏感区为主体，沿河流、湖泊等水体岸带建设防护林带。强化蓝黄两区“绿屏”建设。突出抓好沿海基干林带、纵深防护林带、黄河三角洲生态林区等重点项目建设。全力推动沿海防护林体系快速健康发展，构筑全省生态绿色屏障。加快道路林网建设，重点沿公路、铁路等地面交通网络，选用能够净化汽车尾气、抑尘的树种，打造绿色通道；加快农田林网建设，针对我省气候特点和农业耕作方式选用适宜树种，防风固沙。鲁中南山地丘陵区及鲁东丘陵区重点加快荒山绿化、水系绿化和防护林建设工程，鲁北滨海平原区和鲁西黄泛平原区重点加快防护林带和防沙治沙工程建设，努力增加林木覆盖率，解决海盐尘、黄河滩土壤风沙尘、耕作尘、土壤风蚀尘等问题。到2015年年底，全省林木绿化率达到25%以上。加强湿地修复与自然保护区建设，争取到2015年年底，新建国际重要湿地1处，自然保护区总数达到90个。

实施生态修复，强化矿山植被恢复，加强对各类矿区的治理，将具备恢复条件的已停产、关闭矿山及其他因采矿活动造成植被破坏的区域，全部纳入植被恢复范围；对目前在生产的矿山，做到边开采边恢复，努力建设生态矿山。新开矿山同步采取修复和治理措施，加强对各类废弃矿区的治理，废弃矿山基本得到治理或生态修复，恢复生态植被和景观，抑制扬尘产生。加强对水土流失、矿区地面塌陷、破损山体、湿地和海岸带等生态受损区域的治理修复，恢复区域自然生态功能。

创新激励政策，提高荒山滩、盐碱沙地、废弃矿山、城乡建设腾出土地等空闲土地利用率，努力扩大绿化空间。落实城乡建设改造、工程项目建设的配套绿化用地指标，做到一次提供、统一征用、同步建设。

（七）创新区域管理机制

1. 强化环境信息公开

省环保厅每月将设区市空气质量按绝对质量和相对改善幅度两个指标排序后定期向社会公布。各市也要实时发布城市环境空气质量信息，对新建项目要公示环境影响评价情况并广泛征求公众意见，建立重污染行业企业、涉及有毒废气排放企业环境信息强制披露制度。重点企业要公开污染物排放状况、治理设施运行情况等环境信息，定期发布大气污染物排放监测结果，接受社会监督。

2. 建立区域大气环境联合执法监管机制

加强区域环境执法监管，对国控、省控重点企业以及各市行政边界等区域开展联合执法检查，集中整治违法排污和土小企业死灰复燃。经过限期治理仍达不到排放要求的重污染企业坚决予以关停。强化工业项目搬迁的环境监管，搬迁项目要严格执行国家和省对新建项目的环境保护要求。

3．建立重点建设项目环境影响评价会商机制

对区域大气环境质量有重大影响的电力与热力生产、石化、钢铁、水泥、有色、化工等涉及废气排放的项目，要以区域规划环境影响评价、区域重点行业发展规划环境影响、区域环境空气质量现状气候影响评价和气象灾害风险评估为依据，综合评价其对区域大气环境质量的影响，评价结果向社会公开，并征求项目影响范围内公众和相关城市环保部门意见。

4．实施重点行业环保核查制度

按照国家要求，对火电、钢铁、有色、水泥、石化、化工等污染物排放量大的行业实施环保核查制度。对核查中发现的环保违法企业和未提交核查申请、未通过核查以及弄虚作假的企业，依法处理或处罚，环境保护部门向社会公告企业通过环保核查的情况，作为企业信贷、产品生产、进出口审批的重要依据。

5．构建环境质量安全保障体系

建立重污染天气预警机制和空气质量保障应急预案制度。加强对极端不利气象条件，特别是雾霾天气的监测预报预警工作，做好污染过程的趋势分析和研判，强化环境空气质量监测，及时发布监测预警信息，指导公众做好自我防护。构建省、市、县（市、区）、重点企业联动一体的应急响应体系，将保障任务层层分解，2013年年底前，完成省级重污染天气监测预警应急系统建设。各市人民政府将重污染天气应急响应纳入地方政府突发事件应急管理体系，2013 年 9 月前，编制完成重污染天气应急预案，向社会公开，并报省环保厅备案，2014 年年底前，完成地级及以上城市重污染天气监测预警应急系统建设。当出现重污染天气时，及时启动应急预案。健全重污染空气治理应急处置程序，建立辖区内工业企业、施工工地和机动车辆信息管理系统，根据污染级别排出企业限产、工地停工和机动车限行方案，并定期组织演练，一旦遇到重污染天气，应及时启动。开展针对极端雾霾天气的应急人工影响天气技术实验研究，净化空气，减轻雾霾天气影响，预防持续重污染空气质量可能造成的环境公共安全事件的发生。

（八）健全环境管理经济激励政策

1．完善财税补贴激励政策

加大落后产能淘汰的财政支持力度，加快火电、钢铁、水泥等落后产能及小锅炉、挥发性有机物排放类行业落后工艺的淘汰步伐，对符合奖励条件的项目，积极给予支持。加大大气污染防治技术示范工程资金支持力度。实施老旧汽车报废更新补贴政策，采取经济激励政策加速高污染机动车淘汰。认真落实鼓励秸秆等综合利用的税收优惠政策。推行政府绿色采购，完善强制采购和优先采购制度，逐步提高节能环保产品比重。

2. 深入推进价格与金融政策

全面落实脱硫电价政策，健全峰谷电价、阶梯电价、奖惩性电价、季节性电价等差别化电价政策措施，对现有发电机组采用新技术、新设备进行除尘设施改造的给予价格政策支持，积极落实火电厂烟气脱硝加价政策。建立环保和金融、证券等信息共享机制，将企业环境信息作为银行授信和上市融资的重要依据。对高耗能、高污染产业，金融机构实施更为严格的贷款发放标准，对不符合国家产业政策规定和环保要求的企业和项目，严禁给予任何形式的授信支持。将企业环境违法信息纳入人民银行企业征信系统，加强与银行监管部门之间的环境信息共享，与企业信用等级评定、贷款及证券融资联动。开展高环境风险企业环境污染强制责任保险试点。

3. 完善挥发性有机物等排污收费政策

根据国家要求，开展挥发性有机物排污费征收工作，研究制定扬尘排污收费政策。探索阶梯排污收费制度。

4. 全面推行排污许可证制度

全面推行大气排污许可证制度。排放二氧化硫、氮氧化物、工业烟粉尘、挥发性有机物的重点企业，应在2014年年底前向环保部门申领排污许可证，作为总量控制、排污收费、环境执法的重要依据。未取得排污许可证的企业，不得排放污染物。继续推动排污权交易试点，针对电力、钢铁、石化、建材、有色等重点行业，探索建立主要大气污染物排放指标有偿使用和交易制度。

5. 推行污染治理设施建设运行特许经营

完善火电厂脱硫设施特许经营制度，探索在脱硝、除尘、挥发性有机物治理等方面开展治理设施社会化运营，提高治污设施的建设质量与运行效果。实行环保设施运营资质许可制度，推进环保设施的专业化、社会化运营服务。完善大气污染治理及机动车检测的市场准入机制，规范市场行为，为企业创造公平竞争的市场环境。

6. 推进城市环境空气质量达标管理

根据《大气污染防治法》第十七条规定，环境空气质量未达标城市人民政府应制定限期达标规划。[①]国家环境保护重点城市的限期达标规划经省级人民政府审查同意后，经国务院授权由环境保护部批准；其他城市的限期达标规划由省级人民政府批准，并报环境保护部备案。所有城市的限期达标规划要向社会公开。国家和省级环保部门对限期达标规划执行情况进行检查和考核，并将考核结果向社会公布。

① 2016年1月1日起施行的《大气污染防治法》为第十四条，内容变为“未达到国家大气环境质量标准城市的人民政府应当及时编制大气环境质量限期达标规划，采取措施，按照国务院或者省级人民政府规定的期限达到大气环境质量标准。”——编者注

(九) 全面加强联防联控的能力建设

1. 建立统一的区域空气质量监测体系

强化区域环境空气质量监测体系建设。按照“十二五”国家空气监测网设置方案的要求，逐步开展城市空气质量监测点位的能力建设，同时在位于城市建成区以外地区或区域输送通道上均匀布设一定数量的区域站。城市监测点位新增细颗粒物、臭氧、一氧化碳、能见度等指标监测能力，开展全指标监测；增加风速、风向、气温、气压、湿度、降水量等气象要素监测能力。2015 年年底前，完成区域环境空气质量监测体系建设。加强大气环境超级站建设。开展移动源对路边环境影响的监测。全面加强监测数据质量控制，强化监测技术监管与数据审核。

2. 加强重点污染源监控能力建设

全面加强国控、省控重点污染源二氧化硫、氮氧化物、颗粒物在线监测能力建设。2014 年年底前，重点污染源全部建成在线监控装置，并与环保部门联网；积极推进挥发性有机物在线监测工作。加强各地监测站对挥发性有机物、汞监督性监测能力建设。进一步加强市级大气污染源监控能力建设，依托已有网络设施，完善省、市、县（区）三级自动监控体系，提升大气污染源数据的收集处理、分析评估与应用能力。全面推进重点污染源自动监测系统数据有效性审核，将自动监控设施的稳定运行情况及其监测数据的有效性水平，纳入企业环保信用等级。

3. 推进机动车排污监控能力建设

加快机动车污染监控机构标准化建设进程，推进省级和市级机动车排污监控机构建设，省级与重点控制区 2013 年年底前建成，一般控制区 2014 年年底前建成。提高机动车污染监控能力，促进新车、在用车环保信息共享，全面开展机动车遥测工作，提高机动车污染监控水平。2013 年年底前，完成机动车遥测试点，实施在用机动车遥测监管。

4. 强化污染排放统计与环境质量管理能力建设

按照国家要求，逐步将挥发性有机物与移动源排放纳入环境统计体系，开展摸底调查。组织开展非道路移动源排放状况调查，摸清非道路移动源排放系数及活动水平。研究开展颗粒物无组织排放调查。细颗粒物污染严重城市要进行源解析工作，针对危害群众健康和影响空气质量改善的区域性特征污染物，定期开展空气质量调查性监测。建设基于环境质量的区域大气环境管理平台，编制多尺度、高分辨率大气排放清单，提高跨界污染来源识别、成因分析、控制方案定量化评估的综合能力。

三、重点项目

（一）项目总体情况

重点工程项目分为：工业废气治理项目（二氧化硫污染治理项目、氮氧化物污染治理项目、工业颗粒物治理项目、重点行业挥发性有机物污染治理项目）、扬尘综合整治项目、油气回收治理项目、黄标车及老旧车淘汰项目、监测能力建设项目（区域空气质量监测网络建设项目、企业污染排放在线监控能力建设项目）、挥发性废气监测设施建设项目、机动车遥测和监控平台建设项目、电力行业“上大压小”项目、“外电入鲁”输电线路建设项目、新建供热、热源管网及供热老旧管网改造项目、绿色建筑项目、既有建筑节能改造项目、可再生能源应用项目、淘汰落后产能项目、地源或水源热泵应用项目、天然气应用改造项目、造林和城市绿化项目、洗选煤和水煤浆项目等 18 类项目，估算投资 3 955 亿元。

（二）项目要求

凡列入国家重点区域大气污染防治“十二五”规划的重点项目，必须按照国家规划的要求按时建设完成，其他项目应按照本行动计划要求按时建设完成，项目完成情况作为本行动计划考核的重要内容。鼓励各市以进一步改善空气质量为目标，开展本行动计划以外的大气污染治理项目建设。

四、保障措施

（一）加强组织领导

建立生态山东建设领导小组，统一协调和指导实施大气污染区域联防联控工作，各市也要建立相应的工作机制。各级人民政府要对辖区内空气质量负责，加强大气环境管理机构和队伍建设，各市都配备专职大气污染防治工作人员，建立“政府主导、城乡并举、部门联动、分区负责”的工作机制。各级人民政府和有关部门要高度重视区域大气污染防治工作，明确目标，完善措施，抓好落实，形成各级政府负总责，各有关部门分工负责的工作格局。

（二）严格考核评估

各市、各有关单位要按照本行动计划要求，逐项分解任务，做好各自工作职责内的大气污染防治工作，严格落实目标责任制。各市政府应当建立由环境保护、发展改革、经济和信息化、城乡住房建设、公安、交通运输、农业、林业等部门组成的空气质量管理的统一协调机构，定期调度、检查各项污染防治措施的落实情况。各市政府要每年对行动计划进展和完成情况进行评估、考核，并将检查、评估、考核结果作为领导干部综合考核评价和相关企业负责人业绩考核的重要依据。省政府每年组织有关部门对规划和行动计划执行情况进行评估和考核，并将评估、考核结果作为领导干部综合考核评价和企业负责人业绩考核的重要依据。同时，各市的考核结果与环保模范城市创建、复核和城市环境综合整治定量考核等创建活动挂钩。

（三）加大资金投入

建立政府、企业、社会多元化投资机制，拓宽融资渠道。污染治理资金以企业自筹为主，政府投入资金优先支持列入规划和行动计划的污染治理项目。各级财政要将监测、监管等能力建设及执法监督经费纳入预算予以保障，并设立大气污染防治专项资金，重点支持列入规划和行动计划的污染治理项目，采取“以奖代补”等方式，对按时完成大气污染治理任务、环境空气质量改善的先进城市给予奖励，对未按期完成治污项目的，在媒体通报并限批该企业或集团项目。建立政府引导、社会参与的投融资渠道，鼓励和引导金融机构加大对大气污染防治项目的信贷支持。积极开展二氧化硫排放指标有偿取得和排污权交易试点，充分利用市场机制配置资源，通过总量控制和排污权交易手段，以最小的治理成本达到最优的减排效果。

（四）强化科技支撑

建立一批以企业为主体、市场为导向，政府、企业、高校、科研院所、金融部门等共同参与的环保科技与产业创新联盟。加强大气氧化过程、源贡献、区域性污染影响因素，碳排放、捕集、转化与封存等研究，强化大气污染防治的科技支撑。从结构调整、污染治理、循环利用、环境管理等领域入手，解析和突破大气污染防治的环境瓶颈问题，攻克一批符合山东实际的关键共性技术。转化应用一批清洁生产、高效除尘、细颗粒物控制、多污染物协同控制、清洁煤燃烧、海洋碳汇、物联网监控等先进技术。实施一批污染治理、循环利用示范项目。在相关科技计划（专项）中，加大对区域大气污染防治科技研发和引进吸收转化国外先进适用技术的支持力度。加快推进大气污染综合防治重大科技专项，开展光化学烟雾、灰霾、细颗粒物、有毒有害气体的污染机理与控制对策研究，启动可持续发展实验区技术提升行动专项科技工程，建立区域污染综合防治技术示范区。开展区域大气复合污染控制对策体系和氨的大气环境影响研究。加强工业细颗粒物控制技术、工业挥发性有机物污染防治技术、燃煤工业锅炉高效脱硫脱硝除尘技术、水泥行业脱硝技术、燃煤电厂除汞技术、清洁煤燃烧技术、海洋碳汇技术、重点行业多污染物协同控制技术研究。加强机动车污染物监控物联网技术的研发和示范。积极推广先进实用技术，重点支持针对重点污染源治理的先进成果转化。加大清洁能源和可替代能源研发力度。

（五）建立节能环保社会化服务体系

深化体制机制改革，加强环境监管，将大气环保治理的政策要求有效转化为节能环保的市场需求。充分发挥绿色产业国际博览会的作用，加强供需对接公共服务平台建设。进一步理顺有利于促进节能和工业、农业、城市废弃物循环利用的制度体系，大力发展环保服务产业，推广“能源合同管理”“环境合同管理”、BOT（建设—经营—转交）、TOT（转入经营权）、BT（建设—转交）、TO（转让—经营）等节能环保设施社会化投资和运营管理新模式。

（六）强化环境执法监督管理体系

建立大气污染防治部门联合执法机制，强化环境执法监督。坚持日常监察与专项监察相结合，专门监督与社会监督相结合，开展上下联动、部门联合执法。采取挂牌督办、定期通报、限批、约谈等综合措施，整治重点区域和行业的突出环境问题。深入开展环保专项行动，切实解决群众反映强烈的热点、难点问题。

（七）加强宣传教育

努力提高大气污染防治的群众工作水平，构建党委政府主导、全社会共同参与、良性互动的大气污染防治大格局。开展广泛的环境宣传教育活动，加强生态文明宣传，充分利用“世界环境日”“地球日”等重大环境纪念日宣传平台，普及大气环境保护知识，全面提升全民环境意识。大力倡导生态伦理道德，把生态文明教育纳入国民教育体系和中小学教育课程体系，纳入干部教育培训的重要内容，加强对企业、城乡社区等基层群众的生态文明教育和科普宣传，提高全民生态文明意识。充分发挥基层党组织、工会、共青团、妇女儿童工作委员会、学校和其他社会团体作用，带动各行各业关注、支持和参与大气污染防治工作。推动形成节约能源资源、保护生态环境的产业结构和发展方式，倡导全社会形成文明、节约、绿色环保的生产方式、消费方式和生活习惯，不断增强公众参与环境保护的能力。充分发挥新闻媒体在大气环境保护中的作用，积极宣传区域大气污染联防联控的重要性、紧迫性及采取的政策措施和取得的成效，开展大气污染防治正反典型的媒体报道，加强舆论监督，为改善大气环境质量营造良好的氛围。实行政府环境信息公开制度，督促企业主动公开环境信息，建立政务微博等新媒体沟通渠道，及时向社会公布环境质量情况和评估考核结果，维护公众环境知情权、议事权和监督权。建立部门与公众良性互动机制，健全环境信访舆情执法联动工作机制，畅通环境信访平台和环保热线，倾听民生民意，及时解决热点难点问题，自觉接受群众监督。

第 9 章

山东省环境空气质量生态补偿暂行办法

9.1 山东省环境空气质量生态补偿暂行办法的通知（鲁政办字〔2014〕27号）

第一条 为深入贯彻落实中央和省关于加快建设生态文明制度的总体部署，促进环境空气质量逐年改善，制定本办法。

第二条 本办法所称环境空气质量生态补偿资金（以下简称生态补偿资金）是指依据各设区的市环境空气质量同比变化情况用于生态补偿的资金，实行省、市分级筹集。

第三条 按照“将生态环境质量逐年改善作为区域发展的约束性要求”和“谁保护、谁受益；谁污染、谁付费”的原则，以各设区的市细颗粒物（$PM_{2.5}$）、可吸入颗粒物（PM_{10}）、二氧化硫（SO_2）、二氧化氮（NO_2）季度平均浓度同比变化情况为考核指标，建立考核奖惩和生态补偿机制。

$PM_{2.5}$、PM_{10}、SO_2、NO_2四类污染物考核权重分别为60%、15%、15%、10%。

第四条 考核数据采用山东省环境信息与监控中心提供的各设区的市城市环境空气质量自动监测数据。自动监测数据每月通过《山东环保要情简报》、省环保厅官方网站发布。

第五条 省对各设区的市实行季度考核，每季度根据考核结果下达补偿资金额度。

第六条 有关市向省级交纳的资金纳入省级生态补偿资金规模，用于补偿空气质量改善的市。

第七条 根据自然气象对大气污染物的稀释扩散条件，将全省17市分为两类进行考核。第一类为青岛、烟台、威海、日照市，稀释扩散调整系数为1.5；第二类为济南、淄博、枣庄、东营、潍坊、济宁、泰安、莱芜、临沂、德州、聊城、滨州、菏泽市，稀释扩散调整系数为1。

第八条 省财政厅、环保厅按如下公式对各设区的市考核并计算补偿资金：

考核得分=［（上年同季度 $PM_{2.5}$ 平均质量浓度−本年考核季度 $PM_{2.5}$ 平均质量浓度）×60%+（上年同季度 PM_{10} 平均质量浓度−本年考核季度 PM_{10} 平均质量浓度）×15%+（上年同季度 SO_2 平均质量浓度−本年考核季度 SO_2 平均质量浓度）×15%+（上年同季度 NO_2 平均质量浓度−本年考核季度 NO_2 平均质量浓度）×10%］×稀释扩散调整系数

污染物浓度以$\mu g/m^3$计。生态补偿资金系数为20万元/（$\mu g/m^3$）。

某设区的市补偿资金额度=考核得分×生态补偿资金系数

第九条 各设区的市获得的补偿资金，统筹用于行政区域内改善大气环境质量的项目。

第十条　各设区的市应当制定资金使用方案，加强资金管理，提高使用绩效。资金使用方案报省财政厅、环保厅备案。省财政厅、环保厅对专项资金使用进行监督管理。

第十一条　本办法自印发之日起施行，有效期2年。

附录

《山东省环境空气质量生态补偿暂行办法》解读

2014年2月26日，山东省政府办公厅印发了《关于印发山东省环境空气质量生态补偿暂行办法的通知》（鲁政办字〔2014〕27号，以下简称《办法》）。在此之前，山东省环保、财政部门组织专家进行了反复研究、测算，书面征求了山东省17城市的意见，并根据反馈意见进行了修改完善。《办法》的出台标志着山东省建立生态补偿机制的探索进入了新的阶段。

一、背景

随着经济社会快速发展，发达国家工业化、城镇化数百年过程中分阶段出现的环境问题，在我省集中出现，呈现出压缩型、复合型、结构型特点，大气污染防治任务十分艰巨。未来5～10年，是山东全面建成小康社会的关键时期，改善环境空气质量，满足人民群众日益增长的环境需求刻不容缓。山东省高度重视大气污染防治工作，在国家《大气污染防治行动计划》出台之前，就率先制定实施了《山东省2013—2020年大气污染防治规划》（鲁政发〔2013〕12号），明确了未来八年全省大气污染防治的总体思路、目标、以及实现目标的时间表和路线图。按照中共山东省委关于“将生态环境质量逐年改善作为区域发展的约束性要求”和“谁保护、谁受益；谁污染、谁付费”为原则，省环保厅、省财政厅联合制定本《办法》，旨在通过实施生态补偿，充分发挥公共财政资金的引导作用，进一步调动各市大气污染治理的积极性和主观能动性。

二、总体思路

根据经济学的外部性理论，外部性分为外部正效应和外部负效应。大气污染防治的最终成果体现在环境空气质量上，因此，各市环境空气质量的改善对于全省而言属于外部正效应，对全省及其他市环境空气质量的改善产生正贡献；各市环境空气质量恶化对于全省而言属外部负效应，对全省及其他市环境空气质量改善产生负贡献。《办法》出台之前，各市环境空气质量改善或恶化的外部环境成本不能体现到其自身的经济社会发展成本中。为解决上述问题，激发各市大气污染防治的积极性，需要采取一定的经济政策措施，将各市大气污染治理或排污活动产生的外部收益或外部成本内部化，促使其“内化”到各市自身的经济社会发展成本中，这一政策体现了生态补偿“谁保护、谁受益；谁污染、谁付费”的基本原则。市级环境空气质量改善，对全省空气质量改善作出正贡献，省级向市级补偿；市级环境空气质量恶化，对全省空气质量改善作出负贡献，市级向省级补偿。市级向省级交纳的资金纳入省级生态补偿资金进行统筹，用于补偿环境空气质量改善的市，实质上是建立了环境空气质量恶化城市向改善城市进行补偿的横向机制，《办法》兼具纵向生态补偿和横向生态补偿的双重特征。

三、主要特点

《办法》明确规定了考核指标、权重、考核数据来源、考核时段、生态补偿资金核算公式、生态补偿资金的筹集与使用等，主要有以下几个特点：

一是根据自然气象对大气污染物的稀释扩散条件，将全省 17 城市划分为两类进行考核。据气象部门观测，青岛、烟台、威海、日照 4 市年均风速是其他城市的 1.6 倍，大气污染物稀释扩散条件较好，环境空气质量受扩散条件影响较大，因此，将青烟威日 4 市的稀释扩散调整系数设置为 1.5，其他 13 市的稀释扩散调整系数为 1。利用稀释扩散调整系数进行调整，可以较为客观地反映青烟威日 4 市为改善环境空气质量付出的努力。若青烟威日 4 市环境空气质量同比恶化，向省级支付的生态补偿资金数额也要乘以 1.5 的调整系数。因此，实行分类考核对各市来讲是相对公平的。

二是按照对全省空气质量改善的贡献大小核算各市补偿资金。全省空气质量实际是各市空气质量的平均值。因此某市同比改善的绝对量越多，对全省空气改善的贡献率就越大。依据各市同比变化的绝对量计算补偿额度，物理意义明确，也比较简单。补偿系数暂定为每改善 1 $\mu g/m^3$ 补偿 20 万元。

三是在考核因子的设置上，把目前影响空气质量的四项因子全部纳入。按照国家《环境空气质量标准》（GB 3095—2012）评价，2013 年空气质量日报中 $PM_{2.5}$ 为首要污染物的天数占全年的 77.5%；$PM_{2.5}$ 由一次粒子和二次粒子组成，二次粒子的前体物主要为二氧化硫、氮氧化物、挥发性有机物等，是影响大气能见度，造成灰霾天气的主要影响因子，是反映大气污染治理效果的综合指标，因此，《办法》将 $PM_{2.5}$ 的权重定为 60%。PM_{10} 和二氧化硫从污染负荷和超标频次上来看相差不多，均占 15%；二氧化氮超标频次最低，定为 10%。

四是省级对各市实行季度考核。如果按月来考核，受自然气象条件的影响可能太大；如果以年为尺度考核，则由于时间跨度较长，不利于推动工作。因此，权衡济南、淄博、枣庄、东营、潍坊、济宁、泰安、莱芜、临沂、德州、聊城、滨州、菏泽市，稀释扩散调整系数为1。

第八条 省环保厅、财政厅按如下公式对各设区的市考核并计算补偿资金：

考核得分=［（上年同季度$PM_{2.5}$平均质量浓度−本年考核季度$PM_{2.5}$平均质量浓度）×60%+（上年同季度PM_{10}平均质量浓度-本年考核季度PM_{10}平均质量浓度）×15%+（上年同季度SO_2平均质量浓度−本年考核季度SO_2平均质量浓度）×15%+（上年同季度NO_2平均质量浓度−本年考核季度NO_2平均质量浓度）×10%］×稀释扩散调整系数

污染物浓度以$\mu g/m^3$计。生态补偿资金系数为40万元/（$\mu g/m^3$）。

某设区的市补偿资金额度=考核得分×生态补偿资金系数

第九条 年度空气质量连续两年达到《环境空气质量标准》（GB 3095—2012）二级标准的设区的市，省政府予以通报表扬并给予一次性奖励，下一年度不再参与生态补偿；若该市后续年度出现污染反弹，空气质量达不到《环境空气质量标准》（GB 3095—2012）二级标准，则继续参与生态补偿。

第十条 各设区的市获得的补偿资金，统筹用于行政区域内改善大气环境质量的项目。

第十一条 各设区的市应当制定资金使用方案，加强资金管理，提高使用绩效。资金使用方案报省财政厅、环保厅备案。省财政厅、环保厅对专项资金使用进行监督管理。

第十二条 本办法自2016年1月1日起施行，有效期至2017年12月31日。

9.4 山东省环境空气质量生态补偿暂行办法（鲁政办字〔2017〕43号）

第一条 为加快推进生态文明建设，促进环境空气质量逐年改善，制定本办法。

第二条 本办法所称环境空气质量生态补偿资金（以下简称生态补偿资金）是指依据各设区市环境空气质量同比变化情况用于生态补偿的资金，实行省、市分级筹集。

第三条 按照“将生态环境质量逐年改善作为区域发展的约束性要求”和“谁保护、谁受益；谁污染、谁付费”的原则，以各设区的市细颗粒物（$PM_{2.5}$）、可吸入颗粒物（PM_{10}）、二氧化硫（SO_2）、二氧化氮（NO_2）平均浓度及空气质量优良天数比例的季度同比变化情况为考核指标，建立考核奖惩和生态补偿机制。$PM_{2.5}$、PM_{10}、SO_2、NO_2四类污染物考核权重分别为60%、15%、15%、10%。

第四条 四类污染物考核数据采用山东省环境信息与监控中心提供的各设区市

的城市环境空气质量自动监测数据，自动监测数据每月通过《山东环保要情简报》、山东省环境保护厅官方网站发布。空气质量优良天数比例按照国控监测站点统计。

第五条 对各设区市实行季度考核，每季度根据考核结果下达生态补偿资金额度。

第六条 有关设区市向省级补偿的资金纳入省级生态补偿资金规模，用于补偿空气质量改善的设区市。

第七条 根据自然气象对大气污染物的稀释扩散条件，将全省17设区市分为两类进行考核。第一类为青岛、烟台、威海、日照市，稀释扩散调整系数为1.5；第二类为济南、淄博、枣庄、东营、潍坊、济宁、泰安、莱芜、临沂、德州、聊城、滨州、菏泽市，稀释扩散调整系数为1。

第八条 省环保厅、财政厅按如下公式对各设区市进行考核并计算生态补偿资金：

污染物浓度以$\mu g/m^3$计，生态补偿资金系数为80万元/（$\mu g/m^3$）。空气质量优良天数比例以百分点计，生态补偿资金系数为20万元/百分点。

设区市生态补偿资金额度=［（上年同季度$PM_{2.5}$平均质量浓度−本年考核季度$PM_{2.5}$平均质量浓度）×60%+（上年同季度PM_{10}平均质量浓度−本年考核季度PM_{10}平均质量浓度）×15%+（上年同季度SO_2平均质量浓度−本年考核季度SO_2平均质量浓度）×15%+（上年同季度NO_2平均质量浓度−本年考核季度NO_2平均质量浓度）×10%］×稀释扩散调整系数×80万元/（$\mu g/m^3$）+（本年考核季度空气质量优良天数比例−上年同季度空气质量优良天数比例）×稀释扩散调整系数×20万元/百分点

第九条 年度空气质量连续两年达到《环境空气质量标准》（GB 3095—2012）二级标准的设区市，省政府予以通报表扬并给予一次性奖励，下一年度不再参与生态补偿；若该市后续年度出现污染反弹，空气质量达不到《环境空气质量标准》（GB 3095—2012）二级标准，则继续参与生态补偿。

第十条 $PM_{2.5}$、PM_{10}年均浓度达到《环境空气质量标准》（GB 3095—2012）二级标准的设区市，省级分别一次性给予600万元奖励；NO_2、SO_2年均浓度达到《环境空气质量标准》（GB 3095—2012）一级标准的设区市，省级分别一次性给予300万元、200万元奖励。奖励资金在下达考核年度第四季度生态补偿资金时一并清算。

第十一条 各设区市获得的生态补偿资金，统筹用于行政区域内改善大气环境质量的项目。

第十二条 各设区市应制定生态补偿资金使用方案，加强资金管理，提高使用绩效。生态补偿资金使用方案报省财政厅、环保厅备案。

第十三条 本办法自2017年4月1日起施行，有效期至2019年3月31日。